网页设计与制作

主　编◎罗锦光

副主编◎苏　锦　周　颖

参　编◎赵　林　梁毅娟　韦　好

何　媛　赵　欣　谢　雨

主　审◎李晓华

上海交通大学出版社

SHANGHAI JIAO TONG UNIVERSITY PRESS

内容提要

本书以电网前后台页面制作为主线,采用项目化的形式,讲解前端开发技术。本书共 4 个项目,主要内容涵盖项目需求分析和页面设计过程、HTML 常用标签和属性、CSS 属性和选择器、div + CSS 页面布局、JavaScript 基础知识等。

本书适合作为普通高等院校计算机及相关专业课程的教材,也适合对网页制作、Web 前端开发感兴趣的读者。

图书在版编目(CIP)数据

网页设计与制作/罗锦光主编. —上海:上海交通大学出版社,2023.9

ISBN 978-7-313-29377-0

Ⅰ.①网…　Ⅱ.①罗…　Ⅲ.①网页制作工具　Ⅳ.①TP393.092

中国国家版本馆 CIP 数据核字(2023)第 169981 号

网页设计与制作
WANGYE SHEJI YU ZHIZUO

主　　编:罗锦光
出版发行:上海交通大学出版社　　地　　址:上海市番禺路 951 号
邮政编码:200030　　电　　话:021-64071208
印　　制:上海万卷印刷股份有限公司　　经　　销:全国新华书店
开　　本:787mm×1092mm　1/16　　印　　张:18.75
字　　数:419 千字
版　　次:2023 年 9 月第 1 版　　印　　次:2023 年 9 月第 1 次印刷
书　　号:ISBN 978-7-313-29377-0
定　　价:78.00 元

前　言

网页制作是互联网行业从业人员的必备技能，对于想要从事该行业的初学者来说，拥有一本能轻松学习、快速上手的教材极其重要。

网页设计与制作涉及的内容比较庞杂，知识点比较分散，形形色色的教材，侧重点各不相同，面向的群体也不同，主要有介绍网页软件使用的、侧重动态网页编程的，或以前端技术理论为主的。在教学实践中，我们发现一些同类教材存在不足，比如有的教材操作性太强而理论性不足，有的教材理论性太强而操作性不足，有的教材晦涩难懂不适合零基础人员学习，有的教材精品案例太少或各章节案例相互独立无法起到综合应用的作用。

针对这些问题，笔者结合自己的经验，从读者视角出发，针对目前网页教材的不足做了相应的改进，旨在为初学者量身定制一本系统、连贯、易学的教材，帮助读者提升实际应用技能，让更多喜欢网页制作或将要从事该行业的人快速成长。

本教材首先通过开发一个贯穿始终的网站，从丰富的项目案例中体现了对 HTML、CSS、JS 知识点的应用，个别知识点另结合小示例进一步加深理解；其次每个项目的知识点都是在一个任务下循序渐进地展开和深入的，每一节内容都在不断地为网站“添砖加瓦”；最后将所有的标签和 CSS 属性进行归纳总结，以手册的形式提供参考和查询。本教材技术层面也包含了现在比较流行的 HTML5 和 CSS3，以及常见的 JavaScript 小案例，既适合入门级别又可以在此基础上进行拔高提升。只有能够激发读者的兴趣和创造力的案例，才具有综合性、实用性和可扩展性，才能真正地实现案例化教学。

本书总共分为 4 个项目，第一个项目为电网门户网站网页设计与制作。这部分主要介绍电力特色与行业发展、网站从需求分析到页面原型的过程、项目技术架构初识、HTML5 文档结构、HTML5 元素及属性、开发工具的介绍和使用、浏览器预览与调试。该项目为本书的基础，重点是对 HTML5 的文档结构和语法的理解，并能够熟练使用开发工具，会在浏览器中进行代码调试。

第二个项目为电网门户项目首页开发，这部分主要介绍 div＋CSS 的页面布局，HTML 常用标签如图片、超链接、列表等的使用，CSS 的 id、class、后代、群组选择器的使用，CSS 盒模型概念，CSS 布局中的浮动、定位，animation 动画属性，js 的引入、变量、数据类型、流程控制语句、函数、对象，等等。该项目为本书的一个重点项目，涉及的内容多且重要。

第三个项目为电网后台管理系统页面开发，这部分主要介绍了表单元素 form、表格元素 table、iframe 框架的使用，CSS 转换属性 transform，JavaScript 中的 DOM 获取修改内容、操作节点的方法，以及 CKEditor 富文本编译器的使用。该项目的重点在于对表单、表格元素的理解和掌握。

第四个项目为参考手册附录，相当于对本书内容的一个归纳和拓展，内容包括了 HTML5 标签列表、CSS3 属性参考手册、CSS3 属性——多列(column)、CSS3 属性——弹性盒子(flex)、CSS3 选择器参考手册。除了前三个项目中涉及的知识点外，还补充了 Canvas 绘图、弹性布局等内容。

本书适用于平面设计师、UI 设计师、交互设计师、网页设计师、后台开发人员等，以及其他对网页制作感兴趣的人员。

由于笔者的水平有限，编写时间仓促，书中难免会出现一些错误或者不准确的地方，恳请广大读者批评指正。

目　录

项目1　电网门户网站网页设计与制作

场景导入

进行前端项目开发之前，首先要对本项目做一个了解，包括电力行业是什么、该行业的发展状况；前端项目从需求到页面原型的过程；开发一个网站需要用到的前端技术；前端开发工具都有什么且如何使用；以及如何在浏览器中预览和调试页面元素等。本项目旨在帮助学生了解中国电力行业的现状和发展，树立电力强国的远大理想，并学会利用网页设计与制作技术为从事该行业奠定理论基础。

知识路径

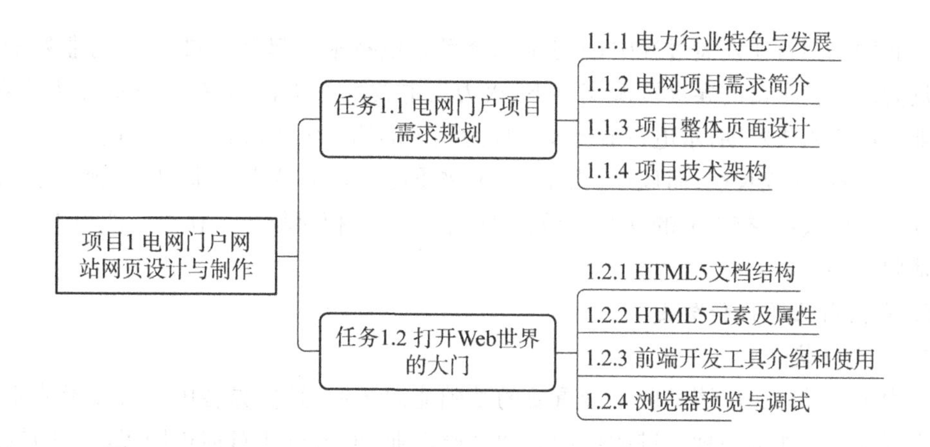

任务1.1　电网门户项目需求规划

电力行业作为一种先进的生产力和基础产业，对促进国民经济的发展和社会进步起到重要作用。本任务我们将走进该行业，对电网门户项目的需求进行规划，并设计出页面的原型图。

1.1.1 电力行业特色与发展

1. 电力行业概述

电力是由发电、输电、变电、配电、用电等环节组成的电力生产与消费系统，它将自然界的能源通过机械能装置转化成电力，再经输电、变电和配电将电力供应到各用户。

电力行业是指国家标准化管理委员会发布的《国民经济行业分类》(GB/T 4754—2017)中提到的电力生产业和电力供应业。该行业具有投资额大、建设周期长、经营业绩较为稳定的特点，是资金和技术密集型产业，在技术、资金和通信等方面具有特殊优势。

电力生产业是指利用热能、水能、核能及其他能源产生电能的生产活动，包括火力发电、热电联产、水力发电、核力发电、风力发电、太阳能发电、生物质能发电和其他发电生产8个子行业。2002年之前，我国的国家电力公司统管了所有电力产业。2002年电力体制改革后，分成了现在的国家电网公司(简称国家电网或国网)和中国南方电网有限责任公司(简称南方电网或南网)以及几大发电集团。涉及中国发电行业的主要企业有“五大集团”：中国华能集团、中国大唐集团、中国华电集团、国家能源投资集团、国家电力投资集团。

电力供应业是指利用电网出售给用户电能的输送与分配活动，以及供电局的供电活动等。涉及中国电力行业输电、变电、配电和用电的公司企业主要是国家电网和南方电网。

在我国电力行业发展过程中，由于各种能源发电技术的起点不同，各子行业处于不同的发展阶段。在丰富的煤炭资源支持下，火力发电技术起步较早，技术发展较为成熟，火电行业已经步入成熟期；水电行业已发展成为我国的第二大电源，近年来行业规模保持稳定增长，已经步入成长期；而风电、太阳能、生物质能和核电技术起步相对较晚，且在国内还存在着一些成本、技术上的问题，尚处于导入期，占比相对较小。在清洁能源中，风电技术更成熟一些。

2. 电力行业现状和发展

1) 行业现状

电力工业是国民经济发展中最重要的基础能源产业，是世界各国经济发展战略中的优先发展重点。作为一种先进的生产力和基础产业，电力行业对促进国民经济的发展和社会进步起着非常重要的作用。

多年来，电力行业始终按照党中央、国务院的统一部署，坚持“节约、清洁、安全”的能源战略方针，主动适应经济发展新常态，积极转变发展理念，着力践行能源转型升级，持续节能减排，推进电力改革试点，加快国际合作和“走出去”步伐，保障了电力系统安全稳定运行和电力可靠供应，为经济社会的稳定发展和全社会能源利用提质增效作出了积极贡献。

(1) 市场规模庞大：我国是全球最大的电力市场，电力需求持续增长。随着经济的发展和人口的增长，对电力的需求不断攀升。

(2) 发电能力丰富：我国拥有多样的发电方式，包括煤炭、水力、核能、风能、太阳能等。

近年来，我国在新能源领域取得了显著进展，可再生能源发电量迅速增长。

(3) 电网覆盖广泛：我国的电网覆盖范围广泛且城乡电网建设不断完善，供电质量得到提高。电网互联互通取得重要进展，区域间电力输送能力增强。

(4) 技术水平提升：我国在电力技术创新方面取得了显著进展，包括高效清洁发电技术、电网调控技术、智能化电网建设等。我国还积极参与国际电力技术交流与合作。

(5) 改革与市场化：我国电力行业正经历深化改革和市场化的过程。政府推动电力体制改革，逐步取消电力垄断，引入竞争机制，增强市场在电力资源配置中的作用。

(6) 环保与可持续发展：我国政府高度重视电力行业的环保和可持续发展问题。推动能源结构优化，减少煤炭消费，控制温室气体排放，提高能源利用效率。

2) 面临的问题

近年来，我国电力行业积极转变发展方式、调整电源结构，坚持走清洁、绿色、低碳发展之路，为社会经济发展和生态文明建设作出了重要贡献。虽然在清洁、绿色、低碳发展方面取得了较好成绩，但与国家对电力企业的环保要求相比，还有较大差距，清洁发展之路仍面临艰巨的任务和挑战。目前遇到的问题主要有以下几个方面：

(1) 电力工业结构性矛盾突出。如电网建设滞后于电源建设，电网结构薄弱，对局部地区的资源优化配置还存在"瓶颈"制约；水能资源的开发利用尚不充分，目前开发利用率约为 20%，尤其是调节性能好的大型水电站比重偏小；电网调峰能力普遍不足等。

(2) 清洁发展理念还没有真正根深蒂固。受长期计划经济、粗放发展模式影响，部分电力企业的思维模式还没有真正从规模思维中走出来，对内涵式发展、核心竞争力培育，以及做优做强还不够重视。

(3) 电力工业管理体制还不能适应新时期发展的需要。由于电力工业的体制性缺陷，电力企业在经营管理上存在着效率低、服务差的问题；电力市场壁垒依然存在，影响着电力资源的优化配置；电价形成机制尚不能充分反映市场的供需关系，制约了电力消费的有效增长和电网的发展，也妨碍了节约用电和环境保护技术的推广应用，影响了农村经济的发展和农民生活水平的提高。

(4) 人才培养与技术创新不完善：电力行业对技术人才的需求量大，但目前电力人才培养体系尚不完善。同时，电力技术创新能力有待提高，以适应电力行业的发展需求。

3) 电力发展面临的挑战

目前我国电力行业发展面临的外部挑战有：

(1) 能源结构转型：我国正努力从依赖煤炭的传统能源结构转型为更加清洁、可持续的能源体系。这需要大量的投资和技术创新，同时也要确保电力供应的稳定性。

(2) 环保压力：随着对空气质量的关注不断提高，电力行业需要采取更多措施来减少污染。这包括提高煤炭使用效率、发展清洁能源和实施更严格的污染物排放标准。

(3) 电网升级与安全：我国电网需要不断升级以应对日益增长的电力需求和复杂的运行环境。电网的安全性和稳定性是关键挑战，尤其是在极端天气事件和网络安全方面。

(4) 电力需求管理：我国电力需求呈现季节性和区域性波动，有效管理电力需求，实现供需平衡，是电力行业面临的重要任务。

(5) 市场化改革：电力行业的市场化改革仍在进行中，如何平衡政府调控与市场机制，打破行业垄断，引入市场竞争机制，促进公平的市场环境，是电力行业需要解决的问题。

(6) 国际合作与竞争：随着我国电力企业越来越多地参与国际市场，如何在国际舞台上竞争和合作，遵守国际规则，提升国际竞争力，成为一个新的挑战。

(7) 储能技术发展：随着可再生能源的比重增加，储能技术的发展变得尤为重要。如何高效地储存和调度电力，提高电网的灵活性和可靠性，是一个新兴的挑战。

(8) 数字化转型：电力行业的数字化转型是未来发展的趋势。如何利用大数据、云计算、人工智能等现代信息技术，提升电力系统的智能化水平，是电力行业需要探索的课题。

面对上述问题和挑战，电力行业必须深入贯彻落实科学发展观，遵循能源发展"四个革命、一个合作"的战略思想，全面把握经济发展和电力发展规律，加快推进电力供给侧结构性改革，推动电力发展方式转变，在发展中解决面临的各种矛盾问题，努力为"十四五"及更长远的电力发展打下坚实基础。

4) 行业发展前景

在5G、物联网等高新技术的影响下，中国电力行业进入了转型升级的新时期，"泛在电力物联网""微电网"等规划层出不穷。

2019年9月至10月，毕马威(KPMG)联合国网能源研究院就未来电力发展方向、竞争格局、电力企业面临的挑战与应对策略等问题，对多位中国电力行业专家以及行业从业者进行了问卷调查。调查结果显示，受访的电力行业专家及从业者认为我国电力行业的发展方向主要有数字化、清洁化、透明化、国际化和电气化。其中数字化与清洁化将是未来中国电力行业发展的主要方向。

(1) 新能源电力企业成竞争主体。从未来电力行业市场竞争格局来看，根据KPMG的问卷调查，大部分受访者认为分布式能源的终端客户、新能源电力企业以及科技与互联网企业或将成为未来电力行业主要的竞争者。近年来，新能源电力企业如风电企业、水电企业、光伏发电企业等随着行业技术的逐渐成熟迅速发展壮大，其巨大的发展潜力让人十分期待未来其在电力行业市场中的表现。如图1-1所示为电力行业新进市场参与者的比例预测。

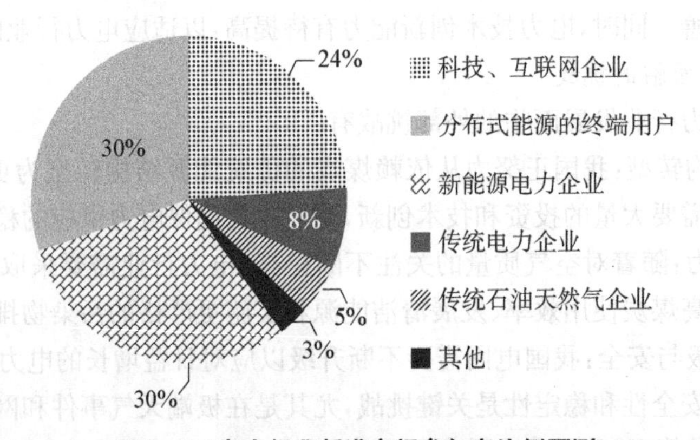

图1-1 电力行业新进市场参与者比例预测

(2) 能源安全新战略及"十四五"纲要为能源转型发展提供战略机遇。随着"四个革命、一个合作"能源安全新战略和"十四五"规划的逐步实施,我国已在推动能源消费革命的电能替代化石能源、推动能源供给革命的多能互补微电网建设、推动能源技术革命的人工智能等新技术、推动能源体制革命的电力市场建设、加强国际能源合作的"一带一路"电力工程调试试验等方面积累了丰富的项目经验和技术成果,拥有足够的技术储备和市场机遇参与构建现代能源体系,未来将迎来重大发展机遇。

(3) "碳达峰、碳中和"的提出带来巨大的市场机遇。2021 年 3 月中央财经委员会第九次会议提出:构建清洁低碳安全高效的能源体系,控制化石能源总量,着力提高利用效能,实施可再生能源替代行动,深化电力体制改革,构建以新能源为主体的新型电力系统。国家电网 2020 年年底组织专题会议研究"碳达峰、碳中和"行动方案,确保实现"碳达峰、碳中和"目标。随着重大决策部署的实施和相关行业龙头企业行动方案的落地,电力系统节能减排和新能源的接入必将加速推进,市场将迎来爆发式增长。

(4) 电网企业加快数字化转型,投资力度加大。世界经济数字化转型是大势所趋,要抓住数字产业化、产业数字化赋予的机遇,引导数字经济和实体经济深度融合,推动经济高质量发展。2020 年 8 月,国务院国有资产监督管理委员会印发《关于加快推进国有企业数字化转型工作的通知》,就推动国有企业数字化转型做出全面部署。各电网企业在数字电网、数字企业、数字服务和数字产业建设上用劲发力,以数字化转型为企业高质量发展注入新动能,推动向智能电网运营商、能源产业价值链整合商、能源生态系统服务商的战略转型,加快建设具有全球竞争力的世界一流企业,助力构建清洁低碳、安全高效的现代能源体系。

1.1.2 电网项目需求简介

一个网站项目的确立是建立在各种各样的需求上的,这种需求往往来自客户的实际需求或者是出于公司自身发展的需求。其中对用户需求的理解程度,在很大程度上决定了网站开发项目的成败。因此如何更好地了解、分析、明确用户需求,并且能够准确、清晰地以文档的形式表达给参与项目开发的每个成员,保证开发过程按照满足用户需求为目的的正确开发方向进行,是每个网站开发项目管理者需要面对的问题。

1. 需求概述

什么是需求呢?需求在汉语词语中的意思是指人们在某一特定的时期内在各种可能的价格下愿意并且能够购买某个具体商品的需要,简单来说就是"用户愿意且能够"。"愿意"可以理解为"有做某件事的动机",心理学上认为,产生动机的基础是需要(这里指的是心理学中所定义的需要)。当需要没有得到满足,就会引领人们寻找能够满足需要的目标或对象。一旦找到某个目标或对象,需要就转化为动机。

1) 需求分类

需求有不同的层次和分类,如用户需求、市场需求、业务需求、产品需求、功能性需求、非功能性需求等。

(1) 用户需求:用户需求描述的是使用产品用户的目标,或用户要求系统必须能完成的任务。也就是说用户需求描述了用户能使用系统来做些什么。但是我们常常获取的用户需求往往是用户外在表达出来的东西，是用户从自身角度出发，自认为的解决方案，是用户想要的。因此要去分析和挖掘用户需求，了解用户最原始的动机，提出有效的解决方案。

(2) 市场需求：市场需求与用户需求不完全相同。市场需求不仅包括自己的产品和用户，还包括竞争对手的。因此，从竞争的角度考虑用户的需求，如何实现与对手相同的功能？我们应该做不同的功能吗？如何超越竞争对手或进行差异化竞争？

(3) 业务需求：业务需求表示组织或客户高层次的目标。业务需求通常来自项目投资、购买产品的客户、实际用户的管理者、市场营销部门或产品策划部门。业务需求描述了组织为什么要开发一个系统，即组织希望达到的目标。

(4) 产品需求：产品需求是指以用户需求为导向，综合考虑各种因素后的需求产品化描述。产品不能提出需求，它是需求的产品化。用户需求、市场需求等都需要进行需求分析才能得到产品需求，从而转换为产品功能。

(5) 功能性需求：为满足用户需求所必须实现的各项功能。

(6) 非功能性需求：非功能性需求则是产品需求中除了功能需求以外的，关于界面风格、色彩、软硬件环境等需求。

2) 需求来源

需求的来源一般分为内部的需求和外部的需求。

来源于内部的需求：来自上级的战略需求、来自团队成员的需求、来自数据分析、产品经理自身的灵感与判断、团队头脑风暴等。

来源于外部的需求：来源于用户(用户反馈、用户访谈等)、来源于竞品、行业变化、相关政策法规等。

总的来说需求分析就是从用户需求出发，挖掘用户的真正目标，并转化为产品需求，得出产品功能的过程。需求分析的大致过程如图 1-2 所示。对产品有了定位后首先要获取需求，然后对获得的需求进行分类。有些需求是不具备实现价值的，我们可以通过真实性、价值性、可行性三个维度对需求进行筛选评估，去伪存真。接下来对剩下的需求进行提炼，目的在于从获取的表面需求中提炼出客户的本质需求。找出“为什么要做”比“做什么”更重要。挖掘到客户的真实目的后，我们需要根据不同维度的需求归类方法，如 KANO 模型分析法、投入产出比(ROI)等，对其进行归纳整理并排出优先级。通过以上的分析，我们需要将收集到的需求进行分析、汇总、归类，输出产出需求文档，为接下来的工作做好铺垫。

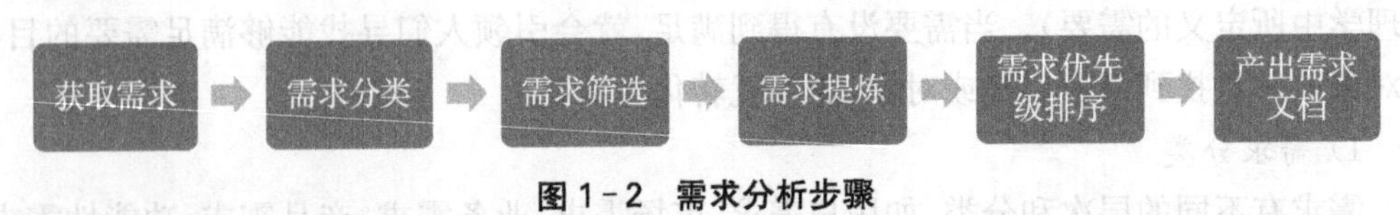

图 1-2 需求分析步骤

2. 电网网站需求分析

网站有很多类型，比如电商型网站、企业型网站、门户型网站、信息型网站。在网站开发之初就要对自己的网站有一个定位。定位是网站开发的基准线，必须贯穿在整个产品发展中，需要在第一时间确定。后续的产品结构、功能都要以这个定位为基准，定位可以调整和扩展，但主基调不能变，一旦主基调偏离了就有可能会失败。

对于本书中的项目，它的定位是门户网站。所谓门户网站，辞海的解释是通向某类综合性互联网信息资源并提供有关信息服务的大型网站，主要提供新闻、搜索引擎、网络接入、聊天室、电子公告板、免费邮箱、影音资讯、电子商务、网络社区、网络游戏、免费网页空间等服务。比如新浪、网易、百度等都是比较著名的门户网站。电网门户网站的目的是以资讯为核心，旨在为广大电力行业人员、企业提供及时快捷而且高质量的电力电气新闻资讯，也能够很好地为电力电气行业市场及技术人员提供专业的行业资讯。

该网站分为用户前台和管理后台两类，前台面向广大用户群体，主要提供新闻资讯内容。后台面对使用系统的管理员，具有新闻发布、审核等功能。下面主要来说一说电网网站的需求。

1）前台首页

每一个网站都有其默认的首页（或叫主页），网站的首页是一个网站的入口网页，所以在内容上要易于了解该网站，并能够引导互联网用户浏览网站其他部分的内容。其他的网页为子网页，首页和一个个子网页构成了网站。

前边说到，电网用户前台网页主要是提供新闻资讯的，所以应该有一个新闻中心模块，该模块可继续根据新闻的类型进行分类，如重要新闻、综合性新闻、视频新闻、最新动态等，每一条新闻项还要有对应的新闻详情页。作为一个公司的网站，还需要有关于公司的介绍，如关于我们模块。

前台首页根据其需求暂且可分为首页、新闻中心、关于我们、科技创新、业务领域、公示公告、电力科普七个模块。

首先来看首页，首页作为网站的入口，具有引导用户浏览其他网页的作用，该部分称为导航，几乎所有的网站首页都有导航功能，有时导航会贯穿到网站中的所有子模块，并不是只有首页才有。导航可分为主导航和副导航，主导航包括网站的首页以及各个新闻栏目的导入链接，它是用户清晰了解网站核心栏目内容的指路牌，每当有新访客来到网站，都需要通过网站的主导航来确定网站的定位和主营业务。副导航对主导航起辅助作用，副导航通常位于网站首页的最下端，在网站的首页增加副导航是为了方便用户去找到自己中意的服务或产品的链接。

另外导航还有竖直/侧边栏导航，它是针对有从左到右阅读习惯的读者的导航模式。侧边栏导航的导航项被排列在一个单列，它经常在网页的左边或右边，左边的竖直导航栏比右边的竖直导航栏表现要好。

其次就是网站的主体内容，作为一个首页，其放置的内容必须能让用户一眼就能看出网站内容类别和突出特点。网站首页内容可以放最新的资讯、一些重点的新闻、视频和图片，抓住用户的眼球。

对于本项目用户前台页面的制作，我们主要讲解首页，所以以下前台页面的需求和功能分析也以首页为主。其首页的需求及描述如表 1-1 所示。

表 1-1 电网门户网站用户前台需求描述

产品	所属模块	需求描述	需求类型	需求状态	优先级
电网门户网站	首页	要体现公司 LOGO、版权所有	用户需求	评审中	P1
电网门户网站	首页	网站浏览者能够通过电话或微信等渠道联系到网站客服	用户需求	评审中	P1
电网门户网站	首页	热门新闻、最新的动态、重点新闻等要第一时间让网站浏览者看到，要有图片、视频新闻	用户需求	评审中	P0
电网门户网站	首页	栏目名称、栏目数量、栏目级别必须能够提供一种非常方便的方式进行操作	用户需求	评审中	P1
电网门户网站	首页	网站的通知、公示以公告的形式发布，不用占太大版面，但浏览者能一眼看到	用户需求	评审中	P1
电网门户网站	关于我们	浏览者能够了解到公司的概况和业务	用户需求	评审中	P0

需求进行筛选优先级排序后，最终要形成产品的功能，以首页为例，它的功能点及描述如表 1-2 所示。

表 1-2 首页功能描述

模块	功能类别	功能拆分	功能点描述
前台首页	内容快速指引	主导航	链接网站的其余 6 个子模块，用横向导航条的模式展示，添加子导航菜单
		副导航	友情链接、服务等
		侧边栏导航	界面设计友好，配合主导航链接重要页面
前台首页	新闻内容展示	热点新闻	用 Banner 的形式，采用轮播的方式进行推送
		公告	只展示一条，采用上下滚动的形式推送
		最新动态	小 Banner 图展示前三条动态的图片，下方搭配新闻标题
		要闻/综合新闻	采用选项卡的形式展示要闻和综合新闻两个模块
		视频新闻	视频与新闻列表相结合，只展示一个视频，视频封面与第一条新闻相匹配
		图片新闻	多张图片采用左右滚动的方式推送，每张图片上都有对应的新闻标题
前台首页	联系网站	微博	可链接到网站的官方微博
		微信	可显示网站微信二维码，通过扫描添加微信
		电话	可显示网站官方联系电话

2) 管理后台

管理后台主要是供管理员对网站的信息和用电用户的信息进行管理，进入后台系统的入口就是登录界面，管理员登录成功后可进入后台。后台系统也有其默认的首页，即用户登录进入后看到的界面，这个首页可以是一个简单的欢迎页，也可以是一些重要信息让用户一进来就能看到，或者当系统菜单模块或层级很多时提供管理员快捷进入某个界面的功能等。同时后台还要提供个人信息的管理，供用户进行修改密码等操作。

另外后台系统有一个重要的部分叫权限管理，权限管理几乎是所有的后台系统都会涉及的重要组成部分，主要目的是对整个后台管理系统进行权限的控制，而针对的对象是员工，避免因权限控制缺失或操作不当引发的风险问题，如操作错误、数据泄露等问题。

权限管理中涉及三个重要的名词：账号、角色、权限。

(1) 账号：账号是进入系统的一把钥匙。我们通过控制账号所具备的权限，进而控制这个用户的授权范围。

(2) 角色：角色管理是确定角色具备哪些权限，我们通过把权限给这个角色，再把角色给账号，从而实现账号的权限，因此它承担了一个桥梁的作用。

(3) 权限：权限包括页面权限、操作权限、数据权限。页面权限控制用户可以看到哪个页面，看不到哪个页面；操作权限则控制用户可以在页面上操作哪些按钮；数据权限则控制用户可以看到哪些数据。

电网后台管理系统的需求及描述如表1-3所示。

表1-3 电网后台管理系统需求及描述

产品	所属模块	需求描述	需求类型	需求状态	优先级
后台管理系统	登录	忘记密码时可找回	用户需求	评审中	P2
后台管理系统	登录	后台系统和前台网页之间有链接，可以跳转	用户需求	评审中	P2
后台管理系统	系统管理	不同的账户可以访问不同的菜单	用户需求	评审中	P0
后台管理系统	系统管理	管理员可以修改密码	用户需求	评审中	P0
后台管理系统	新闻列表	管理员可以发布新闻，也可以查看、编辑、删除新闻	用户需求	评审中	P2

后台管理系统的功能点及描述如表1-4所示。

表1-4 后台管理系统功能描述

模块	功能类别	功能拆分	功能点描述
登录	用户登录	找回密码	忘记密码时可通过手机号找回，并进行密码重置
		网页跳转	固定在底部，同前台首页的副导航内容，用来链接前后台，只显示一级菜单，当鼠标放上去时显示全部

续 表

模块	功能类别	功能拆分	功能点描述
新闻列表	新闻管理	新闻检索	根据新闻标题进行模糊检索;根据新闻类型进行综合检索
		新闻列表	当检索后,列出符合检索条件的所有新闻,新闻条数多时通过翻页查看
		删除	选中当前新闻可删除,或者选中多条新闻可批量删除
		发布	添加一条新闻,添加的新闻会显示在列表中。新闻内容采用富文本的形式编辑
		编辑	对新闻的信息进行修改,修改后会显示在列表中。新闻内容采用富文本的形式编辑
系统管理	系统管理	用户管理	可增加、修改、删除、编辑、检索用户信息,类似新闻模块
		权限管理	可增删改用户权限
		角色管理	可增删改用户角色
		密码修改	用户可修改用户名和密码

形成页面的功能后,接下来就可以进行网站设计了。

1.1.3 项目整体页面设计

页面设计的流程可分为四个步骤,如图 1-3 所示。

图 1-3 页面设计流程

1. 结构设计

网站结构设计是网站设计的重要组成部分。网站的目标及内容主题等确定后,结构设计的目标就是将内容划分为清晰合理的层次体系,比如栏目的划分及其关系、网页的层次及其关系、还包含了功能/页面的交互、跳转逻辑等,网站的结构设计是体现内容设计与创意设计的关键环节。网站的结构可以结构图的形式展现,结构图就是原型图的简化表达。

网站结构设计分为两类:物理结构和树形结构。

(1) 物理结构:指网站的实际目录结构。其分为网站扁平结构和网站树形结构。扁平结构的网站所有的网页都在根目录下,多用于建设一些中小型企业网站。优点:有利于搜索引擎抓取内容。缺点:内容杂乱,用户体验不好。

(2) 树形结构:指网站根目录下有多个分类,给网站设立栏目或者频道。树形结构的网站一般适合类别多、内容量大的网站,如资讯站、电子商务网站等。优点:分类详细,用户体验好。缺点:分类较细,不利于搜索引擎抓取内容。

电力网站的结构图如图 1-4 所示。

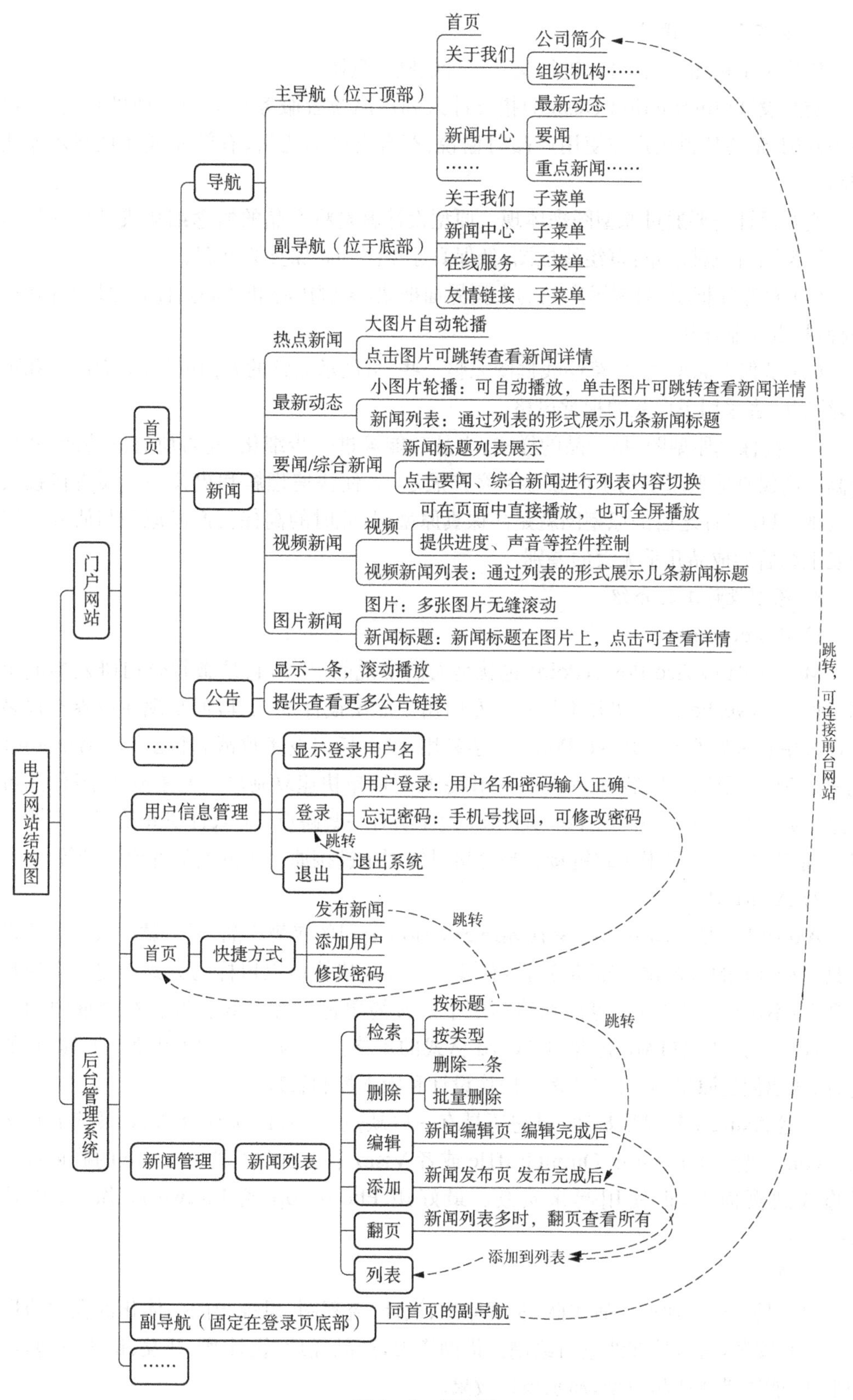

电力网站结构图
门户网站
首页
导航
主导航（位于顶部）
首页
关于我们
公司简介
组织机构……
新闻中心
最新动态
要闻
重点新闻……
……
副导航（位于底部）
关于我们　子菜单
新闻中心　子菜单
在线服务　子菜单
友情链接　子菜单
新闻
热点新闻
大图片自动轮播
点击图片可跳转查看新闻详情
最新动态
小图片轮播：可自动播放，单击图片可跳转查看新闻详情
新闻列表：通过列表的形式展示几条新闻标题
要闻/综合新闻
新闻标题列表展示
点击要闻、综合新闻进行列表内容切换
视频新闻
视频
可在页面中直接播放，也可全屏播放
提供进度、声音等控件控制
视频新闻列表：通过列表的形式展示几条新闻标题
图片新闻
图片：多张图片无缝滚动
新闻标题：新闻标题在图片上，点击可查看详情
公告
显示一条，滚动播放
提供查看更多公告链接
……
后台管理系统
用户信息管理
显示登录用户名
登录
用户登录：用户名和密码输入正确
忘记密码：手机号找回，可修改密码
跳转
退出
退出系统
首页
快捷方式
发布新闻
添加用户
修改密码
跳转
新闻管理
新闻列表
检索
按标题
按类型
删除
删除一条
批量删除
编辑
新闻编辑页　编辑完成后
添加
新闻发布页　发布完成后
翻页
新闻列表多时，翻页查看所有
列表
添加到列表
跳转
副导航（固定在登录页底部）
同首页的副导航
……
跳转，可连接前台网站

图 1-4　结构图

2. 交互与原型设计

构建了结构图后，就可以进行交互设计绘制原型图了。

交互设计(Interaction Design)指设计人和产品或者服务互动的一种机制，以用户体验为基础，最终使得用户在使用产品时愉悦、符合自己的逻辑、有效完成并且高效地使用产品。

交互设计需要通过原型图来体现。原型设计就是将产品的概念细化成可见的具体形态。原型图有三种质量：草绘线框图、低保真原型图和高保真原型图。

(1) 草绘线框图：只展示产品的大概界面框架、关键内容和核心页面，是最为"简陋"的一种，特点是制作快。

(2) 低保真原型图：比草绘线框图完整一些，可展示完整的界面框架、页面内容和页面流，绘制时多采用黑白灰的视觉风格。

(3) 高保真原型图：指产品的样式、产品功能等进一步细化，完善所有的功能，精细度更高。高保真原型图多用于向领导和客户展示，方便快速理解和决策是否要直接投入开发成本。UI 设计之后的原型图就是高保真原型图，此时的高保真产品原型与研发工程师开发上线后的成品几乎无大的差别。

3. 原型设计工具介绍

1) Powerpoint

Microsoft Office PowerPoint 也就是人们常说的 PPT，它是微软公司研发的演示文稿软件。PowerPoint 最初并不是一款专门用于原型设计的工具，但是现在业界有很多的设计师用它来做原型。PowerPoint 易学易用，没有任何技术挑战，且无论是 Windows 系统还是 Mac 系统，都安装有 PowerPoint，它可以简单快速复制单个元素或者全屏，还可以通过拖放重新布局。但同时 PowerPoint 做原型有一些缺点，PowerPoint 绘图工具非常初级，功能有限，交互只限于超链接。超链接只能用于链接原型里的幻灯片或网址等。

2) Axure RP

Axure RP 是美国 Axure Software Solution 公司的旗舰产品，是一款强大的原型设计工具。Axure 的可视化工作环境可以让使用者轻松快捷地以鼠标的方式创建带有注释的线框图，不用进行编程，就可以在线框图上定义简单链接和高级交互。在线框图的基础上，可以自动生成 HTML 原型和 Word 格式的规格。作为专业的原型设计工具，它能快速、高效地创建原型，同时支持多人协作设计和版本控制管理。

虽然 Axure RP 很受欢迎，但它还是有一些缺点。Axure 无法在 Mac 系统上直接运行，Axure 缺少 Illustrator、OmniGraffle 或者 Visio 中的画图工具。Axure 的确可以把形状拖放到页面上，但使用起来费劲。最好用 Photoshop 或 Fireworks 做好，再导入 Axure 中。

3) 墨刀

墨刀是一款打通产设研团队，实现原型、设计、流程图、思维导图一体化的在线协同工具。无须安装，可直接在线进行绘制。借助墨刀，产品经理、设计师、开发、销售、运营等用户群体，能够搭建产品原型，演示项目效果。

墨刀的优点：

（1）轻松进行设计，素材拖拽即可使用，可创建自定义组件库，支持超链接、设置字体；

（2）原型高保真，可快速测试 UI 元素和交互，无须开发，获取用户产品体验反馈；

（3）一键分享，支持团队协作，可选择能见界面予成员；

（4）支持 Axure 文件导入。

除了上面的三款原型设计工具外，还有很多其他的设计工具，对产品设计感兴趣的伙伴们可以自行查阅资料了解。

4. 电网原型图和交互说明

在设计原型时会考虑到交互，但是演示只能体现一部分交互，实际工作中，还需要将原型图的交互需求描述清楚。交互说明是针对原型图内容元素的解释文字。

对于电网项目的结构图我们已经画出来了，接下来使用 PPT 做一个低保真的原型图。

本项目我们只做前台首页、后台系统登录页、主页面、新闻列表页、新闻发布页。另外声明本网站上的所有数据为测试数据，不可作真。

1）首页的原型图和交互说明

如图 1－5 所示为电网门户首页的原型图。

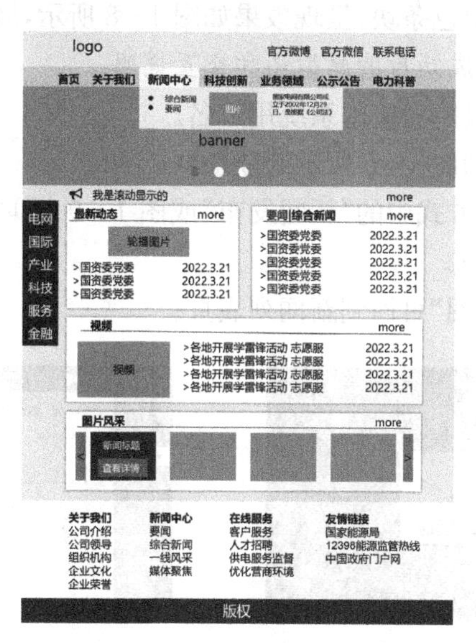

图 1－5　门户首页原型图

（1）导航菜单单击可链接到对应的模块，当鼠标滑过某个菜单时，为当前菜单添加背景颜色，并显示对应的二级导航。

（2）轮播图可自动播放，鼠标单击切换按钮显示对应的 banner 图；鼠标单击 banner 图可跳转至对应页面。

（3）公告消息栏上下滚动显示。

（4）所有的“更多”单击后都链接到对应的模块。

（5）新闻列表项展示新闻标题，每一条新闻标题都链接到对应的新闻详情页。当鼠标划过标题时改变标题的颜色。

(6) 要闻、综合新闻单击可进行切换,并在下面的新闻列表中显示对应的新闻。

(7) 图片风采左右滚动,鼠标悬停到图片上显示图片新闻标题,单击查看详情可跳转到新闻详情页。

2) 后台管理系统登录页的原型图和交互说明

(1) 单击登录按钮页面如图 1-6 所示,跳转到后台系统首页如图 1-7 所示。

图 1-6 后台管理系统登录页 1

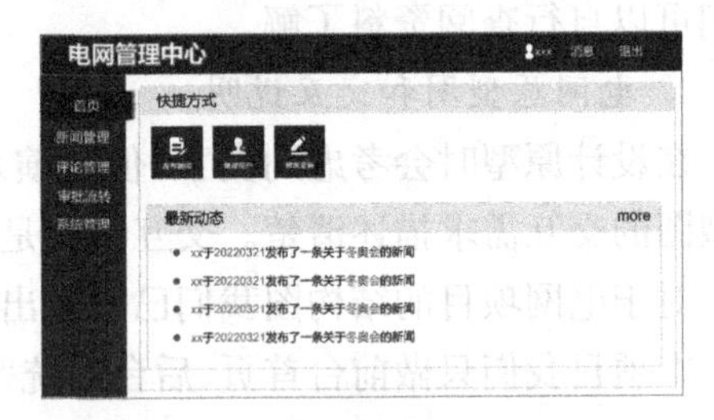

图 1-7 后台管理系统主界面

(2) 单击"立即找回"跳转到找回密码页。

(3) 鼠标划过底部的黑色条块,呈现效果如图 1-8 所示,展示了副导航的全部信息。

3) 后台管理系统登录成功后的原型图和交互说明

(1) 登录成功后需要显示对应的系统用户名。

(2) 单击退出可回到如图 1-6 所示的登录页。

(3) 单击图 1-7 快捷方式中的"新闻发布"或图 1-9 新闻列表中的"添加"都可跳转到如图 1-10 所示的发布页。

(4) 单击"发布"或"返回"可回到新闻列表页。

图 1-8 后台管理系统登录页 2

图 1-9 后台管理系统新闻列表页

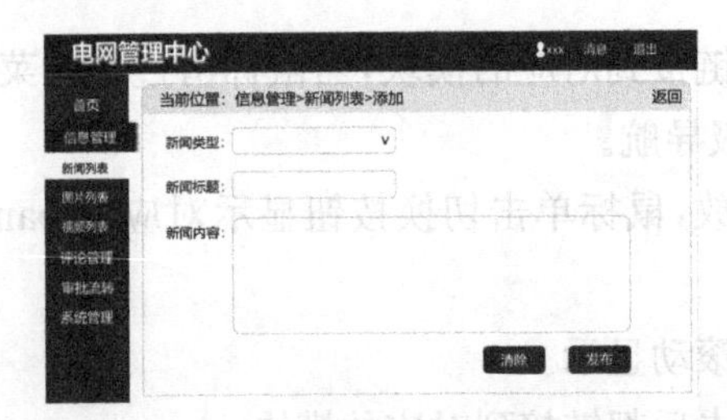

图 1-10 后台管理系统新闻发布页

这里我们只举例说明了一部分。原型图设计完后接下来就是 UI 设计师的工作了，而作为前端开发人员要做的就是拿到 UI 设计师的原型图(页面的最终效果)，将其通过代码编写成网页的形式，也就是网页设计的最后一个环节：客户端界面。

在接下来的内容中，我们要学习的就是有关前端开发的技术，最终能够通过代码将上面的几张原型图用网页展示出来。

1.1.4　项目技术架构

网页制作是通过 HTML、CSS、JavaScript 以及衍生出来的各种技术、框架等来创建 WEB 页面呈现给用户，并实现用户界面交互。

而所谓的 WEB 是 World Wide Web 的简称，也被称为 WWW、万维网。它是一种基于超文本和 HTTP 的、全球性的、动态交互的、跨平台的分布式图形信息系统。简单来说 WEB 是由文档和文档之间的超链接构成的庞大的信息网，用户通过浏览器就可以访问网页中的文字、图片等信息。

WEB 前端所包括的三大核心技术，即 HTML、CSS 和 JavaScript。

HTML 全称为 HyperText Markup Language，中文解释为“超文本标记语言”，用来构建网页的结构，是结构层。它由一系列标签和属性组成，通过这些标签将文本、图片、超链接等内容显示在页面中。HTML 文档的后缀名为.html 或.htm。

CSS 全称为 Cascading Style Sheets，中文解释为“层叠样式表”，用来表现 HTML 或 XML 等文件的显示样式，是表现层。它能够对网页中元素位置的排版进行像素级精确控制。CSS 文档的后缀名为.css。

JavaScript 是一种解释型的脚本语言，几乎支持所有的浏览器，通过嵌入 HTML 中来实现各种动态效果，是行为层。它的解释器被称为 JavaScript 引擎，属于浏览器的一部分，因此 JavaScript 代码由浏览器边解释边执行。JavaScript 文档的后缀名为.js。

W3C(World Wide Web Consortium)组织规定 Web 标准需要将网页的结构、样式和行为三者进行分离。HTML＋CSS＋JavaScript 本质上构成一个 MVC 框架，即 HTML 用来描述网页的结构(Model)、CSS 用来控制样式(View)、JavaScript 用来描述网页的行为即调度数据和实现某种展现逻辑(Controller)。

从前端技术的角度可以把互联网的发展分为三个阶段：

(1) Web1.0 网络阶段。始于 1994 年，其主要特征是大量使用静态的 HTML 网页来发布信息，前端主流技术是 HTML 和 CSS。Web1.0 只解决了人对信息搜索的需求，而没有解决人与计算机之间沟通、互动和参与的需求。

(2) Web2.0 应用阶段。始于 2004 年 3 月，Web2.0 更注重用户的交互作用，用户既是网站内容的浏览者，也是网站内容的制造者。此时的前端热门技术有 JavaScript、DOM、Ajax。

(3) Web3.0 是 HTML5＋CSS3 阶段。目前的互联网正处于 Web2.0 到 Web3.0 的过渡阶段，Web3.0 是 Internet 发展的必然趋势，它使互联网进入了又一个崭新的时代。在这个阶段，通过一系列协议，用户不仅可以生产内容，还可以控制自己的内容。

1. HTML5 技术

1) HTML5 的发展史

HTML5(简称"H5")是构建 Web 内容的一种语言描述方式,是万维网的核心语言、标准通用标记语言下的第五次重大修改。

HTML 从 2.0 版本开始的,产生于 1990 年,1.0 只是一个草案,并没有官方规范。在 1995 年 HTML 才有了第二版,即 HTML2.0,当时是作为 RFC1866 发布的。1996 年 HTML3.2 成为 W3C 推荐标准。之后在 1997 年和 1999 年,作为升级版本的 HTML4.0 和 HTML4.01 也相继成为 W3C 的推荐标准。

HTML5 是互联网的下一代标准,它结合了 HTML4.01 的相关标准并进行革新,符合现代网络发展要求,由 2004 年成立的网页超文本技术工作小组(WHATWG)提出。2008 年 1 月 22 日,公布了第一份正式草案。在 2014 年 10 月正式成为 W3C 推荐标准,经过多年的艰苦努力,HTML5 标准规范终于制定完成。HTML5 的发展史,有用户的需求在推动,有技术开发者的需求在推动,更有巨大的商业利益在推动。

2) HTML5 的魅力

自 2014 年 HTML5 正式推出以来,它就以一种惊人的速度被迅速推广着,各大主流浏览器也对其表现出了极大的欢迎和积极支持。那么 HTML5 到底有什么"神奇的魅力"能够得到互联网的青睐呢? 接下来将带领大家走进 HTML5 的世界,去近距离感受 HTML5 的魅力。

(1) 兼容性。Web 开发者最担心的问题就是一个新技术的推出所带来一些不成熟的问题,比如说程序在某个浏览器上可以正常运行,到另一个浏览器上或者旧版本浏览器上还能不能正常显示? 那么在这里可以明确地告诉大家,HTML5 可以很好地兼容旧版本浏览器并正常显示,目前主流的浏览器如 IE、Firefox、Safari、Opera、Google Chrome 等都可以很好地兼容 HTML5。HTML5 不是颠覆性的改革,而是保持与过去技术的兼容与过渡。

(2) 合理性。HTML5 新增加的元素都是对现有网页和用户习惯进行跟踪、分析和概括而推出的。例如在 HTML5 之前,开发人员使用〈div id="header"〉来标记页眉区域,为了解决实际问题,HTML5 就直接添加了〈header〉等结构性的标签。也就是说,HTML5 新增的很多元素、属性或者功能都是根据现实互联网中已经存在的各种应用进行技术精炼,而不是在实验室中理想化地虚构新功能。

(3) 简化性。HTML5 避免了不必要的复杂性,使有些功能不依赖 JavaScript 也能实现。举个简单的例子,比如在网页中,有的输入框中会出现提示性的文字,如图 1-11 所示,当用户按下键盘进行内容输入时,这些文字就会消失。这个功能在 HTML5 之前需要通过 JavaScript 先获取输入框元素,然后为元素添加键盘事件,再在事件中设置其 value 值为空,如【代码 1-1】所示,需要写很多内容才能实现。

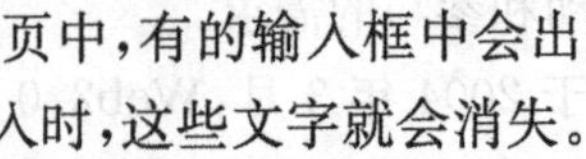

请输入姓名

图 1-11 input 输入框

【代码 1－1】input 输入框键盘事件

```
<body>
        <input type="text" value="请输入姓名" />
</body>
<script>
        var oInput=document.getElementsByTagName("input")[0];
        oInput.onkeydown=function(){
            oInput.value="";
        }
</script>
```

但是在 HTML5 中，同样的功能只需要一行代码即可实现，只需为 input 标签添加 placeholder 属性即可，如〈input type="text" value="" placeholder="请输入姓名" /〉。

HTML5 除了能以浏览器原生能力替代复杂的 JavaScript 代码外，还简化了文档的声明，提供了很多 API，并开发出了新的元素、新的属性，解决了目前 Web 上出现的一些问题。

2. CSS 技术

1）CSS 的发展史

HTML 语言只是定义网页的标记的组成结构，并没有办法让浏览器更好地显示网页内容。为满足网页设计者的需求，就亟需一个能够对整个网页进行布局、对字体、颜色、背景等内容做一个更加精确的控制的技术，于是便出现了 CSS，CSS 最大的好处就是可以将网页中的结构和表现分离。

1996 年，W3C 制定发布了 CSS1.0 版本。该版本主要提供了一些简单的样式表机制，让程序员可以通过〈style〉这些标签，或者是标签上面的某些属性针对标签内容进行控制。

1997 年年初，W3C 组织负责 CSS 的工作组开始讨论第一版中没有涉及的问题，其讨论结果组成了 1998 年 5 月发布的 CSS 规范第二版。该版本在包含 CSS1.0 的基础上，扩展并改进了很多更强大的属性，CSS2.0 支持多媒体样式表，可以让程序员根据不同的输出设备给网页文档制定不同的层叠样式表。

CSS3 是 CSS 技术的升级版本，于 1999 年开始制定，2001 年 5 月 23 日 W3C 完成了 CSS3 的工作草案，CSS3.0 开始遵循模块化开发，该标准将整个网页系统划分为很多个相互独立的子模块，然后让程序员根据不同的子模块进行开发与设计对应的层叠样式表，用来减少 CSS 文件的体积。主要包括盒子模型、列表模块、语言模块、背景和边框、文字特效、多栏布局等。

2）CSS 的语言特点

CSS 定义了 HTML 元素的显示方式，改善了 HTML 页面臃肿的问题，使网站开发越来越简洁美观。其语言主要有以下几个特点：

(1) 样式丰富且可精准控制页面布局。CSS 提供了丰富的文档样式外观，如文本字体、边框、背景、动画等，并且可以通过定位等布局对页面元素进行精确的定位。

(2) 易于使用和修改。CSS 的样式可以定义在 HTML 元素的 style 属性中，也可以定义在 HTML 文档的 head 部分，还可以将样式声明在一个专门的 CSS 文件中，进行统一的管理。

对于同一文档中的不同元素，可以将同一样式应用到多个 HTML 元素上，也可以对某个元素指定多个样式，实现元素与样式的多对一或一对多对应。如果要修改样式，只需要在样式列表中找到相应的样式声明进行修改即可。

(3) 层叠。如果对一个元素多次设置同一个样式，那么它将使用最后一次设置的属性值。这些后来定义的样式将对前面的样式设置进行重写，在浏览器中看到的将是最后设置的样式效果。

(4) 复用性。将 CSS 样式表单独存放，这样我们就可以把多个页面都指向一个 CSS 文件，实现多个页面风格的统一。

3. JavaScript 技术

JavaScript 是由网景通信公司(Netscape Communications Corporation)开发的嵌入 HTML 文件中的基于对象(Object)和事件驱动(Event Driven)的脚本语言，被大量地应用于网页中，用以实现网页和浏览者的动态交互。目前几乎所有的浏览器都可以很好地支持 JavaScript。由于 JavaScript 可以及时响应浏览者的操作，控制页面的行为表现，提高用户体验，因而已经成为前端开发人员必须掌握的语言之一。

1) JavaScript 的发展史

JavaScript 诞生于 1995 年，当时，就职于网景通信公司的布兰登・艾奇(Brendan Eich)开始着手为即将发布的 Netscape Navigator 2.0 浏览器开发一种名为 LiveScript 的脚本语言。为了尽快完成 LiveScript 的开发，网景公司与太阳公司(Sun)建立了一个开发联盟。在 Netscape Navigator 2.0 正式发布前夕，Netscape 为了搭上媒体热炒 Java 的顺风车，临时把 LiveScript 改名为 JavaScript。

当时微软(Microsoft)为了取得技术上的优势，在 IE3.0 上发布了 VBScript，并将其命名为 JScript，以此来应对 JavaScript。之后，为了争夺市场份额，网景公司和微软两大浏览器厂商不断在各自的浏览器中添加新的特性和各种版本的 JavaScript 实现。这意味着有了两个不同的 JavaScript 版本，导致 JavaScript 没有一个标准化的语法和特性。使得这两款浏览器对 JavaScript 的兼容性问题越来越多，从而给 JavaScript 开发人员带来巨大的痛苦。

1997 年，在欧洲计算机制造商协会(ECMA)的协调下，由网景公司、太阳公司、微软、宝蓝公司(Borland)组成的工作组对 JavaScript 和 JScript 等当时存在的主要的脚本语言制定了统一标准：ECMA－262。

该标准定义了一个名为 ECMAScript 的脚本语言，规定了 JavaScript 的基础内容，其中主要包括语法、类型、语句、关键字、保留字、操作符和对象这几方面的内容。

从内容上看，ECMAScript 规定了脚本语言的规范，而 JavaScript、JScript 等脚本语言则是依照这个规范来实现的，和ECMAScript相容，但包含了超出ECMAScript的功能。因为ECMA－262标准的出台，所以现在JavaScript、JScript和ECMAScript都通称为JavaScript。

标准化后的JavaScript包含三个部分：核心ECMAScript、文档对象模型DOM和浏览器对象模型BOM。

(1) ECMAScript：描述JavaScript语言的语法和基本对象。

(2) DOM：文档对象模型，它是HTML和XML文档的应用程序编程接口。浏览器中的DOM把整个网页规划成由节点层级构成的树状结构的文档。用DOM API可以轻松地删除、添加和替换文档树结构中的节点。

(3) BOM：浏览器对象模型，描述与浏览器进行交互的方法和接口。

2) JavaScript的语言特点

JavaScript可运行在浏览器上，用来增强网页的动态效果、提高与用户的交互性，是一种解释性语言。其具有以下几个特点：

(1) 解释型语言：JavaScript的源代码不需要经过编译，可以直接在浏览器中运行时进行解释。

(2) 动态性：JavaScript是一种采用事件驱动的脚本语言，它不需要经过Web服务器就可以对用户的输入直接做出响应。

(3) 跨平台性：JavaScript依赖于浏览器本身，与操作环境无关。任何浏览器只要具有JavaScript脚本引擎，就可以执行JavaScript。目前，几乎所有用户使用的浏览器都内置了JavaScript脚本引擎。

(4) 安全性：JavaScript是一种安全性语言，它不允许访问本地的硬盘，同时不能将数据存储到服务器上，不允许对网络文档进行修改和删除，只能通过浏览器实现信息浏览或动态交互。这样可以有效地防止数据丢失。

(5) 基于对象：JavaScript是一种基于对象的语言，也是一种面向对象的语言。它不仅可以创建对象，也能使用现有的对象。

知识小结

(1) 需求分析是从用户的需求出发，挖掘用户的真正目标，并转化为产品需求，得出产品功能的过程。

(2) WEB是World Wide Web的简称，也被称为WWW、万维网。WEB由文档和文档之间的超链接构成庞大的信息网，用户通过浏览器可以访问网页中的文字、图片等信息。

(3) Web前端三大核心技术：HTML、CSS和JavaScript。HTML用来构建网页的结构，CSS用来表现HTML或XML等文件的显示样式，JavaScript通过嵌入HTML中来实现各种动态效果。

知识足迹

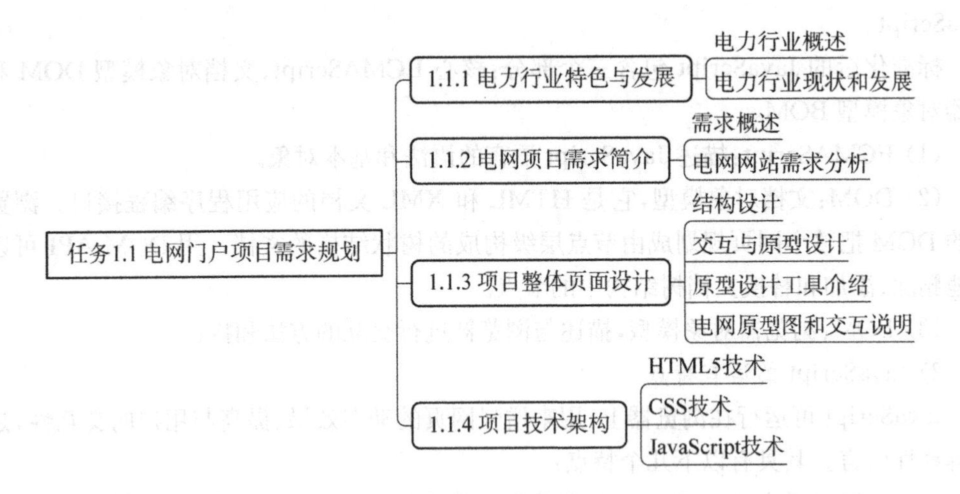

任务1.2 打开Web世界的大门

本任务正式进入 Web 前端开发入门阶段，接下来会了解到 HTML5 的文档结构、HTML5 的元素及属性、前端开发工具的使用以及浏览器预览与调试等基础知识。

1.2.1 HTML5 文档结构

在任务 1.1 中我们对 HTML5 已经有了大致的了解，本节就正式进入语法学习阶段。一个网页文件也可以称为一个 HTML 文件，在网络上，网页文件就是使用 HTML 编写的，它能被浏览器识别。每一个标准的 HTML 文件都具有一个基本的文档结构，如【代码 1-2】所示。

【代码 1-2】HTML5 文档结构

```
<!DOCTYPE html>
<html>
    <head>
        <meta charset="UTF-8">
        <title>文档结构</title>
    </head>
    <body>
        <!--
            作者:xxx@qq.com
```

```
            时间:2022-03-25
            描述:这是文档的主体部分
        -->
    〈/body〉
〈/html〉
```

(1)〈!DOCTYPE html〉:是 HTML5 的文档类型声明,必须在 HTML 文档的第一行。其中〈!DOCTYPE〉是一种通用标准标记语言的文档类型声明,目的是要告诉标准通用标记语言解析器,它应该使用什么样的文档类型定义(DTD)来解析文档。

(2)〈html〉……〈/html〉:该标签限定了文档的开始点和结束点。

(3)〈head〉……〈/head〉:该标签定义了关于文档的头部信息,可用在〈head〉部分的标签有〈base〉、〈meta〉、〈link〉、〈script〉、〈style〉、〈title〉。

(4)〈meta〉:该标签用于提供有关页面的元信息(meta-information),charset="UTF-8"代表的是世界通用语言编码,如果设置错误或者没有设置可能会导致页面乱码。在 HTML5 中只用写成〈meta charset="UTF-8"〉即可。

(5)〈title〉……〈/title〉:该标签定义文档的标题,可在浏览器标签页中显示。

(6)〈body〉……〈/body〉:该标签用来标识文档的主体部分,网页中用户可以看到的内容就是在 body 中。

除了上述讲到的内容外,还有一个使用〈!-- --〉包括的部分,这部分属于文档注释,方便以后对代码的阅读和修改,这些注释的内容不会被网页显示。HTML 注释分为单行注释和多行注释,在上面代码中的注释属于多行注释,单行注释的写法为〈!--这是单行注释--〉。

1.2.2 HTML5 元素及属性

1. 标签和元素

1) 标签

在上面的代码中,我们看到的〈html〉、〈head〉、〈meta〉等都是标签,它们都使用一对尖括号"〈"和"〉"包括。

标签分为双标签和单标签,双标签都是成对出现,包含开始标签和结束标签,比如〈html〉是开始标签,〈/html〉是结束标签。单标签如〈meta〉,有的写法不同,比如〈img/〉也是单标签。

HTML 标签是可以嵌套使用的,但必须符合规范。只允许包裹嵌套,不允许交叉嵌套。例如〈p〉〈a〉〈/p〉〈/a〉属于交叉嵌套,是不合法的。合法的嵌套应该是〈p〉〈a〉〈/a〉〈/p〉。

HTML 标签对大小写不敏感,比如换行标签〈br/〉、〈BR/〉作用一样,但建议小写。

2) 元素

HTML 元素是构成 HTML 文件的基本对象,元素是通过标签来定义的,HTML 元素内容包含在开始标签和结束标签之间，某些元素具有空内容。

“HTML 标签”和“HTML 元素”通常都是描述同样的意思，但严格来讲，还是有些区别，举例来说，单独的一个〈title〉可以称为标签，〈title〉文档结构〈/title〉则称为元素。

2. 属性

大多数 HTML 元素都有属性，元素的属性是在开始标签中规定的。属性由属性名和属性值两部分组成，其中属性名和属性值之间通过等号连接，多个属性之间通过空格进行分隔。元素的属性值一般用引号括起来，其中属性是可选的，元素包含多少个属性也是不确定的，这主要根据不同元素而定。当一个标签中不含属性时，元素将使用默认属性。其语法格式如下：

```
〈标签名称 属性名="属性值" 属性名="属性值"……〉……〈/标签名称〉
```

比如〈meta charset="UTF-8"〉，charset 为 meta 元素的一个属性，其值为 UTF-8。

1.2.3 前端开发工具介绍和使用

1. 前端开发工具介绍

想要使编程语言在页面中运行，那么就需要通过开发工具把编程语言代码化并编译执行。作为一名前端开发人员，有一款功能强大且使用方便的前端开发工具是非常有必要的，接下来带领大家了解几款常用的前端开发工具。

1）Adobe Dreamweaver

Adobe Dreamweaver 简称“DW”，中文名称“梦想编织者”，软件授权公司为 Adobe 公司。DW 是一款集网页制作和管理网站于一身的所见即所得的网页代码编辑器，可以轻松地创建、编码和管理动态网站，具有代码提示功能和视觉辅助功能，能减少错误并提高网站开发速度。支持 HTML、CSS、JavaScript 等内容。

2）WebStorm

WebStorm 是 JetBrains 公司旗下的一款 JavaScript 开发工具。目前被广大中国 JavaScript 开发者誉为“Web 前端开发神器”“最强大的 HTML5 编辑器”“最智能的 JavaScript IDE”等。

WebStorm 能够编写 HTML、CSS、Less、Sass、JavaScript、ECMAScript 等代码，支持 Node. js 和 React、Angular、Vue. js 等主流框架，并且可以通过分析项目，为应用程序中定义的所有方法、函数、模块、变量和类提供最佳的代码补全功能。

官网提供了 Windows 版、MacOS 版和 Linux 版，可根据计算机系统有选择地进行下载。

3）HBuilder、HBuilderX

HBuilder 是 DCloud（数字天堂）推出的，支持 HTML5 开发，其本身主体是由 Java 编写的，基于 Eclipse，所以兼容了 Eclipse 的插件。“快”是 HBuilder 的最大优点，通过完整的语法提示和代码输入法、代码块等，大幅提升 HTML、JS、CSS 的开发效率。

HBuilderX 是 HBuilder 的升级版，是基于 C++ 重写的，性能更高、启动更快。

HBuilderX 从安装到使用都很简单，容易上手。

本书所有代码的编写都使用 HBuilder，所以下面重点来讲解 HBuilder 的使用。大家可以到官网自行下载相应的应用程序进行安装。HBuilder 的安装非常简单，下载完成应用程序后，找到本机上下载的文件并打开，然后找到带有图标的 HBuilder 应用程序，只需双击打开应用程序进行用户注册登录即可使用。

2. 前端开发工具使用

在介绍 HBuilder 的使用之前，我们先来了解一个比较“传统”的开发方式——记事本。

1）使用记事本编写

相信很多人对记事本的应用，都停留在记录文字信息的作用上，其实记事本的功能也很强大，可以用它来编写各种语言程序，比如 Java、ASP、JSP、HTML、JavaScript、C、C++ 等，编写后只需保存为对应语言的后缀名即可。

那么如何使用记事本来编写前端语言呢？首先在计算机桌面上新建一个“文本文档”，然后打开编写 HTML 代码，如图 1－12 所示。

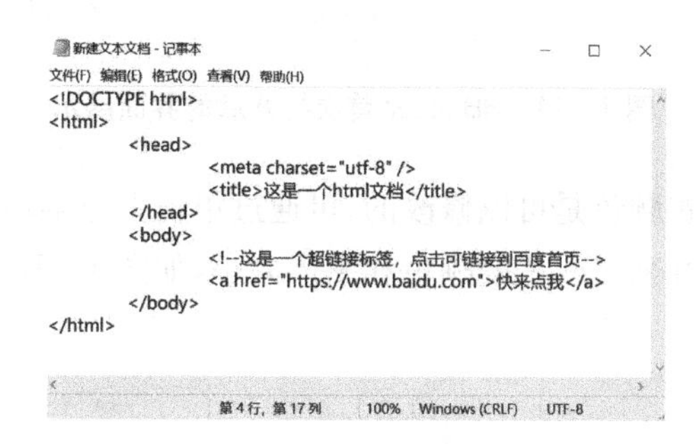

图 1－12　记事本编写 HTML 代码图

接下来主要就是保存类型了，单击左上角工具栏中的“文件”，选择“另存为”。在弹出框中文件名命名为“index. html”或“index. htm”，“保存类型”选择“所有文件”，然后单击“保存”。此时就会在选择的保存路径下生成一个网页文件，然后双击打开网页文件运行即可，如图 1－13 所示。

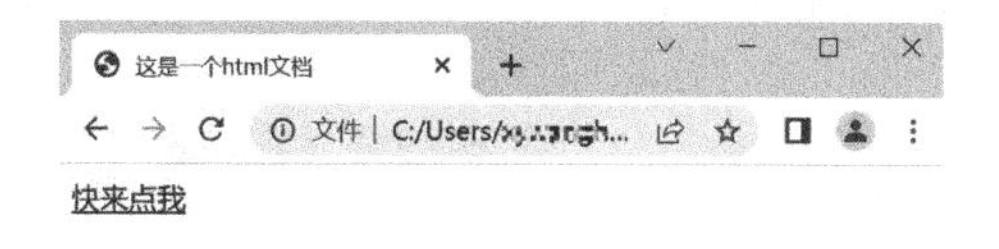

图 1－13　运行效果

如果编写的是 css 文件，则另存为“文件名. css”，js 文件则另存为“文件名. js”。

2）HBuilder 使用操作

首次打开 HBuilder 的界面如图 1－14 所示。

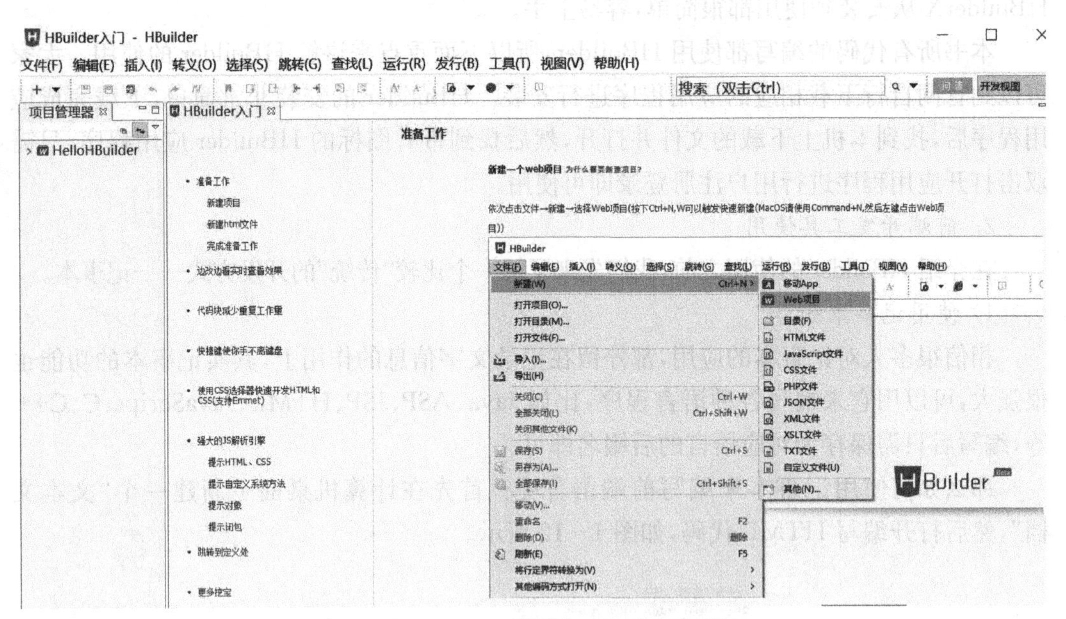

图 1－14　HBuilder 首次打开后的界面展示

软件界面的视觉主题颜色是可以修改的，可通过单击上方菜单栏的“工具”--〉“视觉主题设置”，根据自己的喜好来更改主题颜色和字体大小，如图 1－15 所示。

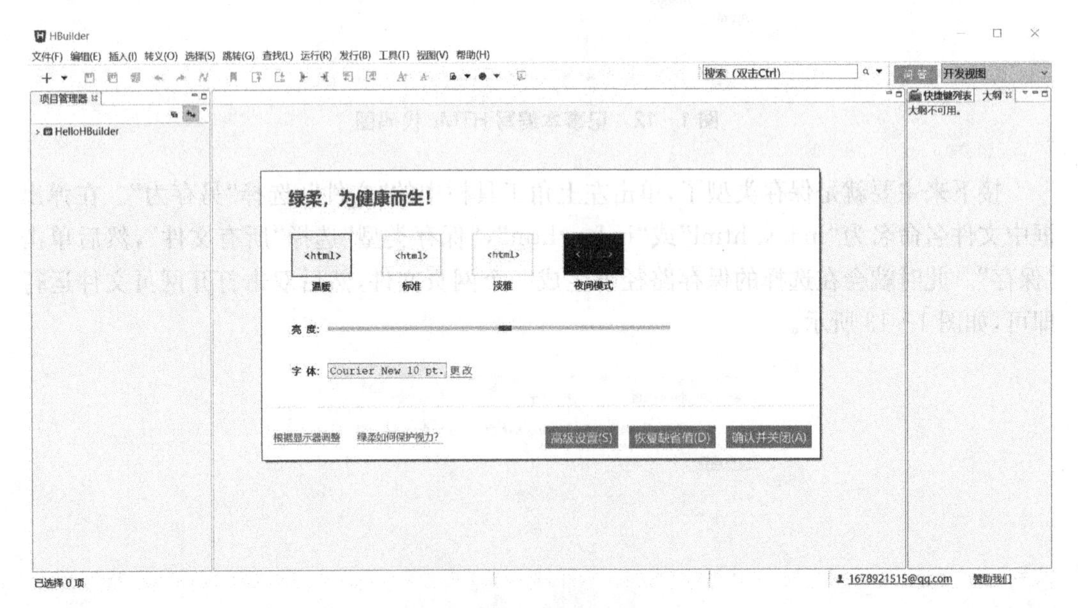

图 1－15　更改主题颜色

在网站开发中通常是以项目为整体来进行开发的，这样在项目比较多的时候方便查找和管理。其中左侧项目管理器中的“HelloHBuilder”为默认创建的项目目录，我们也可以自己去新建项目，新建一个项目的方法如下：单击最上方菜单栏中的“文件”，或者在左侧项目管理器的空白区域单击鼠标右键，选择“新建”-->“Web 项目”，如图 1－16 所示。

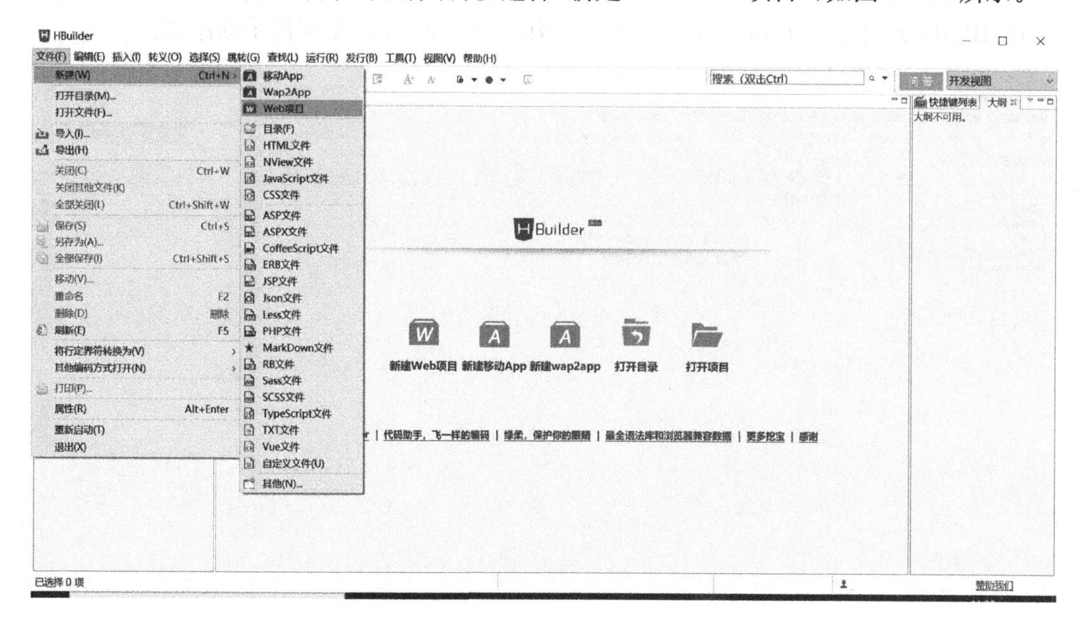

图 1－16　新建 Web 项目－1

在弹出框中输入项目名称，并选择项目在本地的保存位置，项目名称的命名要简洁易懂。这里我们新建一个“FirstWeb”项目，然后单击“完成”，如图 1－17 所示。如果需要修改项目名称，可选中该项目，单击鼠标右键选择“重命名”即可。

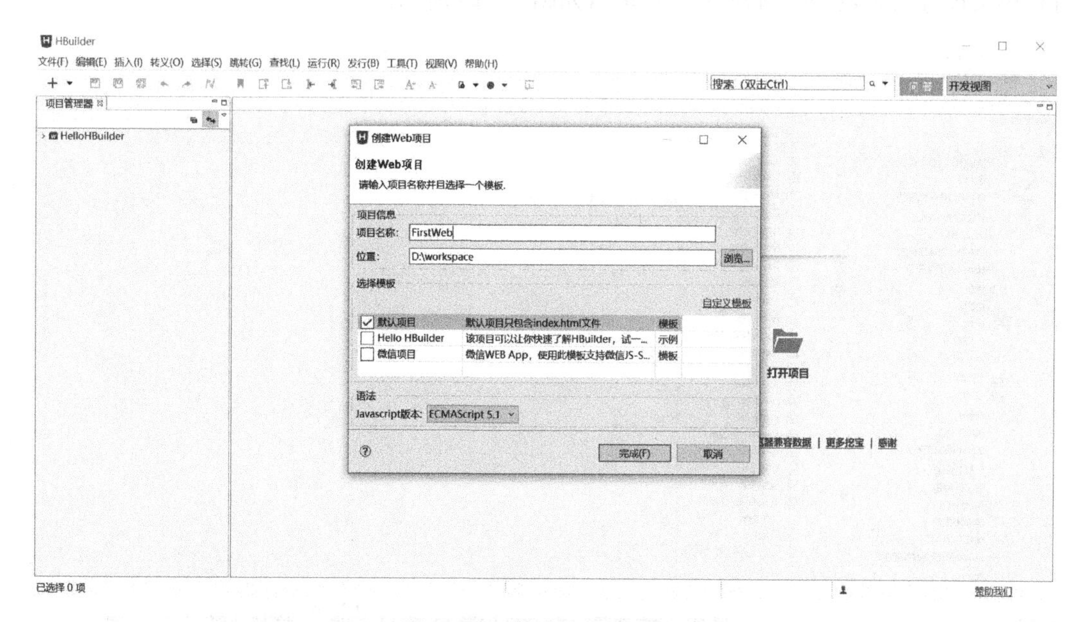

图 1－17　新建 Web 项目－2

项目创建完后，所创建的项目会在左侧的“项目管理器”中显示，新建的项目包含四个部分，如图 1－18 所示。其中 css 目录用来存放后缀名为. css 的样式文件，img 目录用来存放图片，js 目录用来存放后缀名为.js 的 JavaScript 文件，index.html 为默认生成的首页。使用 HBuilder 创建的.html 文档，其文档结构已经自动生成，无须再手动添加。

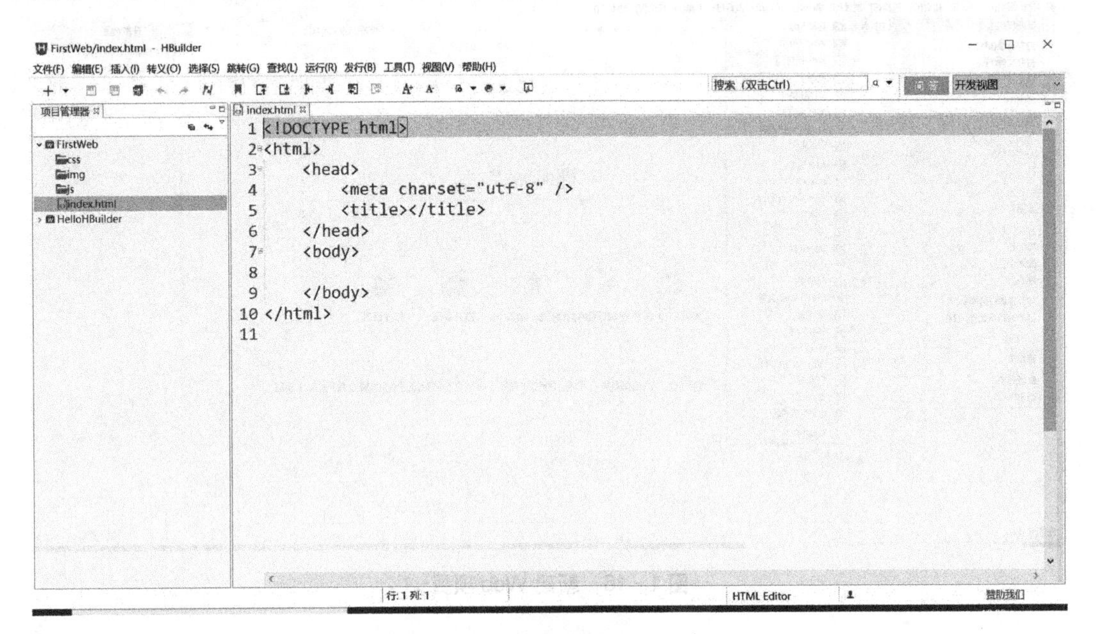

图 1-18 新建 Web 项目-3

当然也可以为.html 文件创建一个目录来统一管理，创建目录的方法如下：选中该项目，单击鼠标右键，选择“新建”-->“目录”，如图 1-19 所示。

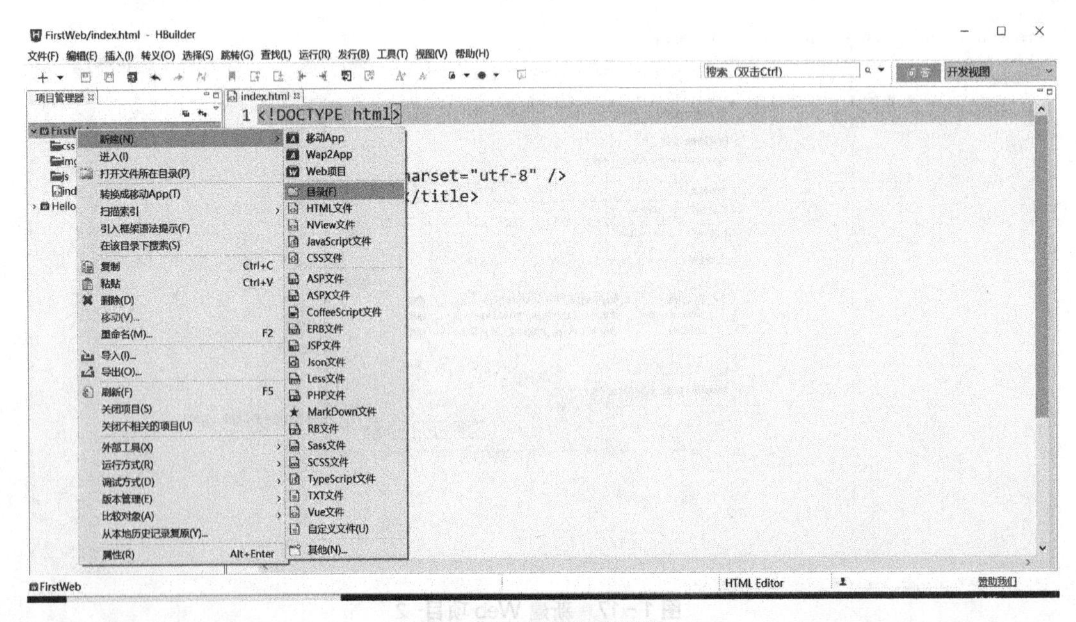

图 1-19 新建项目目录

然后在弹出框中填写文件夹名称，单击“完成”即可，如图 1-20 所示，创建一个 page

目录，之后所有的 HTML 文件就可以存放在这个目录下了。

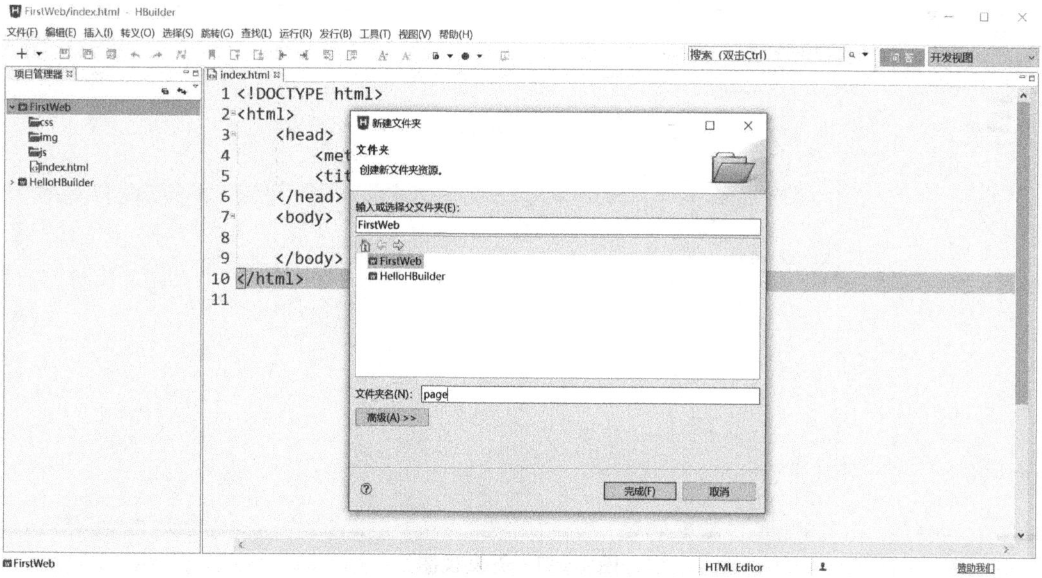

图 1－20　填写目录名

创建 HTML 文件的方法和创建目录的方法一样，在新建中选择“HTML 文件”即可，下面就不再过多赘述。

1.2.4　浏览器预览与调试

无论是使用什么工具开发的前端页面，最终都是需要在浏览器中运行，目前在前端开发中主流的浏览器有 IE、Firefox、Safari、Opera、Google Chrome。

打开上一节中建好的项目“FirstWeb”的 index.html 文档，为 HTML 文档添加一个标题：〈title〉这是一个 html 文档〈/title〉，并在 body 中添加一段代码：〈a href＝"https://www.baidu.com"〉快来点我〈/a〉。

HBuilder 提供了开发者视图模式，开发人员可以边写代码边查看效果，如图 1－21 所示。在右侧的“开发视图”中选择“边改边看模式”，此时就可以看到运行的效果，如图 1－22 所示。当修改 HTML 文档中的内容并保存后，相应的视图中的效果也会跟着改变。

在图 1－22 中，界面被分成了四个部分，左侧项目管理器用来创建项目文件，中间的部分为代码编译区，右侧为开发视图区，下方控制台用来显示 JavaScript 输出语句 console.log()输出的效果。

如果想要在浏览器中查看页面效果，则需单击上方工具栏中的浏览器图标，选择一个浏览器运行，如图 1－23 所示。

本书的示例讲解都是以 Google Chrome 浏览器为主。在这里，我们选择在 Google Chrome 浏览器中运行，其效果如图 1－24 所示。其中 title 中的内容会显示在浏览器标签页中。

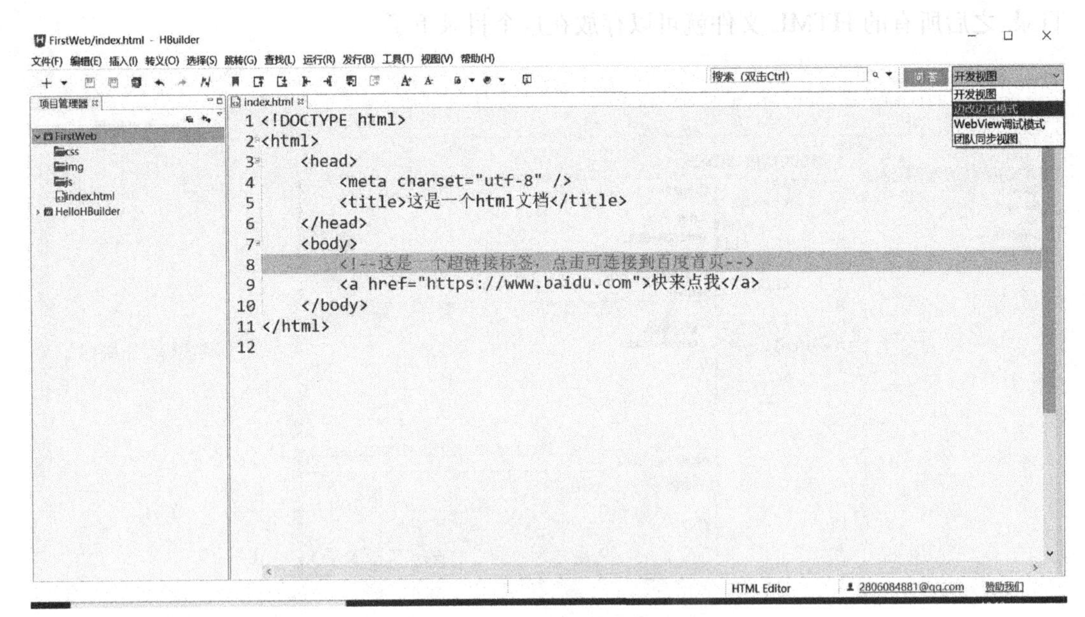

图 1－21　开发视图

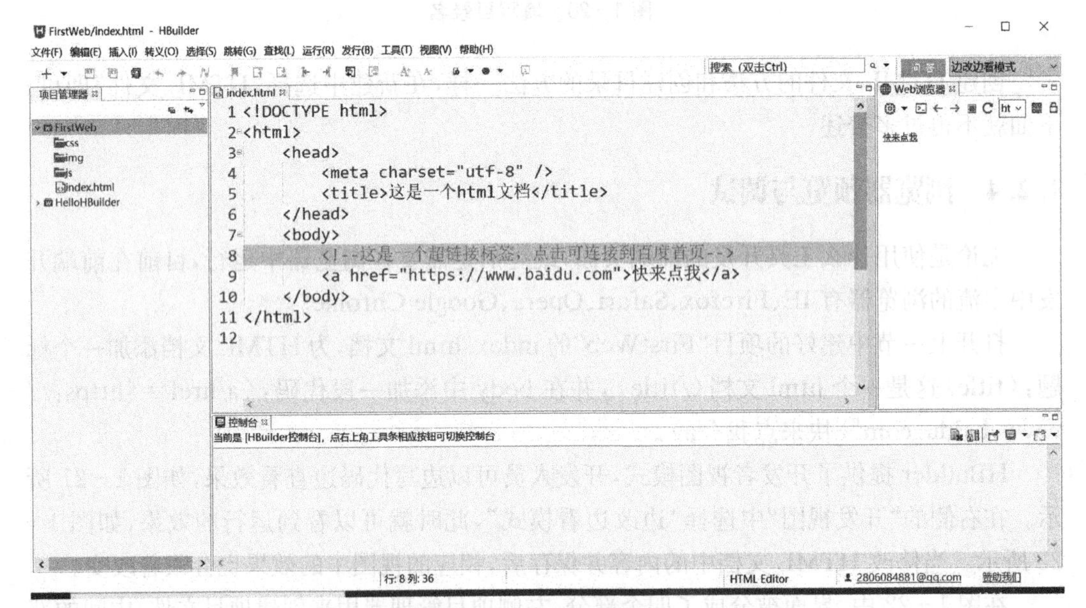

图 1－22　边改边看模式

作为前端开发人员，有时我们浏览到一个优秀的网页时可能会去查看它的源代码是如何编写的，此时可以在网页中的任意地方单击鼠标右键选择“查看网页源代码”即可。在页面元素比较多、结构比较复杂的情况下，如果只是想查看某一个元素的信息，此时可以将鼠标放在想要查看的元素上，然后单击鼠标右键选择“检查”即可定位到此元素。

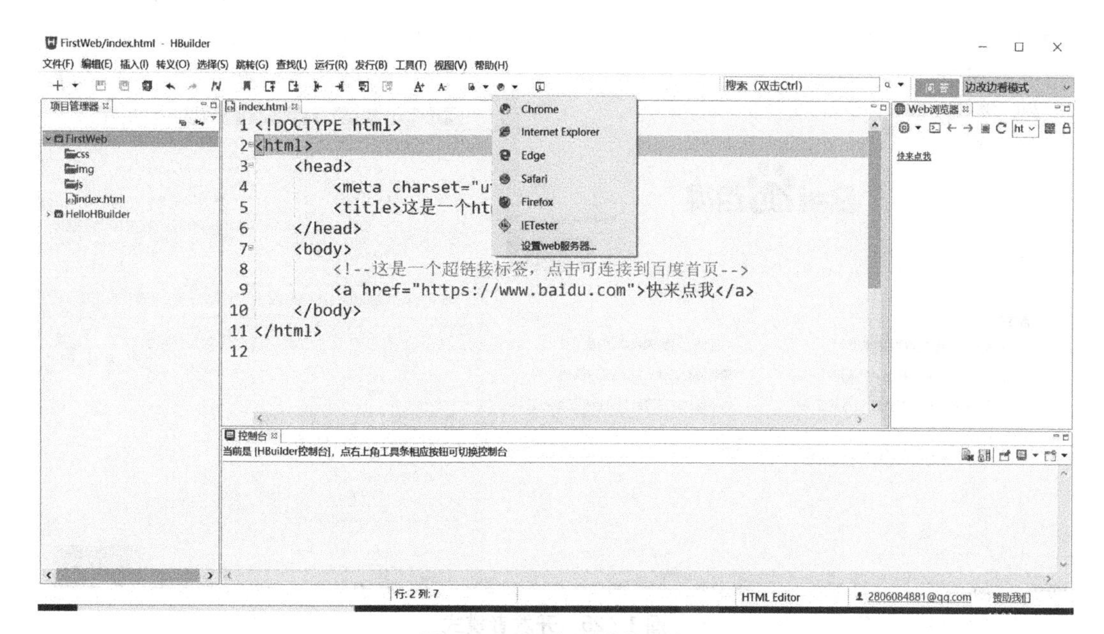

图1-23 选择浏览器运行

图1-24 运行效果

我们以百度首页为例，要查看“百度一下”按钮的信息，可将鼠标放在按钮上然后右键选择“检查”，就会进入如图1-25所示的开发者模式视图。图中的三个方框，“Elements”表示元素，该模式下可查看HTML代码和页面结构。“Console”表示控制台，可查看JavaScript的console. log()输出语句。“Styles”表示样式，可查看CSS样式，也可在此处修改样式进行“边改边看”，不过此时我们修改的内容会在浏览器关闭后失效。

进入开发者模式的快捷键为键盘键“F12”或“Fn”+“F12”。

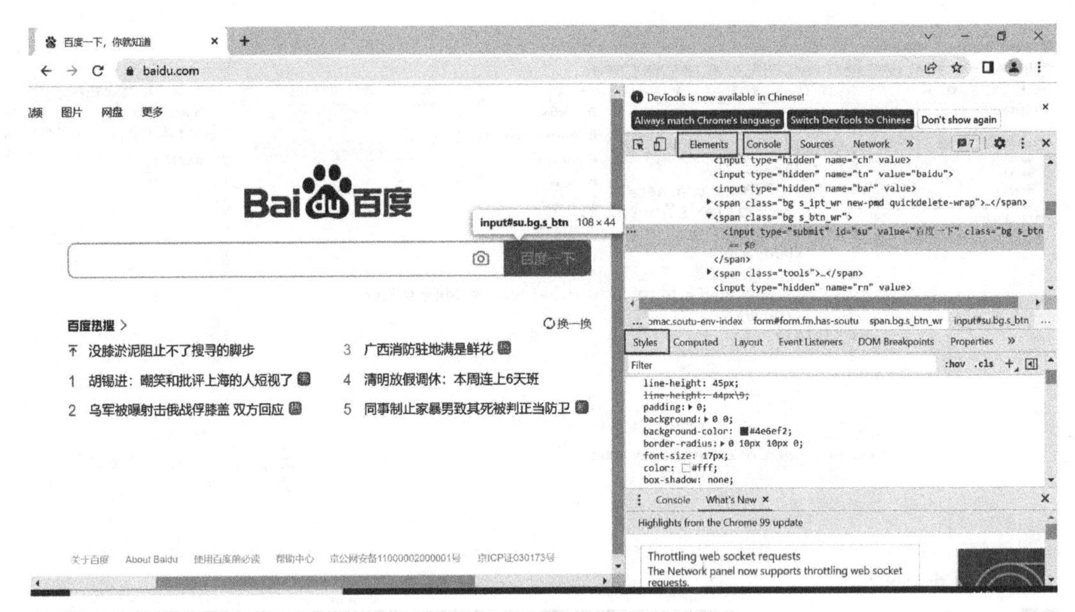

图 1-25 开发者模式

知识小结

(1) HTML 文档结构的三个主要标签:html(标记)、head(头部)和 body(主体)。

(2) HTML 标签分为单标签和双标签,且对大小写不敏感。所有标签都包含在一对尖括号中,大多数标签是可以嵌套使用的,只允许包裹嵌套,不允许交叉嵌套。

(3) 绝大多数标签都具有属性,属性由名和值两部分组成,属性值用引号括起来。

知识足迹

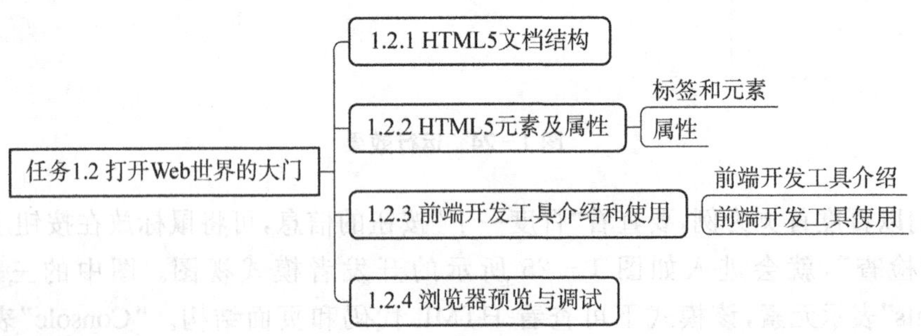

项目总结

本项目共分为两个任务:

任务一主要是进行项目需求分析和页面原型设计,需要了解什么是需求,需求分析的过程,了解页面设计的过程,对于简单的网页能够自己画出结构图和设计原型图,并对前端技术有初步的了解。

任务二主要是认识 HTML5 的文档结构和开发工具的使用，掌握文档结构的几个标签的作用，了解什么是元素，元素属性的写法，能够熟练使用一种或几种开发工具，掌握如何在页面中进行调试和查看元素样式。

综合练习

1. 单选题

(1) 下面对需求的描述不正确的是(　　)。

A. 市场需求不仅包括自己的产品和用户，还包括竞争对手的。

B. “适合于网页标准色的颜色不能超过 3 种”属于非功能性需求。

C. 需求分析就是从用户需求出发，挖掘用户的真正目标，并转化为产品需求，得出产品功能的过程。

D. 用户需求就是用户表达出来的东西。

(2) 为了标识一个 HTML 文件应该使用的 HTML 标记是(　　)。

A. 〈p〉〈/p〉

B. 〈boby〉〈/body〉

C. 〈html〉〈/html〉

D. 〈table〉〈/table〉

(3) 用 HTML 标记语言编写一个简单的网页，网页最基本的结构是(　　)。

A. 〈html〉〈head〉…〈/head〉〈frame〉…〈/frame〉〈/html〉

B. 〈html〉〈title〉…〈/title〉〈body〉…〈/body〉〈/html〉

C. 〈html〉〈title〉…〈/title〉〈frame〉…〈/frame〉〈/html〉

D. 〈html〉〈head〉…〈/head〉〈body〉…〈/body〉〈/html〉

(4) 以下标记符中，没有对应的结束标记的是(　　)。

A. 〈body〉

B. 〈br〉

C. 〈html〉

D. 〈title〉

2. 判断题

(1) “电力行业”是指国家统计局《国民经济行业分类》(GB/T 4754—2017)中的电力生产业和电力供应业。(　　)

(2) 在 HTML5 中新增字符编码的属性设置，通过 set 属性进行指定。(　　)

项目 2　电网门户网站首页开发

场景导入

相信大家都见过盖房子吧，盖房子的过程是怎样的呢？简单来说拿到设计图纸后在选好的地基上先把房子的整体结构搭建好，比如是要建两室一厅还是三室一厅，或者其他的。建好后，就可以对自己的房子进行装修，刷什么颜色的漆，贴什么样式的墙纸等。房子建好后需要有人住进去才不会显得死气沉沉，人是房子的“灵魂”所在。

我们要学习的网页制作就好比盖房子，用 HTML 标签搭建起网页的架构，CSS 进行元素的美化，JavaScript 可以操作网页元素，使网页显得更有“灵气”。

本项目将正式进入页面开发阶段，实现网站的首页效果。在接下来的内容中将会学习到网页中常用的元素如 div，超链接 a，图片 img，列表 ul、li，等等。CSS 语法的使用和常用属性，以及如何使用 div＋CSS 来进行页面布局。

对于 JavaScript 需要掌握好其基础知识，如变量、变量的作用域、for 循环、if 条件语句、函数、DOM 操作等，我们也会带领大家通过简单的 demo 来加深对 JavaScript 的理解。

通过对本项目的学习，培养学生的自主学习、创新精神和团队合作意识，让学生在“做中学”，最终能够掌握前端开发技术，有效高速地开展工作。

知识路径

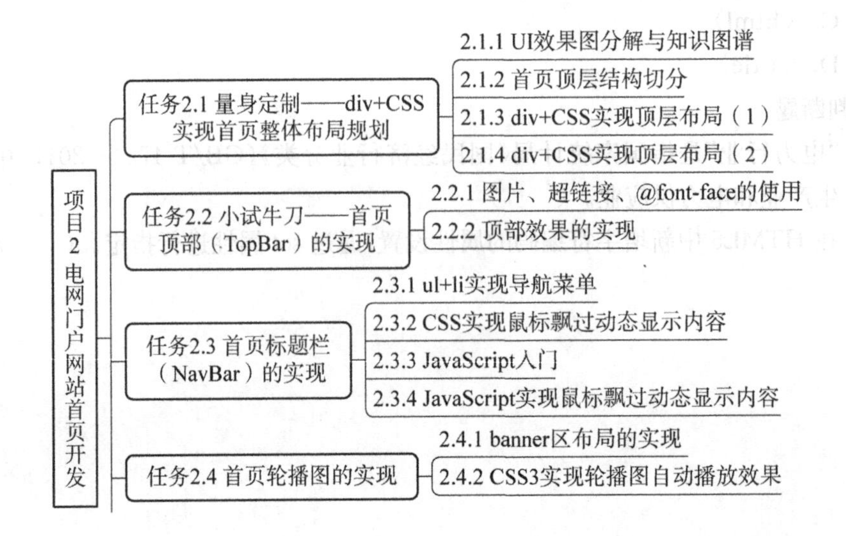

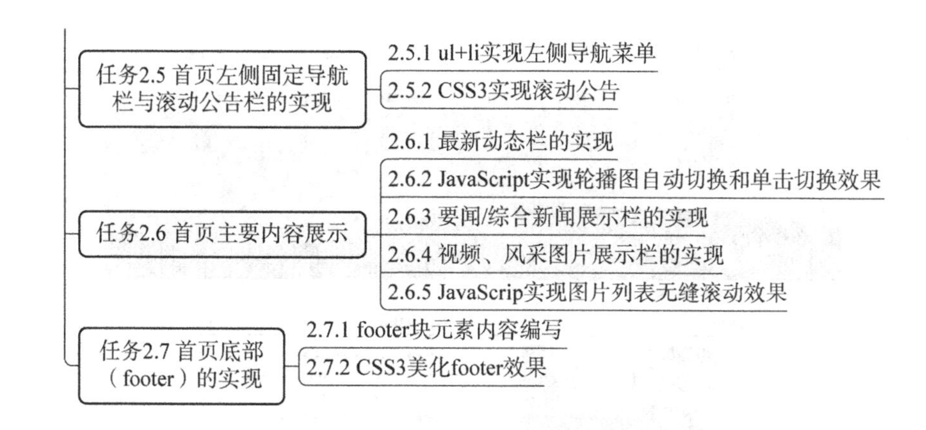

任务2.1 量身定制——div+ CSS 实现首页整体布局规划

本任务将正式进入前端页面的制作阶段，将介绍前端页面的内容组成，如何切分一个页面的结构，以及什么是 div，什么是 CSS，CSS 如何通过选择器来操作 HTML 元素，一个元素的盒子模型又是什么，元素在页面中的位置又是如何去布局定位的。在接下来的内容里将会为大家一一展开。

2.1.1 UI 效果图分解与知识图谱

本项目需要实现电力门户网站的首页效果，如图 2-1 所示。

1. 网页内容和栏目划分

网页是由图像、文本、超链接等元素组成的，在这个首页中会看到许多这样的元素，比如导航菜单栏、新闻列表都是由超链接文本组成的；banner、图片风采是由图片组成的；视频是将一个多媒体插入页面中。另外，还会发现有很多的小图标，比如微博、微信、电话等，这些小图标并不是一个个的图片，而是使用的 CSS3 的@font-face 字体图标。好处就是它可以像设置字体一样，任意改变图标的大小、颜色，具体如何使用在后续的内容中会给大家讲解。

按照网页元素展示的位置和所属模块来分，一般可以将一个网页分为页头、菜单栏、banner 区、内容区和页脚五个区域。但也并非所有页面都是这样，这些内容的放置位置也可能不同。比如我们所设计的电力网站的首页，从上往下就是按照页头、菜单栏、banner 区、内容区和页脚的顺序排列的。

页头位于整个网页的顶部，一般包括 Logo 或网页的标题，通过头部信息用户可以立即了解到该网站的主题是什么。比如电力网站的首页，头部包含的有 Logo 和网站的联系方式。当然有的网页的页头也会包含导航菜单栏、登录、注册等信息。

导航菜单栏主要是链接其他网页的，几乎每个网站都会有导航菜单，其中导航菜单的类型也不尽相同，大致可以分为横向导航和纵向导航。横向导航就是将栏目横向平铺，纵

图 2-1 网站首页

向导航就是将栏目纵向平铺，比如电力网站的导航，一个是横向平铺的导航栏，其每个菜单下又包含二级菜单；另一个是固定在网页左侧的固定导航栏，纵向平铺。导航区在网页中所处的位置也不尽相同，可能在头部，也可能位于 banner 区的左侧，比如电商网站菜单栏就是在左侧。

banner 轮播图都是以动态的形式来展示的，可以增加网页的灵动性，使网页看上去不那么“死气沉沉”，轮播图的数量也不宜过多或过少，一般为 3～5 张图片。放置的图片内容一般为“C 位”产品或重要信息，多见于电商项目、门户网站首页。

内容区域是网页的主体部分，包含各个栏目的内容，例如电网首页的内容区域就包含了滚动公告、动态、新闻、视频、图片 5 个模块。

页脚位于整个网页的底部，用来展示网站的版权信息、合作伙伴、一些声明等。

2. 网页动态效果说明

电网首页动态效果共有 5 处：

(1) 菜单栏鼠标滑过，为当前菜单添加背景颜色，并显示对应的二级菜单；

(2) 轮播图自动播放，单击切换按钮显示对应的 banner 图；

(3) 消息栏滚动显示；

(4) 要闻、综合新闻菜单切换；

(5) 风采图片无缝滚动效果。

在一个页面上所看到的文字、图片等内容是通过 HTML 标签来呈现的，HTML 用来搭建网页的结构。元素的大小、颜色、应该在何处显示是通过 CSS 来定义的，CSS 定义网页元素的显示样式。JavaScript 用来给页面添加动态效果，实现人机交互，不过通过 CSS3 也可以制作动态效果。在后续的内容中会通过 JavaScript 和 CSS3 两种方式为大家讲解。

总的来说要实现这个页面所需的知识点会比较多，涉及的知识图谱如下所示。

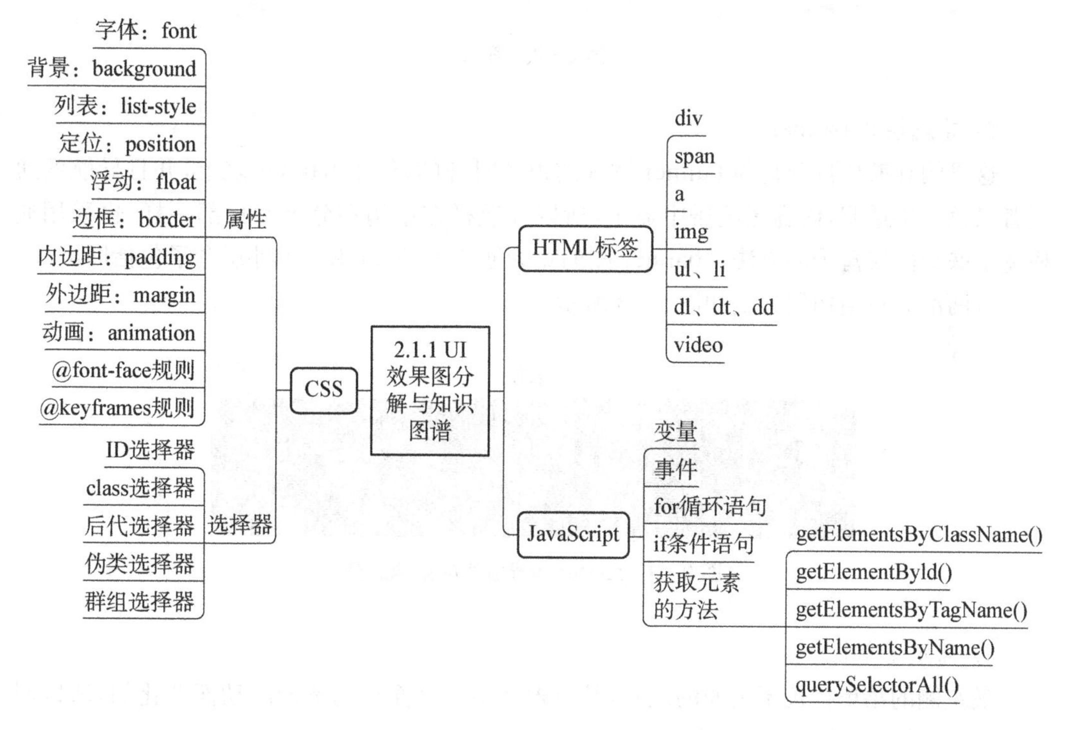

2.1.2　首页顶层结构切分

了解完页面内容，在正式进行代码编写前，还有一项非常重要的工作，也是前端开发的第一步，就是对页面进行结构划分。

所谓的结构划分就是将一张设计图从整体考虑，根据从上往下，从左往右的原则进行模块划分，搭出页面的外层结构。因为浏览器在渲染一个页面时，是按照从上往下的顺序读取 HTML 文档并显示的，在从上往下的同时，对于同一行的内容则按照从左往右的顺序渲染。

划分结构时，建议初学者先在纸上或使用画板、PPT、PS 等工具用不同的色块来代表各个模块，画出草图。画结构图时不用填充具体的内容，这里我们用 PPT 来画一个结构草图。

1）顶部

观察图 2-1 的首页效果图，顶部的内容整体是居中显示的。如果通栏（即从网页的左边到右边）有背景颜色或背景图片，可在最外层先给一个通栏的盒子，在盒子里再嵌套一个内层盒子固定宽度居中显示。

如果通栏没有背景颜色或背景图片，在划分时，可直接给一个盒子，固定盒子的宽度并让其居中显示。但是这种划分有一个问题，当浏览器窗口大小变化时，居中显示的区域也在变化。对于顶部这里我们采用第一种通栏盒子嵌套内层盒子的方法来设计，如图 2-2 所示。

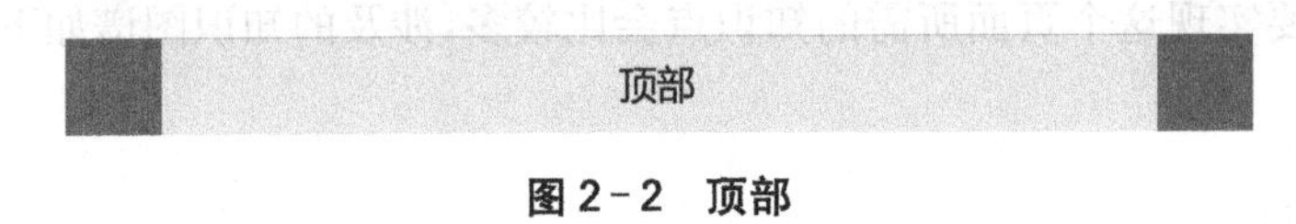

图 2-2 顶部

2）导航栏和 banner

这里的导航栏顶部是与 banner 图片的顶部对齐的，位于 banner 之上，并且导航的通栏背景色为半透明，内容区域居中显示，所以导航栏在结构划分上和顶部一样，也采用通栏盒子嵌套内层盒子的方法。banner 图的宽为通栏宽，所以用一个外层盒子包括即可。

这两部分在结构划分上如图 2-3 所示。

图 2-3 banner 和导航栏的结构划分

3）固定菜单栏

最左侧的菜单栏位于页面的左侧，其位置是不随页面滚动条的滚动而变化的，所以叫作固定菜单栏，画草图时用一个竖直的长条表示即可。

4）主体部分

主体部分有一个浅色的背景，且其内容区域都在页面中间显示，所以在划分时，先用一个通栏盒子表示外层，再嵌套一个固定宽度居中显示的盒子表示内层，再在内层划分栏目模块。内层的模块从上往下看可分为 4 块：公告、动态和新闻、视频、图片，可用 4 个盒子从上往下依次排列。而动态和新闻又分为左右两块：最新动态和新闻。所以主体部分在划分上如图 2-4 所示。

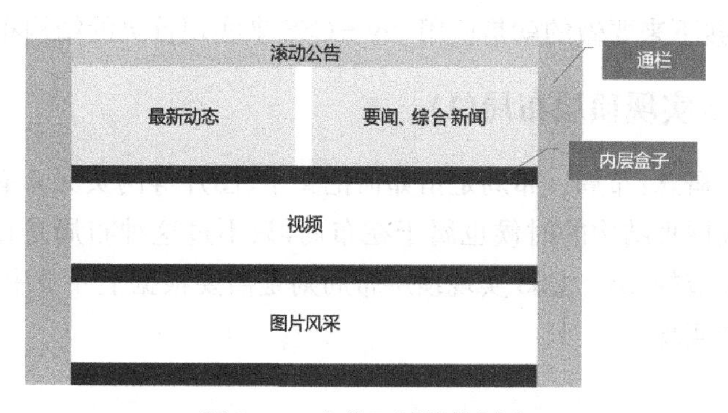

图 2-4 主体区域结构划分

5）底部

底部包含了两部分，一部分是关于我们、新闻中心、在线服务、友情链接，另一部分是版权。由于“版权”部分只是由一段居中显示的文字组成的，所以在布局上就不用再设置居中显示的盒子了。其结构切分如图 2-5 所示。

图 2-5 底部结构切分

整体来说，该电力网站的首页结构可以切分为如图 2-6 所示的效果。

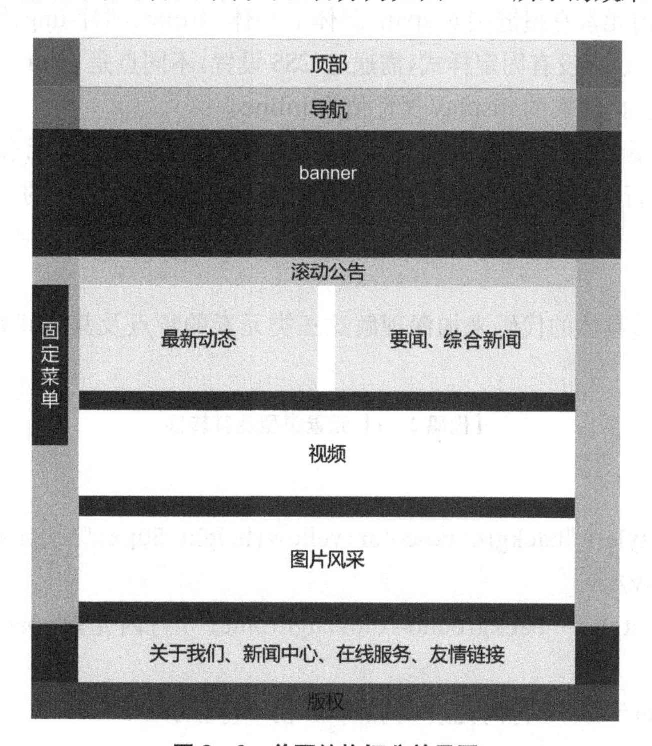

图 2-6 首页结构切分效果图

划分完结构，接下来要做的就是使用 div+CSS 来实现首页的结构布局。

2.1.3 div+CSS 实现顶层布局(1)

先来了解一个概念：布局。布局是指如何把文字、图片等网页元素有规则地排放在指定位置。其实在画网页结构的时候也属于在布局，只不过这种布局是在纸上或画图工具上实现的。而本小节的 div+CSS 实现顶层布局则是需要根据上一节中切分好的结构，用代码将其在页面中实现。

1. div 的概念

那么什么是 div 呢？div 是 HTML 中的一个块元素，它可以用来定义文档中的分区或节(division/section)，会把文档分割为独立的、不同的部分(就好比结构中的各个色块盒子)。div 元素本身是没有任何样式的，需要通过 CSS 来设置。在 div 标签中我们可以放置任意的网页元素，一般作为容器来使用。

所谓的块元素是对 HTML 元素的一个分类，所有的 HTML 元素都可以分为三类：块元素、行内元素、行内块元素，通过设置 display 属性可以实现三种类型的转换。

块元素一般是作为其他元素的容器来使用的，各个块级元素独占一行，垂直向下排列，可以对其设置宽度、高度等样式。块元素默认宽度为 100%(占父容器宽度)。最常用的块元素有 div、段落 p、标题 h1～h6、列表 li。块元素的 display 属性值为 block。

行内元素一般是内容的容器，它不会在新的一行显示，相邻的行内元素会排列在一行，直到排不下才会换行。无法对其设置宽度和高度，其宽度和高度随内容的变化而变化。最常用的行内元素有超链接 a、span、斜体 i、粗体 strong、图片 img、输入框 input。其中 span 同 div 类似，都没有固定样式，需通过 CSS 设置，不同点是 span 一般用来组合文档中的行内元素。行内元素的 display 属性值为 inline。

行内块元素，顾名思义就是其既具有行内元素的特征，又具有块元素的特征。行内块元素会排列在一行显示，还可对其设置宽度和高度。行内块元素的 display 属性值为 inline-block。将一个块元素或者行内元素 display 属性设置为：inline-block，即可转换为行内块元素。

下面我们通过具体的代码来加深理解这三类元素的特点及其之间如何相互转换，如【代码 2-1】所示。

【代码 2-1】元素类型及其转换

```
<body>
    <div style="background-color:yellow;height:50px;">块元素 div,独占一行可设置宽高</div>
    <span style="background-color: lightblue;">行内元素 span,宽高由自身内容决定</span>
    <a href="#">行内元素 a,和 span 在一行显示</a>
```

```
        〈span style="background-color:coral;display:block;width:300px;height:60px;"〉span 本身是行内元素,通过转换成为块元素〈/span〉
    〈/body〉
```

在浏览器中运行后的效果如图 2-7 所示。

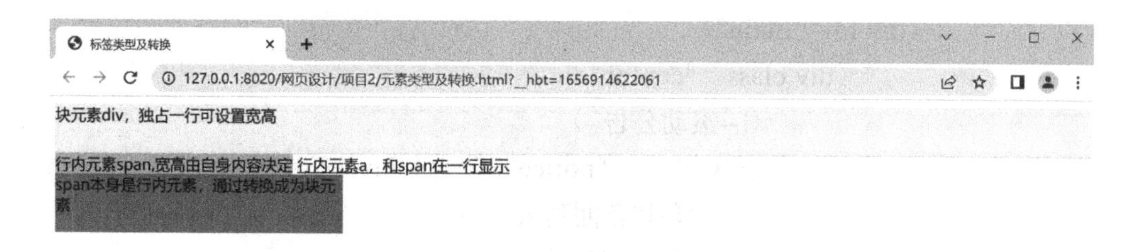

图 2-7　元素类型及其转换

2. *div 顶层结构划分*

接下来我们根据上一节切分好的结构用代码来实现首页的布局。

(1) 打开开发工具 HBuilder,新建一个 Web 项目命名为“PowerWebsite”。

(2) 在 CSS 目录下新建一个 CSS 文件命名为 index.css,用来存放首页的样式,我们通过外部引入 CSS 文件的形式实现结构层与表现层的分离。

(3) 然后打开 index.html 并修改 index.html 中的内容,如【代码 2-2】所示。

【代码 2-2】顶层结构—index.html

```
〈!DOCTYPE html〉
〈html〉
    〈head〉
        〈meta charset="UTF-8" /〉
        〈title〉电力门户网站首页〈/title〉
        〈link href="css/index.css" rel="stylesheet" type="text/css" /〉
    〈/head〉
    〈body〉
        〈!--顶部--〉
        〈div id="topBar"〉
            〈div class="center"〉顶部〈/div〉
        〈/div〉
        〈!--导航菜单栏--〉
        〈div id="navBar"〉
            〈div class="center"〉导航栏〈/div〉
        〈/div〉
```

```
            <!--轮播图-->
            <div id="banner"> banner </div>
            <!--固定导航-->
            <div id="fixBar"></div>
            <!--主体部分-->
            <div id="main">
                <div class="center">
                    <!--滚动公告-->
                    <div class="notice">公告</div>
                    <!--动态和新闻列表-->
                    <div class="list">
                        <!--最新动态-->
                        <div class="dynamic">最新动态</div>
                        <!--新闻列表-->
                        <div class="news">新闻列表</div>
                    </div>
                    <!--视频列表-->
                    <div class="video">视频</div>
                    <!--图片风采-->
                    <div class="imgList">图片</div>
                </div>
            </div>
            <!--底部-->
            <div id="footer">
                <!--关于我们、新闻中心、在线服务、友情链接-->
                <div class="center">关于我们、新闻中心、在线服务、友情链接</
div>
                <!--版权-->
                <div class="copyright">版权</div>
            </div>
        </body>
    </html>
```

这里要注意一点：在写代码时要养成在关键代码处注释的习惯，以方便自己和他人查看代码，在出现错误时也能快速地找到，便于修改。

1) <link>标签

<link>标签用来链接外部 CSS 样式文件，只能出现在 head 元素内部，但可以多次出

现。它的属性主要有三个。

(1) href:其属性值为一个 url 路径,指向被链接的 CSS 文档的位置。比如 href="css/index.css"表示链接的为与 index.html 同级的 CSS 目录下的 index.css 文件;

(2) rel:定义当前文档与被链接文档之间的关系,常用值为 stylesheet,表示链接的为外部样式表;

(3) type:定义被链接文档的类型,CSS 样式表的类型为"text/css"。

CSS 样式引用的方法主要有三种,除了上面所说的使用 link 标签引入外部样式外,还有内嵌样式和内部样式。

内嵌样式是定义在标签中,通过标签的 style 属性定义,比如将超链接 a 的字体颜色设置为红色,内嵌样式的写法为〈a style="color:red"〉快来点我〈/a〉。

内部样式是把 CSS 样式代码写在 head 元素的〈style〉开始标签和结束标签之间,如【代码 2-3】所示。

【代码 2-3】添加 CSS 样式代码

```
〈head〉
        〈meta charset="UTF-8" /〉
        〈title〉〈/title〉
        〈style type="text/css"〉
            a {color:red;}
        〈/style〉
〈/head〉
```

按照样式来源,其优先级为默认样式〈外部样式〈内部样式〈内嵌样式。对同一元素设置不同的 CSS 样式,当样式有冲突时,会应用优先级高的样式。

结构层和表现层的分离,就是通过〈link〉标签来引入样式,而不是把样式写在 HTML 文档中。

2) id 和 class 属性

在上面的 index.html 代码中会发现有很多的 id 和 class 属性,作用是 CSS 的 id 选择器和 class(类)选择器可以通过元素的 id 属性和 class 属性指定要作用的元素,并为其设置样式。比如〈div id="topBar"〉,通过 id 选择器"#topBar"就可以选中这个 div 了。

另外在上面的代码中 id 属性值没有相同的名称,而 class 属性值却有相同的名称。这是因为在一个网页中 id 值不能重复出现,而同一个 class 值是可以重复出现的。就好比人的身份证号是没有相同的,但是名字可以相同。另外相同的 class 值可以作用于多个元素,比如上面的代码中有多个 div 都有 class="center"属性;一个元素也可以拥有多个 class 值,多个值之间用空格分开,比如 class="center div"。

那么到底什么时候用 id,什么时候用 class 呢? 一般建议除了页面主框架,以及页面中的模块主容器可以用 id 以外,其他都用 class。

在为元素设置 id 或 class 属性值时，其命名要尽量做到望名知意，没有意义的名称不便于快速查找元素，会加大后期的维护成本，增加工作量。

在【代码 2-2】顶层结构中，单单使用 div 元素只是简单地将文字内容按照从上往下的顺序显示在页面中(效果见图 2-8)，并不能在页面中表现出网页的整体结构，还需要通过 CSS 来设置样式并进行布局。

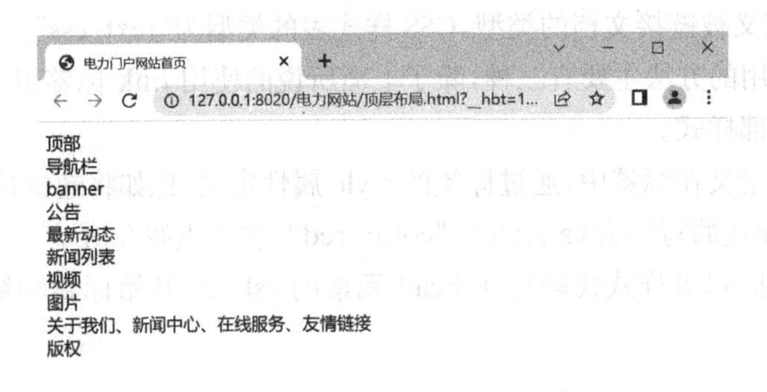

图 2-8　顶层结构效果

3. 顶部布局的实现

在【代码 2-2】的顶层结构中，顶部的 HTML 部分如【代码 2-4】顶部 HTML 所示。

【代码 2-4】顶部 HTML

```
<div id="topBar">
        <div class="center">顶部</div>
</div>
```

回到 HBuilder 软件界面，打开 index.css 文件，我们来编写顶部的效果，如【代码 2-5】所示。

【代码 2-5】顶层布局-index.css(顶部)

```
/*样式重置*/
*{
    margin:0;
    padding:0;
}
#topBar{
    width:100%;/*设置通栏 div 的宽为浏览器窗口的宽*/
    min-width:1200px;/*设置通栏 div 最小宽度为 1200 px*/
    background-color:#dedede;  /*设置通栏 div 的背景颜色为#dedede*/
}
```

```
#topBar .center{
    width:1000px;   /* 设置内层 div 的宽为 1000 px */
    height:90px;   /* 设置内层 div 的高为 90 px */
    margin:0 auto;   /* 设置内层 div 在父容器中左右居中显示 */
    background-color:white;/* 设置内层 div 的背景颜色为白色 */
}
```

1) CSS 定义

CSS 的定义由选择器和声明两部分构成。选择器指需要设置样式的元素，声明包含在一对大括号中，可以有一条或多条，每条声明都是由属性名和值组成的，属性名和值之间用“冒号”隔开，多条声明之间用“分号”分开，其语法格式如【代码 2-6】所示。

【代码 2-6】语法格式

```
选择器{
        属性 1:属性值 1;
        属性 2:属性值 2;
        ……
}
```

2) CSS 注释

CSS 注释以/*开始，以*/结束，例如：

```
/*这是被注释的代码*/
```

3) 选择器

选择器能实现元素与样式的一对一、一对多或多对一绑定，选择器的类型也有很多种。

(1) 通用选择器：以通配符“*”来定义，它会选中文档中所有的可用元素，通常用来重置页面样式。由于 HTML 中一些元素默认有内边距或外边距，所以有时会通过 *{margin:0;padding:0;}重置所有元素的内外边距为 0，这是一种比较简单的重置方式，但一般不太推荐，这样写不利于性能，最好是有针对性地去设置。

(2) ID 选择器：以“#”来定义，它会选中文档标有特定 id 属性值的元素，id 选择器可以实现元素与样式的一对一绑定。

(3) class(类)选择器：以英文“.”来定义，它会选中文档中标有特定 class 属性值的所有元素。该选择器可以单独使用，也可以与其他选择器结合使用。单独使用时比如“.center”会选中所有 class 值为 center 的元素。结合使用时比如“#topBar .center”会选中 id 为 topBar 的元素下的所有 class 值为 center 的元素。

(4) 后代选择器：“#topBar .center”这种写法在 CSS 选择器中叫作后代选择器，选择作为某元素后代(包含子、孙)的所有元素，且元素之间的层次间隔可以是无限的。在写法上祖先和后代选择器之间用空格进行分隔，可以有多个空格。

4) 样式

选择到元素后就可以为元素设置样式了，包含背景、字体、文本、边框、列表等。

(1) 元素尺寸。

尺寸属性用来定义块元素的宽高、最大最小宽高，常见的设置元素尺寸的属性如下：

① width：设置元素的宽度；

② height：设置元素的高度；

③ min-width：设置元素的最小宽度；

④ min-height：设置元素的最小高度；

⑤ max-width：设置元素的最大宽度；

⑥ max-height：设置元素的最大高度。

这 6 个属性的值可以是具体的像素 px，也可以是百分数。当是百分数时，它的宽高是基于父元素宽高的百分比。比如父元素设置 width：100 px，子元素设置 width：80%，那么子元素实际宽就是 80 px。

在上面通栏 div 的父元素是 body，而 body 的父元素是 html，html 和 body 都没有设置宽度，默认就是 100%，即浏览器窗口的宽度。将通栏 div 宽设置为 100%，那么该 div 的宽也是浏览器窗口的宽度了，该宽度会随着浏览器窗口大小的变化而变化。此时再结合 min-width 最小宽度属性，当浏览器窗口宽度小于该最小值时，页面就会以横向滚动条的形式显示隐藏的内容。

高度上，通栏 div 并没有设置高度，那么它的高度就由其子元素的高度决定。

(2) background-color 属性。

设置背景颜色，颜色的定义方式有三种：①直接颜色法，比如 white、black；②十六进制颜色，以“#”开头的 6 位十六进制数值表示一种颜色，两个十六进制数字为一组，依次表示红、绿、蓝，比如 #000000 表示黑色，#ffffff(或 #FFFFFF)表示白色；③rgb 颜色，比如 rgb(0,0,0)表示黑色，rgb(255,255,255)表示白色。

(3) margin 属性和 padding 属性。

网页中的每个元素都可以看作为一个盒子，CSS 盒模型(Box Model)规定了元素处理元素内容(content)、内边距(padding)、边框(border)和外边距(margin)的方式。

比如说 HTML 文档中有一个 div 元素，现在为该 div 设置如【代码 2-7】所示的样式。

【代码 2-7】 盒子模型

```
〈head〉
        〈meta charset="UTF-8"〉
        〈title〉〈/title〉
        〈style type="text/css"〉
            .myDiv{
```

```
            width:100px;   /*设置div的宽为100 px*/
            height:100px;/*设置div的高为100 px*/
            border-width:2px;/*设置div的边框宽2 px*/
            padding:10px 5px;   /*设置div的内边距上下各10 px,左
右各5 px*/
            margin:20px;/*设置div的外边距上下左右各20 px*/
        }
    </style>
</head>
<body>
    <div class="myDiv"></div>
</body>
```

在浏览器中运行，点击右键“检查”打开开发者视图，在“Style”中就会看到如图2-9所示的一个盒子模型。

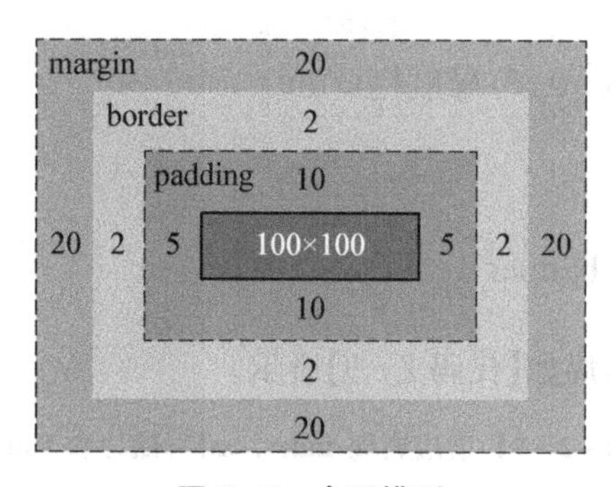

图2-9 盒子模型

最里层(蓝色区域)为元素的内容区，边框border和内容区之间(绿色区域)为内边距padding，元素边框外的空白区域为外边距margin。简单来说，padding属性指自身边框到自身内部另一个容器边框之间的空白距离。margin属性用来设置自身边框到容器外另一个容器边框之间的距离，是隔开元素与元素的间距。border属性用来设置盒子的厚度和颜色等样式。在网页中每个元素都会存在默认的padding和margin值，所以在制作网页时需要将元素的padding和margin值进行重置。

另外在默认情况下，我们为盒子设置的width和height只代表内容区域，增加内边距、边框不会影响内容区域的尺寸，但是会增加元素框的总尺寸，比如上面的div此时的总尺寸为114 px×124 px。

外边距和内边距在设置上相同，都可以单独设置某一边，或在一个属性设置所有。

单独设置：比如margin-top(上外边距)、margin-right(右外边距)、margin-bottom(下外边距)和margin-left(左外边距)，其值可以是像素值，也可以是百分数。

在一个属性中设置四个方向的值，比如：

margin:10 px;表示上下左右的外边距都是 10 px。

margin:10 px 20 px;表示上下的外边距各为 10 px,左右的外边距各为 20 px。

margin:10 px 20 px 30 px;表示上外边距为 10 px,左右外边距各为 20 px,下外边距为 30 px。

margin:10 px 20 px 30 px 40 px;表示上、右、下、左的外边距分别为 10 px、20 px、30 px、40 px,按照顺时针方向设置。

(4) margin:auto。

auto 的意思是平分剩余空间,它只对块元素起作用。margin:auto;可以使元素在容器中左右居中显示(上下方向不可以),所以通常也写成 margin:0 auto;。使用 auto 时必须固定元素的宽度,因为没有宽度的块元素默认宽为 100%,也就不存在剩余空间之说了。

4. 导航栏和 banner 布局的实现

在【代码 2-2】的顶层结构中,导航栏和 banner 的 HTML 代码如【代码 2-8】所示。

【代码 2-8】导航栏和 banner 的 HTML 代码

```
<!--导航菜单栏-->
<div id="navBar">
    <div class="center">导航栏</div>
</div>
<!--轮播图-->
<div id="banner"> banner </div>
```

导航栏和 banner 的布局如【代码 2-9】所示。

【代码 2-9】顶层布局-index. css(导航栏和 banner)

```
#topBar, #navBar, #banner{
    width:100%;
    min-width:1200 px;
}
/*导航菜单栏*/
#navBar{
    background-color:rgba(255,255,255,0.5);  /*设置通栏背景为白色半透明*/
    position:absolute;  /*设置通栏为绝对定位*/
    top:90px;  /*设置通栏向下偏移 90 px*/
}
#navBar .center{
    width:1000px;  /*设置居中盒子宽为 1000 px*/
```

```
        height:50px;  /*设置居中盒子高为50px*/
        margin:0 auto;  /*设置盒子在水平方向居中*/
        background-color:rgba(255,255,255,0.7);  /*设置居中盒子背景为白色透明度为0.7*/
    }
    /*轮播图*/
    #banner{
        height:330px;
        background-color:#2196f3;
    }
```

1）群组选择器

在整个顶层布局中，会发现对于通栏 div 如顶部、导航、banner 等都需要设置 width:100%;min-width:1200 px;，为避免重复写，减少代码量，可以使用群组选择器，将一些样式相同或部分相同的元素统一定义。比如#topBar，#navBar，#banner{……}为群组选择器。

群组选择器中各选择器之间用逗号隔开，任何类型的选择器都可以作为群组选择器的一部分。在之后的 CSS 代码中又和上面相同，设置了 width 和 min-width 的元素，就可以继续在#banner 后添加。

2）透明度设置

在前面讲 background-color 颜色的设置方式时说到了 rgb 方式，那么如果想要将元素的背景色设置为透明，则可以通过 rgba()来设置，它有四个值，前三个为 rgb 颜色，最后一个为透明度，范围为 0～1，值越小越透明。但是在 IE8 及以下旧版本浏览器中仅支持 rgb 颜色写法，不支持 rgba 透明度的形式。

在旧版本浏览器中使用 filter:alpha(opacity=50)，opacity 的值为 0～100，值越小越透明。但此方法不支持 IE10 及以上浏览器。

另外设置透明度还有一种写法为 opacity:0.5，它的值为 0～1，值越小越透明，支持 IE9 及以上浏览器。但是设置了 opacity 属性的元素其内部的所有内容都会透明，还可用于背景图片的透明度设置，如果只需要背景颜色透明，则用 rgba()的形式。

3）定位

在导航栏和 banner 这两个模块中，导航栏的位置位于 banner 之上，且和 banner 顶部对齐，对于这种布局要如何来实现呢？

首先我们要了解元素在文档中默认的排列顺序（也叫文档的普通流）是怎样的。在上面讲 div 的时候说到过网页元素可分为块元素、行内元素、行内块元素。那么默认情况下块元素会由上而下依次排列，相邻的行内元素会从左往右排列在一行，所以在默认情况下顶层布局中的 div 元素会按照顶部、导航栏、banner 的顺序从上往下排列，要想使导航栏位于 banner 之上，就需要使导航栏脱离普通流重新定位。使元素脱离普通流的方法之一是使用定位。

元素的定位方式有 4 种：static（静态定位）、fixed（固定定位）、relative（相对定位）、absolute（绝对定位），都是通过 position 属性来设置。每个元素都有 left、right、top、bottom 属性，用来指定其偏移量，但这四个属性单独使用没有任何意义和作用，必须结合 position 属性来使用。

静态定位即元素默认的排列方式，就不再细说了。这里先说绝对定位 absolute。

绝对定位的元素以最近的有定位的父元素或祖先元素的左上角来进行定位，如果最近的父元素或祖先元素都没有定位，则会以浏览器窗口可视区域（即网页的 body 部分）的左上角为原点进行定位。

比如在一个 HTML 文档中有如下三个结构的 div 元素，如【代码 2-10】所示。

【代码 2-10】绝对定位

```
<!DOCTYPE html>
<html>
    <head>
        <meta charset="UTF-8">
        <title></title>
        <style type="text/css">
            .father{
                width:300px;
                height:300px;
                background-color:red;
            }
            .one{
                width:80px;
                height:80px;
                background-color:green;
            }
            .two{
                width:150px;
                height:150px;
                background-color:yellow;
            }
        </style>
    </head>
    <body>
        <div class="father">
```

```
		<div class="one"> one </div>
		<div class="two"> two </div>
	</div>
</body>
</html>
```

在浏览器中运行的效果如图 2-10 所示。

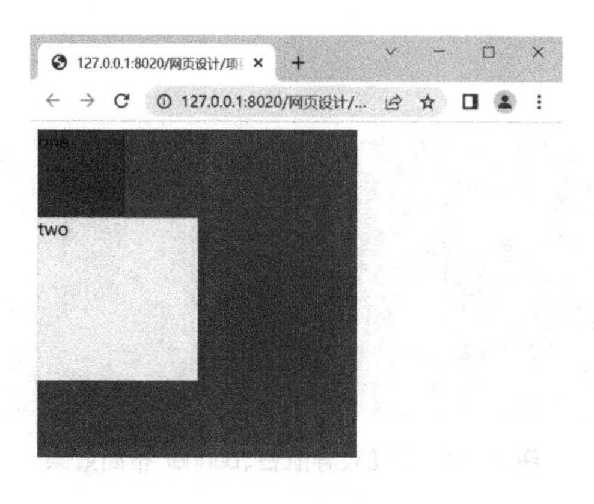

图 2-10 普通流的布局效果

此时这三个 div 还处于普通流布局，现在为第一个子 div 再添加. one{position: absolute;top:0;left:0;}，由于该 div 的父元素(. father)和祖先元素都无定位，所以该 div 就以浏览器窗口可视区域的左上角为原点定位，上、左的偏移量都为 0 px，此时浏览器中的效果如图 2-11 所示。

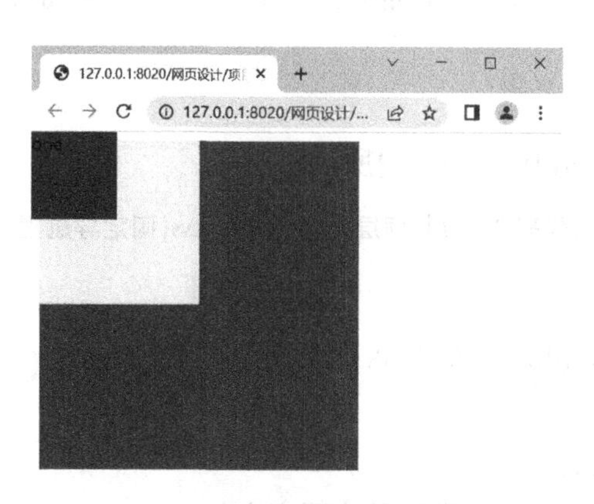

图 2-11 绝对定位后的布局效果

从中还可以看出：设置了绝对定位的元素脱离普通的文档流后，该元素原来的位置会被占用，并且会覆盖其他元素。

回到项目中，由于导航栏通栏 div(id 为 navBar 的 div)设置了绝对定位，它的父元素为 body,所以该 div 元素以浏览器窗口可视区域的左上角为原点定位,再设置其 top 值为顶部高度 90 px,那么它就会向下偏移 90 px,就形成了导航栏刚好在顶部下边的效果。

另外导航栏脱离普通文档流后,banner 的位置就会上移 50 px,占据了原来导航栏的位置,因为 banner 没有脱离普通文档流,所以就形成了导航栏覆盖 banner 的情况。

到目前为止,顶部、导航栏、banner 区在浏览器中的运行效果如图 2-12 所示。

图 2-12 顶部、导航栏、banner 布局效果

2.1.4 div+CSS 实现顶层布局(2)

在上一节中我们已经实现了顶部、导航栏、banner 的布局,那么本节将继续上一节的内容来实现固定导航、内容区、底部的布局。

1. 固定导航栏的布局实现

在【代码 2-2】的顶层结构中,固定导航栏的 HTML 代码如下所示:

```
<div id="fixBar"></div>
```

固定导航栏的布局如【代码 2-11】所示。

【代码 2-11】顶层布局- index.css(固定导航栏)

```
#fixBar{
    background-color:#636363;
    width:75px;
    height:300px;
    position:fixed;  /*设置其为固定定位*/
    top:50%;
    margin-top:-150px;
    left:0;
}
```

1）固定定位

固定定位顾名思义就是将元素固定在浏览器的某个位置上，且该元素不随页面滚动条的滚动而移动位置。固定定位是相对于浏览器窗口可视区域左上角的位置来进行定位的。比如固定导航栏设置了固定定位，left 值为 0，那么它就会在浏览器左侧显示，同时又设置其 top:50%;margin-top:-150 px;，那么它就会在浏览器窗口的纵向上居中显示。

2）元素居中显示

前边讲到使用 margin:auto 可以使元素在父容器中水平居中显示，那么如果想要使其在父容器或浏览器中垂直方向也居中显示，可以通过下面的方法来实现。

为元素设置绝对定位或固定定位，设置其 top、left 属性值都为 50%，然后设置 margin-left 值为-width/2，margin-top 值为-height/2，这样该元素在水平和垂直方向上都会居中显示。比如让下面的 div 在浏览器中水平垂直都居中，如【代码 2-12】所示。

【代码 2-12】div 在浏览器中水平垂直居中的代码

```
div{
        width:140px;
        height:100px;
        position:absolute;
        left:50%;
        top:50%;
        margin-left:-70px;    /*向左移宽度的一半*/
        margin-top:-50px;     /*向上移高度的一半*/
}
```

2. 主体区域的布局实现

在【代码 2-2】的顶层结构中，主体部分的 HTML 代码如【代码 2-13】所示。

【代码 2-13】顶层结构中主体部分的 HTML 代码

```
<div id="main">
        <div class="center">
              <!--滚动公告-->
              <div class="notice">公告</div>
              <!--动态和新闻列表-->
              <div class="list">
                    <!--最新动态-->
                    <div class="dynamic">最新动态</div>
                    <!--新闻列表-->
                    <div class="news">新闻列表</div>
```

```
            </div>
            <!--视频列表-->
            <div class="video">视频</div>
            <!--图片风采-->
            <div class="imgList">图片</div>
        </div>
</div>
```

主体部分的布局如【代码 2-14】所示。

【代码 2-14】顶层布局-index.css(主体部分)

```
#topBar, #navBar, #banner, #main{
    width:100%;
    min-width:1200px;
}
/*主体部分*/
#main{
    background-color:#dddddd;
}
#main .center{
    width:1000px;
    margin:0 auto;
    padding-bottom:20px;  /*下内边距,使主体部分与底部有20px的距离*/
}
/*滚动公告*/
.notice{
    width:100%;  /*相对于内层盒子center的宽度为100% */
    height:40px;
}
/*动态和新闻列表*/
.list{
    width:100%;  /*相对于内层盒子center的宽度为100% */
}
/*清除浮动*/
.list:after{
```

```
        content:"";
        display:block;
        clear:both;
    }
    /* 最新动态 */
    .dynamic{
        width:490px;
        height:100px;
        float:left;   /* 设置该元素左浮动 */
        background-color:white;
    }
    /* 新闻列表 */
    .news{
        width:490px;
        height:100px;
        float:right;   /* 设置该元素右浮动 */
        background-color:white;
    }
    /* 视频列表 */
    .video{
        width:100%;   /* 相对于内层盒子 center 的宽度为 100%  */
        height:100px;
        background-color:white;
        margin:20px 0;   /* 使视频列表与上下两个模块都有 20 px 的距离 */
    }
    /* 图片风采 */
    .imgList{
        width:100%;   /* 相对于内层盒子 center 的宽度为 100%  */
        height:100px;
        background-color:white;
    }
```

该模块的实现思路如下：首先为最外层容器（#main）设置一个通栏背景色，内层容器（#main .center）固定宽度使其水平居中显示，然后在内层容器中设置四个宽度都为内层容器宽的 div 上下排列，分别表示公告（.notice）、动态和新闻列表（.list）、视频（.video）、图片风采（.imgList）四个模块。在动态和新闻列表模块中再嵌套两个 div，使用浮动布局使两个块元素在一行显示。

3) 浮动

要使多个块元素在一行显示的方法有多种，比如改变块元素为行内块元素，但这种方法会改变一个元素的类型，像 div 这种用来划分模块的元素一般是不建议直接改变其类型的。再比如使用定位，但有时候过多地使用定位，可能会使人混淆，导致排版或者布局出现错乱。

另一种方法就是使用浮动布局，设置了浮动的元素会脱离普通文档流，在 CSS 中通过 float 属性来实现。float 的属性值主要有三个：

(1) left：左浮动；

(2) right：右浮动；

(3) none：默认值，元素不浮动。

比如在页面文档中有三个 div 元素，其结构与动态和新闻列表一样，如【代码 2-15】所示，不设置父容器的高度。

【代码 2-15】div 元素结构与动态

```
<div class="father">
                <div class="div1"></div>
                <div class="div2"></div>
</div>
```

(1) 默认情况下，div1 和 div2 是上下排列，父容器的高度为两个 div 的高度之和。如图 2-13 所示。

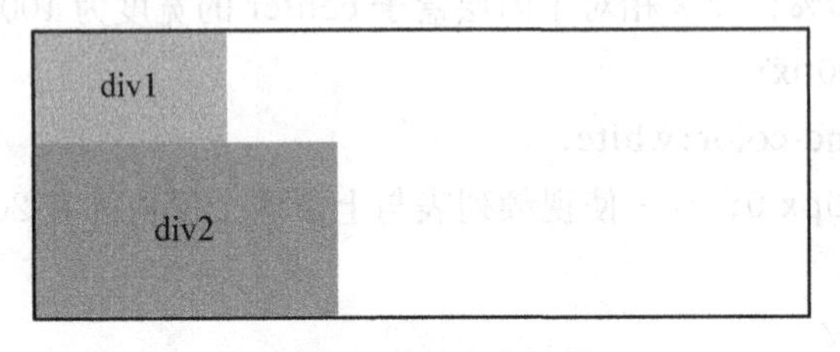

图 2-13 普通流中的效果

(2) 如果只设置 div1 为 float:left，即左浮动。那么 div1 就会脱离文档流，和父容器的左边框对齐。其结果就是 div1 好像浮起来一样，不再占据空间，所以 div2 会向上移动，占据 div1 原来的位置，此时父容器的高度就由处于普通流的 div2 决定。效果如图 2-14 所示。

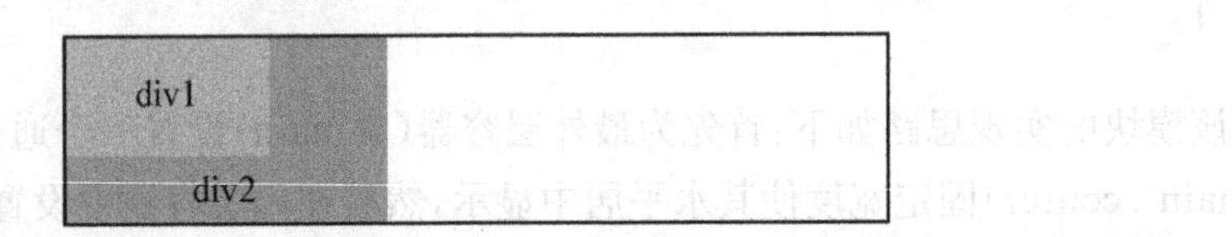

图 2-14 div1 左浮动

(3) 如果只设置 div1 为 float:right，即右浮动。那么 div1 就会脱离文档流向右移动，和父容器的右边框对齐。效果如图 2-15 所示。

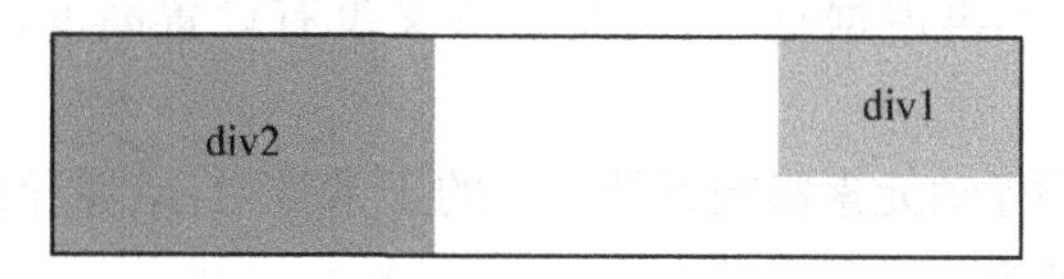

图 2-15 div1 右浮动

(4) 如果只设置 div2 为 float:left,即左浮动。那么 div2 就会脱离文档流向左移动。此时需要特别注意,由于 div1 还处于普通流,所以 div2 只会在原来的位置浮起来,并不会占 div1 的位置,那么此时父容器的高度就由处于普通流的 div1 决定,效果如图 2-16 所示。只设置 div2 右浮动的道理和 div2 左浮动的道理一样,效果如图 2-17 所示。

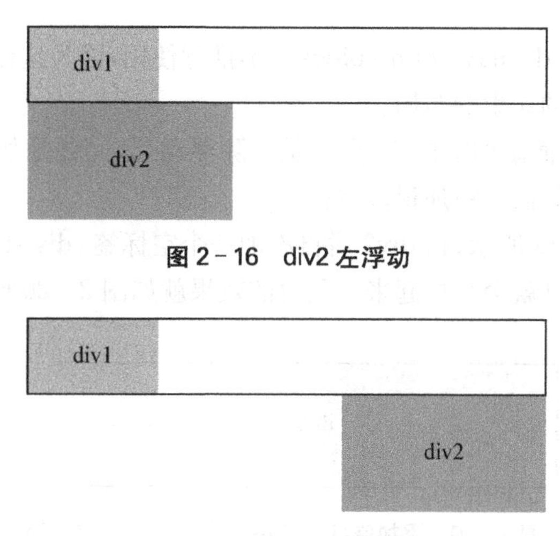

图 2-16 div2 左浮动

图 2-17 div2 右浮动

(5) 如果设置 div1 和 div2 都左浮动,那么 div1 会向左移动直到碰到父容器的左边缘,div2 也会向左移动直到碰到 div1 的边缘。其效果如图 2-18 所示。

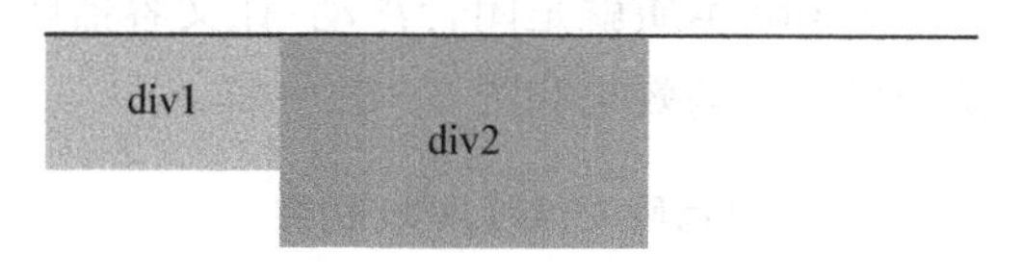

图 2-18 div1 和 div2 都左浮动

(6) 如果设置 div1 左浮动,div2 右浮动。那么 div1 会向左移动直到碰到父容器的左边缘,div2 会向右移动直到碰到父容器的右边缘。其效果如图 2-19 所示。

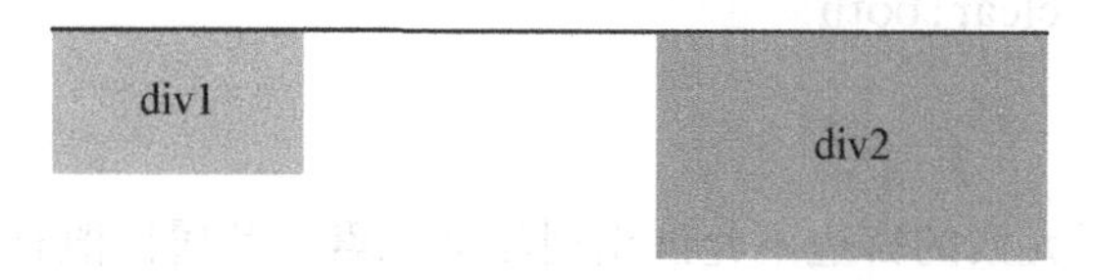

图 2-19 div1 左浮动 div2 右浮动

从图 2－18 和图 2－19 中会发现父容器没有高度了，这是因为 div1 和 div2 都脱离了文档流，都浮起来了不再占据空间，而父容器又没有设置高度，就会导致父容器高度塌陷。

有时我们并不希望浮动元素影响其他元素的正常排列，或者导致父容器高度塌陷，此时可通过清除浮动来解决。

4）解决父容器高度塌陷问题

解决这种父容器高度塌陷问题的方法有多种。

(1) 为父容器设置高度。问题是高度一旦固定就无法做自适应，子元素高度一旦变化，父容器也要随着修改，比较麻烦。

(2) 为父元素设置 overflow:hidden。不推荐使用，因为如果子元素想要溢出，就会受到影响。

(3) 为父元素设置 display:inline-block。不推荐使用，因为这样父元素就成了行内块元素，会影响父元素后的元素的布局。

(4) 在浮动元素后面添加空标签(实际是清除浮动)。问题是如果一个页面中很多地方都设置了浮动，那么就需要添加很多空标签。

使用方法如图 2－18 所示，在 div2 后再添加一个空标签〈div style="clear:both"〉〈/div〉，那么父容器的高度就会被撑起来。此时的效果就如图 2－20 所示。

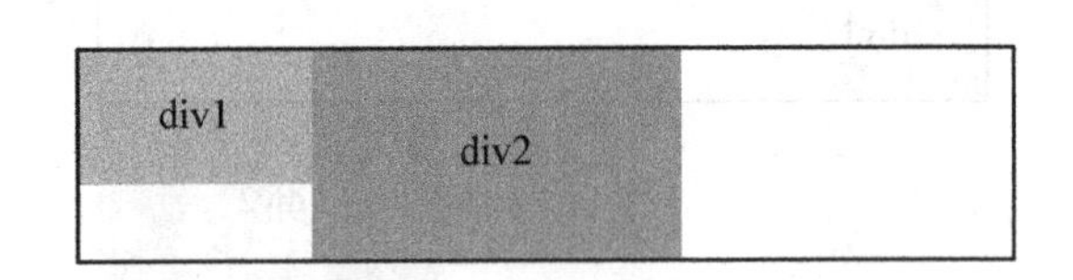

图 2－20 添加空标签解决父容器高度塌陷问题

(5) 父容器使用:after 伪类，用于在元素后插入内容，其使用如【代码 2－16】所示。意思是在父容器的最后添加一个块元素，其内容为空，并且清除此块元素两边的浮动，此方法类似于添加空标签。clear:both 本质就是闭合浮动，让父容器闭合出口和入口，不让子盒子出来。通过:after 伪类设置后的效果和图 2－20 一样。

【代码 2－16】after 伪类

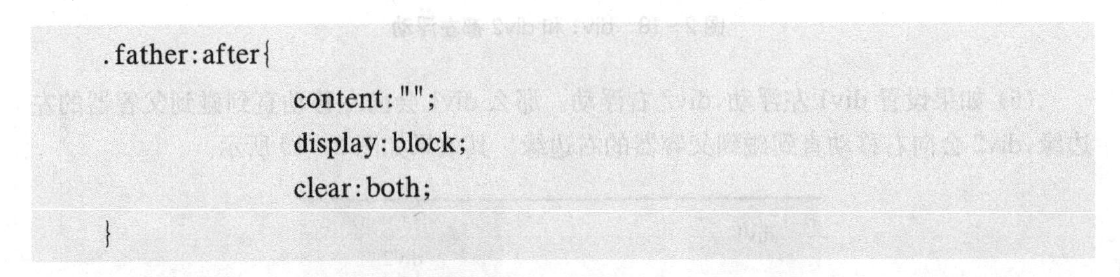

```
.father:after{
        content:"";
        display:block;
        clear:both;
}
```

clear 属性定义了元素的哪边不允许出现浮动元素。其属性值有三个：

① left:元素左侧不允许出现浮动元素；

② right:元素右侧不允许出现浮动元素;

③ both:元素左右两侧不允许出现浮动元素。

如图2-14中div1左浮动,导致div2位置上移。如果想要使div1浮动时,div2的位置仍然不会变化,那么可以为div2添加clear:left,或者在div1后添加空标签,此时的效果就和图2-13一样了,父容器的高度也不再只是由div2决定的,而是div1和div2的高度和。

因为在设置浮动时,有左浮动的元素,也有右浮动的元素,为避免使用clear清除浮动时left、right设置混淆,所以可使用clear:both来代替。

回到主体布局的动态和新闻列表模块,动态所在的div设置为左浮动,新闻列表所在的div设置为右浮动,其父容器div没有固定高度,但使用:after伪类来清除浮动,所以在页面中可以正常显示,且有高度。

主体部分的布局在页面中的运行效果如图2-21所示。

图2-21 主体部分的布局效果实现

3. 底部的布局实现

在【代码2-2】的顶层结构中,底部的HTML代码如【代码2-17】所示。

【代码2-17】顶层结构中底部的HTML代码

```
<div id="footer">
        <!--关于我们、新闻中心、在线服务、友情链接-->
        <div class="center">关于我们、新闻中心、在线服务、友情链接</div>
        <!--版权-->
        <div class="copyright">版权</div>
</div>
```

底部的布局如【代码2-18】所示。

【代码 2－18】顶层布局-index.css(底部)

```
#topBar,#navBar,#banner,#main,#footer{
    width:100%;
    min-width:1200px;
}
/*底部*/
#footer{
    height:200px;
    background-color:white;
}
/*友情链接等居中显示内容*/
#footer .center{
    width:1000px;
    height:150px;
    margin:0 auto;
}
/*版权*/
#footer .copyright{
    width:100%;
    height:50px;
    text-align:center;
    background-color:#252525;
    color:white;   /*字体颜色为白色*/
}
```

text-align 属性是文本的样式，设置文本的水平对齐方式。其属性值中 left 为默认值，表示左对齐；right 表示右对齐；center 表示居中对齐。

"版权"部分只用使其 div 的宽为通栏盒子(#footer)的宽，然后使用文本属性 text-align:center;即可使该文本水平居中显示。

至此我们电力门户网站首页的页面布局已全部完成，在浏览器中运行后的效果如图 2－22 所示。

页面的整体布局搭建完后，接下来要做的就是填充各个模块的具体内容。在编写网页时，不仅仅是简单地达到网页效果，更要考虑代码的质量，编写代码时要考虑到代码的复用性，具有相同效果的元素使用一套样式即可，不要重复去写。比如说 banner 轮播图和最新动态里的轮播效果共用一套样式，最新动态、要闻、视频、图片风采里的背景、标题、文字内容共用一套样式。

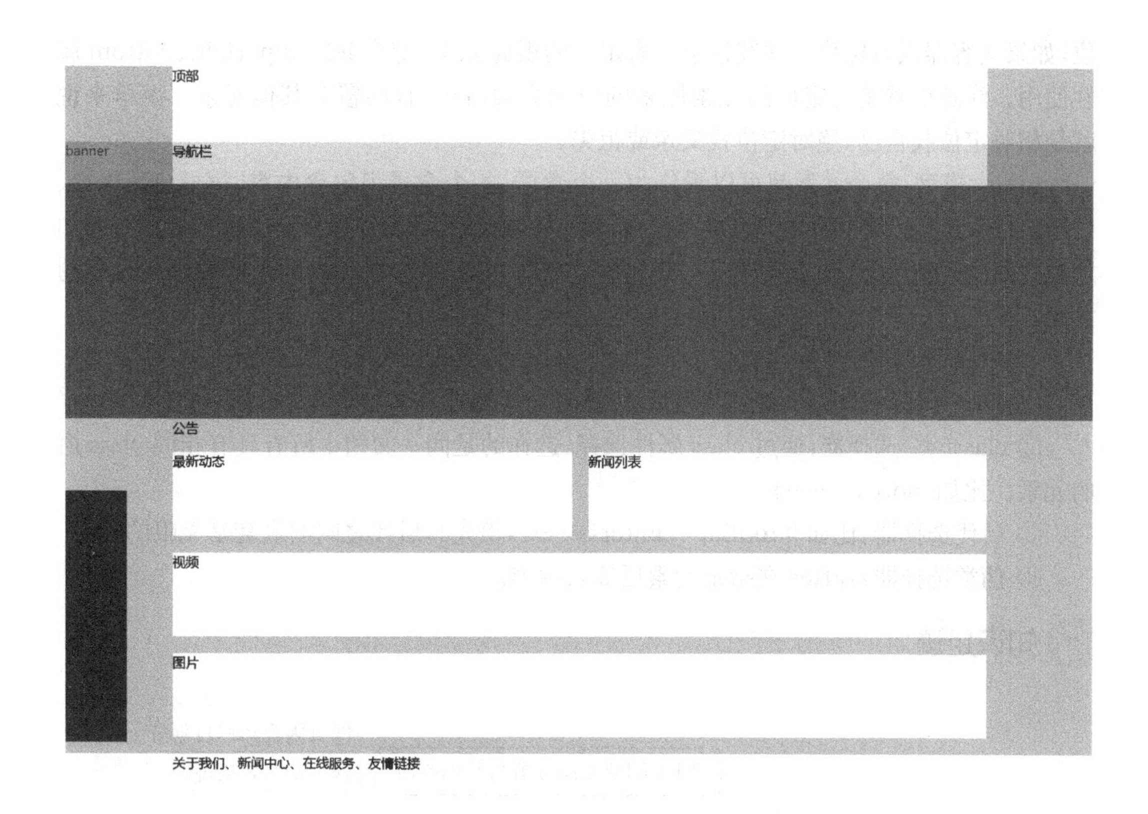

图 2－22 顶层布局实现效果

知识小结

(1) 元素分类：HTML 元素可以分为块元素、行内元素、行内块元素，通过设置 display 属性实现三种类型的转换。

(2) div：块元素，本身无样式。常用来作为容器使用，划分区块。可以嵌套任意的其他元素。

(3) CSS 样式引入的三种方法：〈link〉标签引入外部样式，〈style〉标签引入内部样式，元素行间的 style 属性设置内嵌样式。

(4) CSS 定义包含选择器和声明两部分，每条声明都由属性名和属性值组成。

(5) 浮动可使多个块元素在一行显示，浮动元素的父容器如果没有设置高度要记得清除浮动。清除浮动使用 clear 属性。

(6) 固定定位：通过设置 position: fixed 可让元素固定在页面中的某个位置，配合 left、top、right、bottom 属性使用。

(7) 绝对定位：position: absolute，父容器有定位就以父容器的左上角为原点进行定位，如果父容器没有定位就继续往上找有定位的祖先元素，配合 left、top、right、bottom 属性使用。注意设置绝对定位的元素原来的位置会被占用，且会覆盖其他元素。简单来说就是相对定位找自己，绝对定位找父亲或祖先。

（8）盒模型：每个元素都可以看作为一个盒子，每个盒子都包含内容、边框（border）、内边距（padding）、外边距（margin）四个属性。边框定义盒子的厚度，内边距定义内容和边框之间的距离，外边距定义盒子与其他盒子之间的距离，边框和内边距都会改变元素的大小。

（9）CSS 选择器：

① ID 选择器：通过 id 属性来选择，选择的元素唯一。比如＃topBar{……}。

② class（类）选择器：通过 class 属性选择，选择的是同一文档中所有具有相同 class 值的元素。比如.notice{……}。

③ 后代选择器：比如＃topBar .center{……}，祖先和后代之间的嵌套是无限的。

④ 伪类选择器：:after 在指定元素后插入内容。

知识足迹

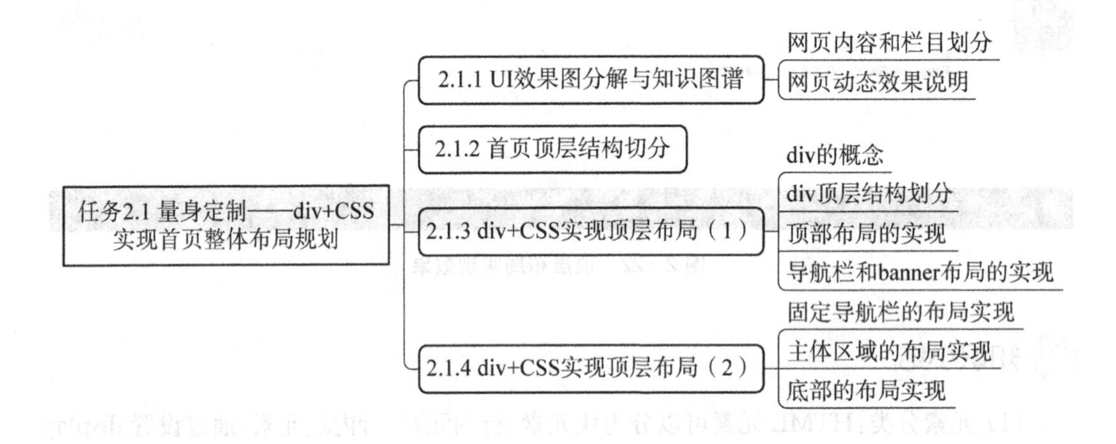

任务2.2 小试牛刀——首页顶部（TopBar）的实现

本任务主要完成首页顶部效果的实现，顶部的内容区域整体是位于网页的中间部分。内容区的左边为网站的 Logo，右边为微博、微信、电话图标。在一个网页中，网站的 logo 一般为可单击区域，会链接到网站的首页。微博、微信、电话这些小图标这里将使用@font-face 字体图标来代替图片。

2.2.1 图片、超链接、@font-face 的使用

图片和超链接是一个网页中经常会出现的内容，几乎可以在任何网页中找到这些元

素。在 HTML 中使用〈img〉标签标记图片元素，使用〈a〉标签来标记超链接元素。

1. 图片

〈img〉标签可在网页中嵌入一张图片，它是单标签，只包含属性。其语法格式如下：

```
<img src="URL 路径" alt="替代文本" title="提示文本" height="图片高度" width="图片宽度" />
```

(1) scr 属性表示图片的路径，其路径的写法有两种：绝对路径和相对路径。

绝对路径比如网络上的某个图片的链接地址，一般为 https://这种形式开头的地址。

相对路径是指目标图片相对于当前文件的路径，其表示方式如：src="logo.jpg"表示和文件同级的图片；src="img/logo.jpg"表示和文件同级的 img 目录下的图片；src="../img/logo.jpg"表示和文件父级目录同级的 img 目录下的图片。在项目开发中一般采用相对路径的写法。比如如图 2-23 所示的一个目录结构，需要在 index.html 文档中引用这张 Logo 图，可以通过<img src="../img/logo.jpg" />来引用。

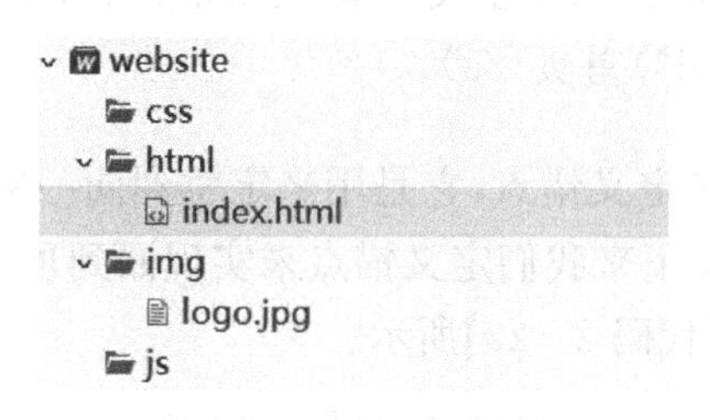

图 2-23 目录结构

(2) HTML 支持的图片格式有多种，如.png(便携式网络图形)、.gif(图像互换格式)、.jpeg(联合影像专家小组图像，包含.jpg、.jpeg、.jfif、.pjpeg、.pjp)、.svg(可缩放矢量图形)，等等，对于这几种常用格式 Google Chrome、Edge、Firefox、Internet Explorer、Opera、Safari 浏览器都支持。

(3) alt 属性用来设置图片不能正常显示时的替代文本。scr 和 alt 属性都为必须属性。

(4) title 属性用来设置鼠标悬停到图片上时出现的提示文字。

(5) width 和 height 用来设置图片的显示大小，如果不设置则图片以默认大小显示。其值可以是具体的像素值，也可以是百分数。

2. 超链接

一个网站是由多个网页组成的，而网页与网页之间的联系就是通过超链接来实现的。超链接可以从一个网页跳转到指定目标，这个目标可以是另一个网页，也可以是相同网页上的不同位置，还可以是一张图片，一个电子邮件地址，一段文字等。而在一个网页中用来超链接的元素，可以是一段文本或者是一张图片。在浏览器中将鼠标放在设置了超链接的元素上时，其鼠标的箭头就会变成一只小手的形状。

在 HTML 中超链接使用〈a〉标签来设置，它是双标签，语法格式如下：

```
<a href="目标URL" target="目标窗口">文本内容</a>
```

1) href 属性

该属性用来指定目标资源的 URL 地址，其地址的写法可以是绝对路径也可以是相对路径。绝对路径指向网络上的某个站点，相对路径则是目标相对于当前文件的路径，其写法与上面讲到的图片标签的 src 属性的相对路径的写法一致。比如在 HTML 文档中定义两个 a 标签，分别使用绝对路径和相对路径来链接不同的网页如【代码 2-19】所示。

【代码 2-19】链接网页

```
<!--将图片设置为链接元素，单击图片链接到 hao123 首页-->
<a href="https://www.hao123.com/"><img src="../img/hao.png" alt="hao123"/></a>
<!--将文本设置为链接元素，单击文本链接到同级目录下的 index.html 文件-->
<a href="index.html">首页</a>
```

另外超链接还可以用来定义锚点，它是用来定位到同一网页中某个具体的位置。比如回到顶部效果的实现。接下来我们定义锚点来实现回到顶部的功能，新建一个 HTML 文档，其 body 中的内容如【代码 2-20】所示。

【代码 2-20】锚点应用

```
<!--h1 为标题标签，从 1-6，h1 定义最大标题，h6 定义最小标题.-->
<h1 id="top">热点新闻</h1>
<h3 style="height:200px;"><a href="#">十年植树，总书记赋予绿化新内涵</a></h3>
<h3 style="height:200px;"><a href="#">父亲，作为警号 130285 的民警</a></h3>
<h3 style="height:200px;"><a href="#">“中美隐形战机东海交手”，到底谁赢了？</a></h3>
<h3 style="height:200px;"><a href="#">俄本土遭到轰炸，传递了三个不寻常信号</a></h3>
<h3 style="height:200px;"><a href="#">我国有 1508 万个职业主播</a></h3>
<h3 style="height:200px;"><a href="#">练功代替吃饭 点穴针灸治百病</a></h3>
<h1><a href="#top">回到顶部</a></h1>
```

链接和目标点之间通过 id 属性链接，比如上面为目标点设置 id="top"，链接元素设置 href="#top"，在页面中运行后单击回到顶部，就会跳到"热点新闻"处。运行效果如图 2-24 所示。

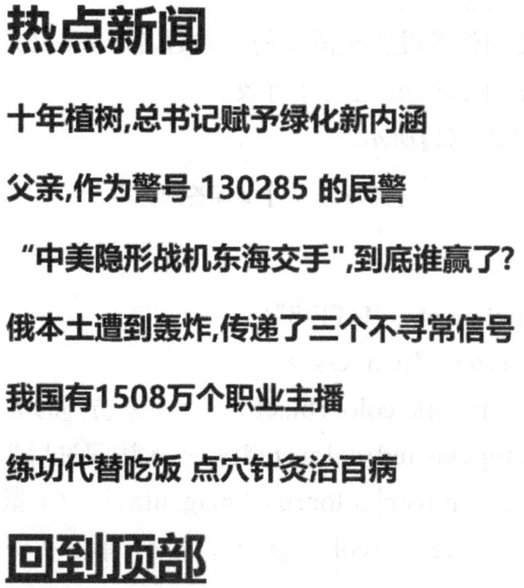

热点新闻

十年植树,总书记赋予绿化新内涵

父亲,作为警号 130285 的民警

"中美隐形战机东海交手",到底谁赢了?

俄本土遭到轰炸,传递了三个不寻常信号

我国有1508万个职业主播

练功代替吃饭 点穴针灸治百病

回到顶部

图 2-24 锚点链接应用

2) target 属性

target 属性表示在何处打开目标 URL，仅在 href 属性存在时使用。其属性值有 4 个：

(1) _self：默认值，表示在当前窗口或框架中打开目标链接；

(2) _blank：表示在新窗口中打开目标链接；

(3) _parent：表示在父框架集中打开被链接文档（也就是在框架嵌套的情况下，在父级打开）。如果没有父框架，此选项的行为方式与_self 相同。

(4) _top：在跳出窗口中打开超链接。如果没有 parent 框架或者浏览上下文，此选项的行为方式与_self 相同。

framename（框架名）：定义元素名称，使得链接可以在指定的框架或窗口中打开。

这里主要理解 self 当前窗口和 blank 目标窗口即可，至于在框架中打开目标链接，在后面后台系统界面实现中会讲到。

3) 超链接的几种状态

默认情况下，在浏览器中超链接文本有以下四种状态：

(1) 未访问过的链接显示为蓝色字体并带有下划线；

(2) 鼠标悬停时仍为蓝色字体并带有下划线，无变化；

(3) 单击链接时（即鼠标单击不松手），显示为红色字体并带有下划线；

(4) 访问过后显示为紫色字体并带有下划线。

我们可以使用伪类选择器来改变 a 标签的样式。所谓的伪类意思就是指要选择的元素的特殊状态，伪类用冒号来表示，上面的四种状态对应的伪类分别为：

(1) :link 表示未访问的状态；

(2) :hover 表示鼠标悬停的状态；

(3) :active 表示激活状态,即鼠标单击不松手时；

(4) :visited 表示访问过的状态。

需要注意的是,在使用伪类设置超链接的样式时,:hover 必须位于:link 和:visited 之后才有效。:active 必须位于:hover 之后才有效。

其使用方式如【代码 2-21】所示。

【代码 2-21】 a 标签的伪类

```
<head>
        <meta charset="UTF-8">
        <style type="text/css">
            .top:link{color:black;}  /*未访问时为黑色字体*/
            .top:visited{color:red;}  /*访问过后为红色字体*/
            .top:hover{color:darkmagenta;}  /*鼠标悬停为紫色字体*/
            .top:active{color:green;}  /*单击不松手时为绿色字体*/
        </style>
</head>
<body>
        <a href="#" class="top">回到顶部</a>
</body>
```

上面的几个伪类选择器也可以用于其他元素,比如常见的导航菜单鼠标悬停时会显示背景颜色,就可以通过:hover 来实现。

注意:如果要改变超链接文本的字体颜色,就需要专门定义 a 标签的 color 属性。有时会看到为父容器设置 color 属性,其内部的文本颜色都会发生改变,但 a 标签包裹的文本不会,如要改变需专门定义。

3. @font-face 规则

font-face 是 CSS3 中允许使用自定义字体的一个模块,它是 CSS 的规则,允许网页开发者为其网页指定在线字体,通过@font-face 可以消除用户对电脑字体的依赖。当然这个字体不单单是指文字,还可以是图标,比如电网首页的公告、微博、微信等,它们并不是图片,而是字体图标,可以通过像设置字体那样任意地改变这些图标的颜色和大小。

既然这些字体图标如此好用,那么在我们的网页中到底要如何引入它们呢?

在很多网站上都为开发者提供了这种在线字体,比如 IcoMoon、Font Awesome 中文网、Iconfont 阿里巴巴矢量图标库等,我们以 Iconfont 为例来讲解一下如何引用在线字体。

1）在线字体使用

打开 Iconfont 网址，鼠标放在首页最上方的“三个点”处，选择“在线字体”，如图 2－25 所示。

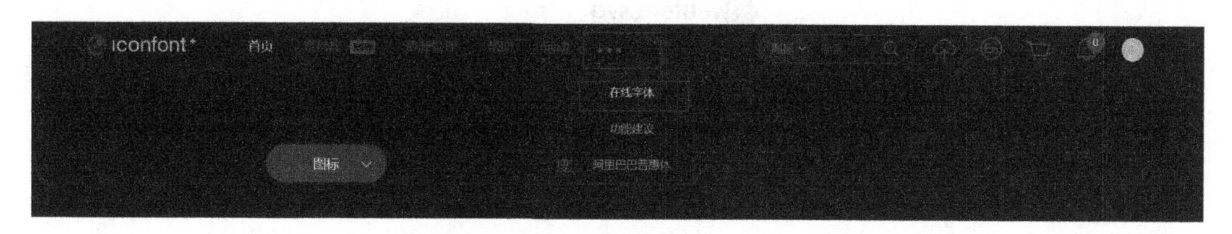

图 2－25　选择在线字体

进入“在线字体”页面后，在上方输入框中输入文字，然后单击“生成字体”按钮，可在下方生成预览字体样式。如果预览中没有想要的字体，可在左侧搜索框中选择更多的字体添加进来。如图 2－26 所示。

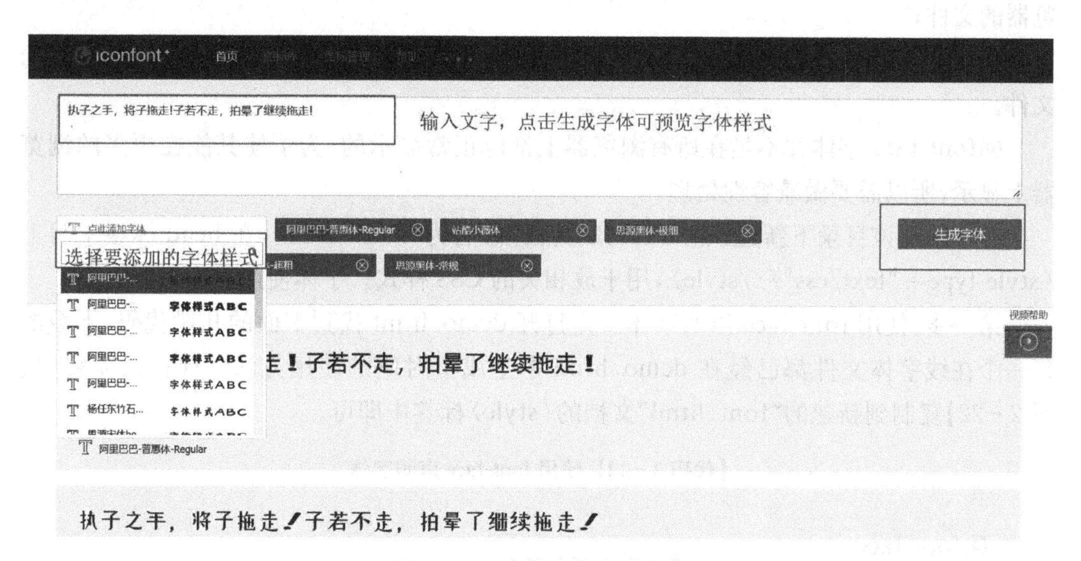

图 2－26　在线字体生成预览

在下方生成的预览中选择想要的字体样式，单击“本地下载”，如图 2－27 所示，将字体文件下载到本地电脑中。

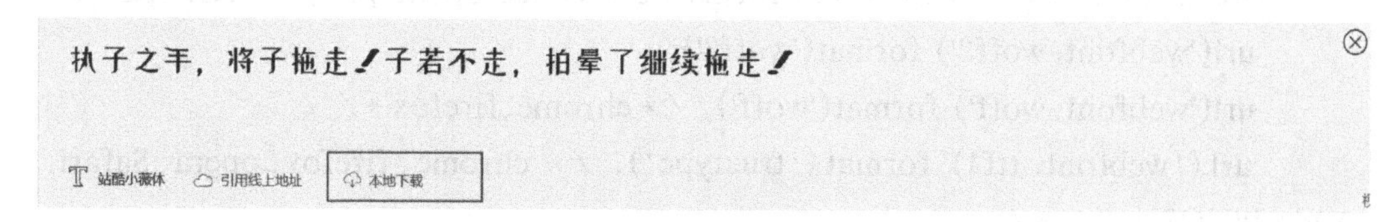

图 2－27　下载字体

解压下载好的压缩文件，将解压文件复制到项目目录下，该目录下共有 6 个子文件，如图 2－28 所示。

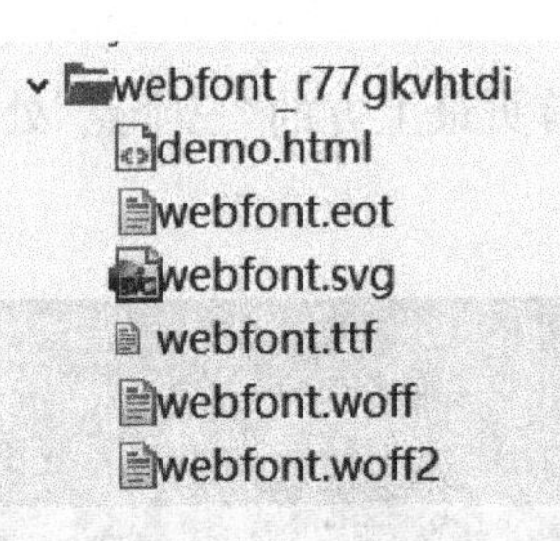

图 2-28 字体文件目录

(1) demo.html 为 HTML 文档，里面为在线字体如何使用提供了实例；

(2) .eot 格式为兼容 IE 浏览器的文件；

(3) .svg 格式为兼容 iOS 4.1 以下浏览器的文件；

(4) .ttf 格式为兼容 Google Chrome、Firefox、Opera、Safari、Android、iOS 4.2＋浏览器的文件；

(5) .woff 格式为兼容 IE9＋、Firefox、Google Chrome、Safari、Opera 浏览器的文件。

@font-face 字体并不是在所有浏览器上都能正常显示的，为了使其能在更多的浏览器上显示，所以需要做兼容性处理。

接下来在该目录下新建一个 HTML 文档，命名为“font.html”，在 head 标签中写上 〈style type="text/css"〉〈/style〉，用于放相关的 CSS 样式。字体使用分为以下三步：

第一步：使用 font-face 声明字体。先打开 demo.html 找到下面的几段代码，下载的每一个在线字体文件都已经在 demo.html 中生成了对应的使用方法。现在只需将【代码 2-22】复制到新建的“font.html”文档的〈style〉标签中即可。

【代码 2-22】使用 font-face 声明字体

```
@font-face {
    font-family: "webfont";
    font-display: swap;
    src: url('webfont.eot'); /* IE9 */
    src: url('webfont.eot?#iefix') format('embedded-opentype'), /* IE6-IE8 */
    url('webfont.woff2') format('woff2'),
    url('webfont.woff') format('woff'), /* chrome、firefox */
    url('webfont.ttf') format('truetype'), /* chrome、firefox、opera、Safari, Android, iOS 4.2+ */
    url('webfont.svg#webfont') format('svg'); /* iOS 4.1- */
}
```

如果使用系统自带的字体样式，需要通过属性 font-family 来指定，比如设置字体为

“微软雅黑”的方法为 font-family："微软雅黑"，但是在@font-face 规则中，使用在线字体，其 font-family 的值“webfont”指的是自定义的字体名称，这个名称可以修改。

src 的值为字体文件存放的位置，指向的就是字体目录下的 5 个格式的文件。“format”指的是字体格式，主要用来帮助浏览器识别，做兼容处理。

第二步：定义字体的样式。在“font.html”文档的〈style〉标签中继续编写【代码 2－23】所示的 CSS 样式。

【代码 2－23】定义字体样式

```
.myFont{
        font-family:"webfont";
        color:red;  /* 设置字体颜色为红色 */
        font-size:28 px;  /* 设置字体大小为 28 px */
}
```

这里的 font-family 的值指向@font-face 中自定义的字体名称，注意名称一定要一致。

第三步：为文字添加相应的标签。在“font.html”文档的 body 中添加一个 span 标签。如下所示：

```
<span class="myFont">执子之手，将子拖走！子若不走，拍晕了继续拖走！</span>
```

此时可以打开浏览器查看效果了，其浏览器运行结果如图 2－29 所示。

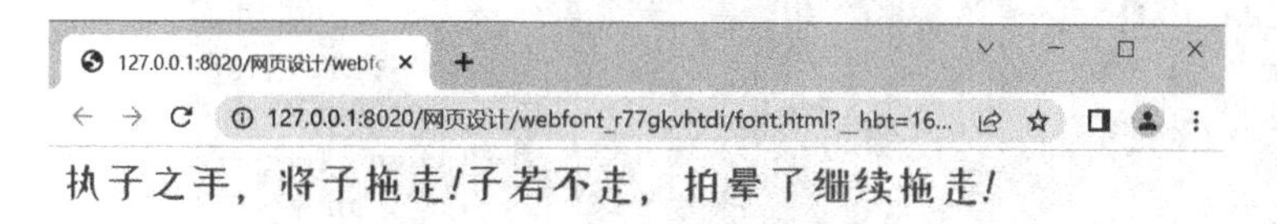

图 2－29 在线字体使用效果

2）字体图标使用

字体图标的使用其实和在线字体类似，可在 Iconfont 网站首页的搜索框输入想要的图标，比如输入“树叶”，在搜到的结果中选择一个图标，单击“购物车”按钮，将其添加到购物车中，如图 2－30 所示。

接下来单击网页最上方右侧的“购物车”图标，就可以看到添加到购物车里的所有图标了，然后将购物车中的图标“添加至项目”（没有项目就按照提示创建项目），如图 2－31 所示。

在“我的项目”中，将图标文件“下载至本地”中使用，如图 2－32 所示。“我的项目”的位置也可以在最上方“资源管理”中找到。

解压下载好的压缩文件，将解压文件复制到项目目录下，该目录下共有 8 个子文件，

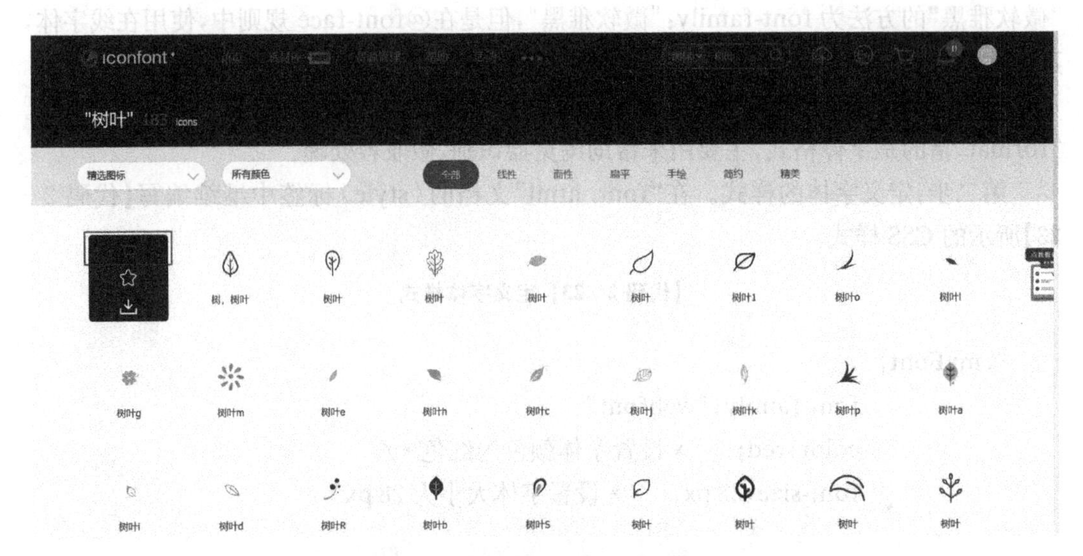

图 2-30　搜索图标并加入购物车

图 2-31　将图标添加至项目

如图 2-33 所示。

demo_index.html 为实例文件，它提供了图标对应的 Unicode 编码、Font class、Symbol 三种形式的引用方法。如图 2-34 所示为 demo_index.html 文件的内容。

iconfont.css 为 Font class 形式需要引入的 CSS 文件，该文件已经将@font-face 对应的字体名称和兼容处理设置好了。.ttf、.woff、.woff2 为对应的图标的格式。

这里我们主要来说一说 Font class 形式的使用，这种形式使用起来比较简单。只用在 HTML 文档中引入 iconfont.css 文件，然后复制相应图标的类名即可，如图 2-34 框中的即为对应的类名。

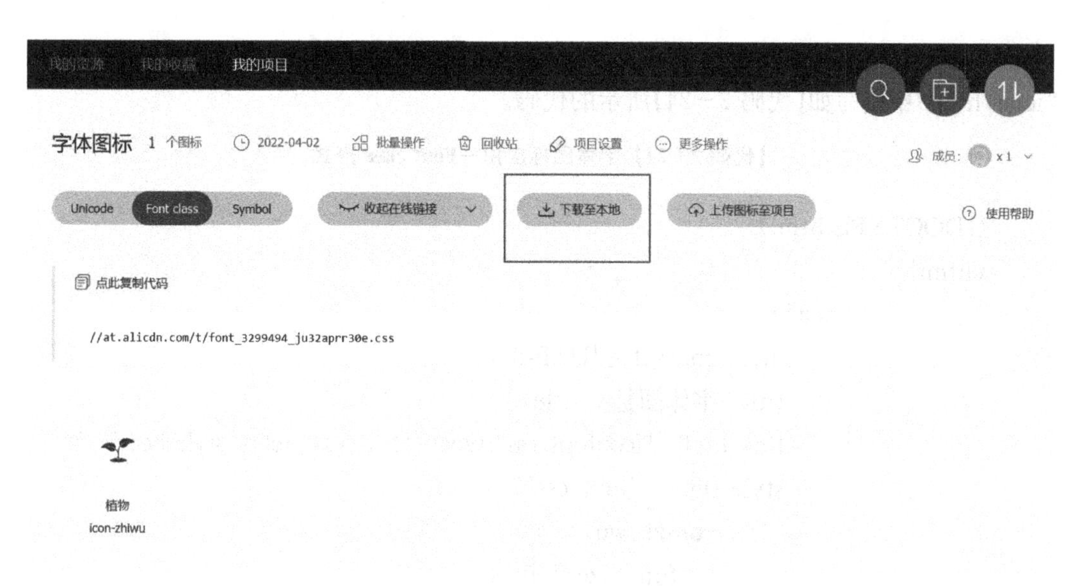

图 2-32　将图标文件下载至本地

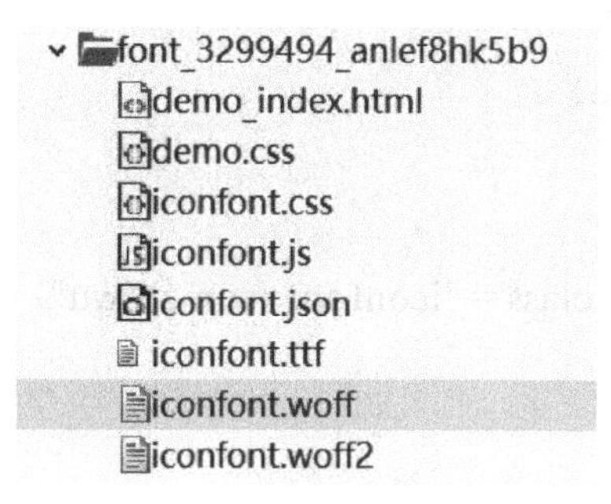

图 2-33　字体图标文件目录

图 2-34　demo_index.html 文件内容

该图标的使用方法为：在该目录下新建一个 HTML 文档，命名为“icon. html”，在“icon. html”中编写如【代码 2－24】所示的代码。

【代码 2－24】 字体图标应用—Font class 形式

```
<!DOCTYPE html>
<html>
        <head>
            <meta charset="UTF-8">
            <title>字体图标</title>
            <link href="iconfont.css" type="text/css" rel="stylesheet" />
            <style type="text/css">
                .icon-zhiwu{
                    font-size:100 px;
                    color:green;
                }
            </style>
        </head>
        <body>
            <span class="iconfont icon-zhiwu"></span>
        </body>
</html>
```

【代码 2－24】中，标签 span 中的两个类名缺一不可，. iconfont 在 iconfont. css 文件中已定义好了，icon-zhiwu 为图标特有的类名，可在 demo_index. html 页面或者 iconfont. css 中找到。在浏览器中运行后的效果如图 2－35 所示。

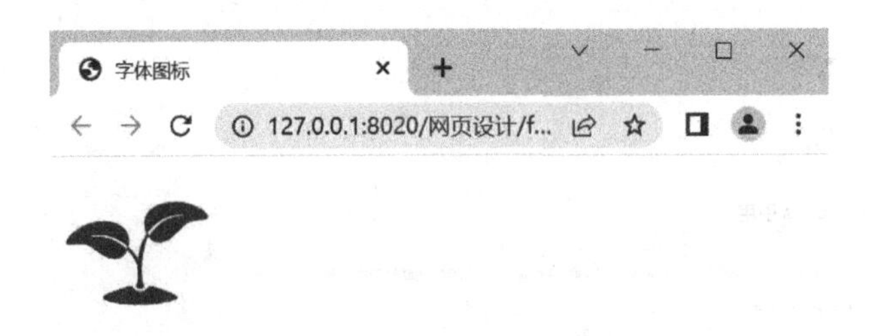

图 2－35 字体图标效果

3）字体属性

无论是使用系统自带的字体还是网络字体，都需要用到字体相关的样式去为其设置效果，在前面的示例中也用到了一些字体属性，这里我们再总结补充一下。字体属性主要有五个：

(1) font-size:设置字号大小,比如 font-size:18 px,字体大小为 18 px;

(2) font-family:设置字体系列。当指定多个字体类型时,需要用逗号分隔,当一种字体由多个单词组成时要用双引号引起来。比如:font-family: arial, "微软雅黑", "times new roman";

(3) font-style:设置字体风格。属性值有 normal(正常)、italic(斜体)、oblique(倾斜);

(4) font-weight:设置字体粗细。属性值有 normal(正常)、lighter(细体)、bold(粗体)、bolder(特粗体)。可以设置为具体的值,如 100、200、300 等,其中 400 等同于正常粗细,700 等同于粗体;

(5) font-variant:设置字符的大小写。font:字体属性简写,可以有部分值缺少,缺少的属性将使用默认值。定义顺序为 font: font-style font-variant font-weight font-size/line-height font-family。

2.2.2 顶部效果的实现

1. 准备工作

(1) 打开开发工具,将项目所需的图片都复制到"PowerWebsite"项目的 img 目录下。

(2) 在浏览器中打开"阿里巴巴矢量图标库",搜索项目首页所需的矢量图标:微博、微信、电话、公告、更多、轮播左翻滚、轮播右翻滚。按照上一节讲解的步骤,将其全部"添加至项目",并下载至本地,将解压文件复制到项目根目录下,并重命名为"font",在"index.html"的 head 标签中引入"font"目录下的"iconfont.css"文件。

(3) 将样式重置文件"reset.css"放到 css 目录下,并在"index.html"的 head 标签中引入"reset.css"。前面讲布局的时候我们是通过通用选择器"*"来重置页面的内边距和外边距的,但在真正的项目开发中并不推荐这种方法,而是引入重置文件,有针对性地去设置,重置文件可以在网上下载,也可以自己去设置。这里为大家准备了一个重置文件"reset.css"。其内容如【代码 2-25】所示。

【代码 2-25】reset.css 文件

```
/*重置所有标签的外边距、内边距、边框为0*/
html, body, div, span, applet, object, iframe, h1, h2, h3, h4, h5, h6, p, blockquote,
pre, a, abbr, acronym, address, big, cite, code, del, dfn, em, img, ins, kbd, q, s, samp,
small, strike, strong, sub, sup, tt, var, b, u, i, dl, dt, dd, ol, ul, li, fieldset, form, label,
legend, table, caption, tbody, tfoot, thead, tr, th, td, article, aside, canvas, details,
embed, figure, figcaption, footer, header, hgroup, menu, nav, output, ruby, section,
summary, time, mark, audio, video {
        margin:0;
        padding:0;
        border:0;
```

```
        font-size:100%;
        font-family:"微软雅黑";
}
/*重置所有a标签的字体颜色为黑色,并删除下划线*/
a{
        color:black;
        text-decoration:none;
}
/*删除有序列表和无序列表的标记类型*/
ol,ul {
        list-style:none;
}
table {
        border-collapse:collapse;/*消除相邻单元格之间的空白距离*/
        border-spacing:0;/*消除单元格与其内容之间的空白距离*/
}
```

(4) 元素选择器为元素名,选中的是同一文档中所有相对应的元素,比如上面的 a{},选择的就是 HTML 文档中的所有 a 标签。

此时 index.html 的 head 标签中的代码如【代码 2-26】所示。

【代码 2-26】head 标签中的代码

```
<head>
        <meta charset="UTF-8" />
        <title>电力门户网站首页</title>
        <link href="css/reset.css" rel="stylesheet" type="text/css" />
        <link href="css/index.css" rel="stylesheet" type="text/css" />
        <link href="font/iconfont.css" rel="stylesheet" type="text/css" />
</head>
```

2. 顶部效果的分析和实现

顶部的效果图如图 2-36 所示。

电力网站
Power Website
官方微博 官方微信 联系电话

图 2-36 顶部效果图

观察上面的效果图,顶部的内容包含左右两部分。左侧为 Logo 图片,使用<img>标签引入，因单击 Logo 可链接到首页，所以在〈img〉标签外用一个〈a〉标签包裹。右侧的内容整体居右显示，所以外层用一个 div 盒子来包裹，内部包含 3 个超链接，图标可以用行内标签来引入。

顶部的结构写在【代码 2-2】的 topBar 中，如图 2-37 方框所示的位置。

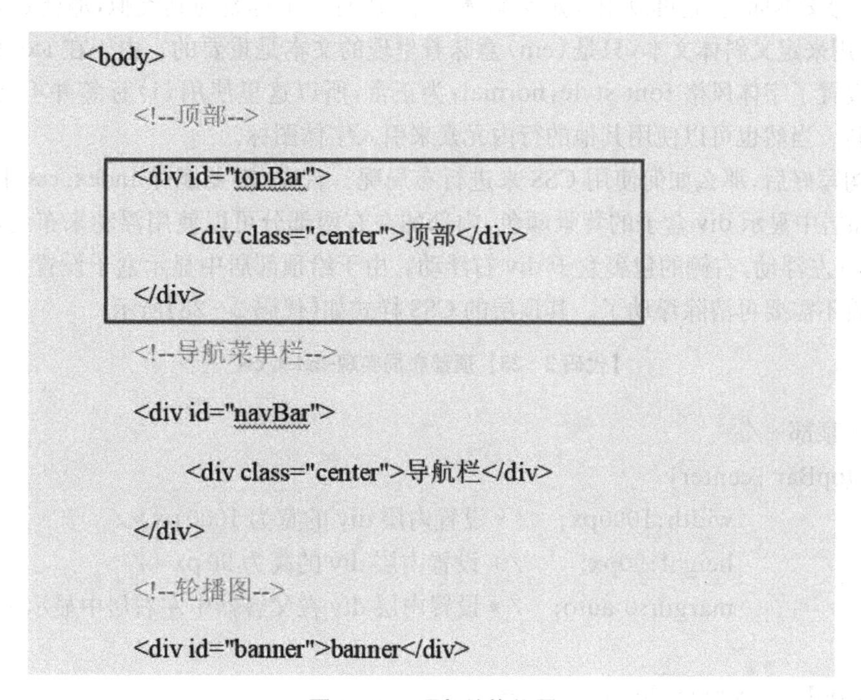

图 2-37 顶部结构位置

将居中盒子中的文字删除掉，顶部具体的结构实现如【代码 2-27】所示。

【代码 2-27】顶部结构实现-index.html

```
    〈!--顶部--〉
    〈div id="topBar"〉
        〈div class="center"〉
            〈a href="index.html" class="left"〉〈img src="img/logo.png" title="logo" alt="logo" /〉〈/a〉
            〈div class="right"〉
                〈a href="#"〉〈i class="iconfont icon-weibo"〉〈/i〉官方微博〈/a〉
                〈a href="#"〉〈i class="iconfont icon-weixin"〉〈/i〉官方微信〈/a〉
                〈a href="#"〉〈i class="iconfont icon-dianhua"〉〈/i〉联系电话〈/a〉
```

```
        </div>
    </div>
</div>
```

〈i〉为文本标签，它可以用来定义斜体文本，还有一个标签与其类似，那就是〈em〉标签，同样用来定义斜体文本，只是〈em〉意味着呈现的文本是重要的。由于在 iconfont. css 文件中设置了字体风格 font-style：normal；为正常，所以这里使用〈i〉标签并不会使字体图标倾斜。当然也可以使用其他的行内元素来引入字体图标。

结构写好后，那么如何使用 CSS 来进行布局呢？首先，需要删除 index. css 中顶部通栏 div 和居中显示 div 盒子的背景颜色，内部的左右两部分可以使用浮动来布局，设置左侧的 logo 左浮动，右侧的包裹盒子 div 右浮动。由于给顶部居中显示盒子设置了高度，所以这里就不需要再清除浮动了。其顶层的 CSS 样式如【代码 2－28】所示。

【代码 2－28】顶部布局实现-index. css

```
/*顶部*/
#topBar .center{
        width:1000px;   /*设置内层 div 的宽为 1000 px*/
        height:90px;     /*设置内层 div 的高为 90 px*/
        margin:0 auto;   /*设置内层 div 在父容器中左右居中显示*/
}
#topBar .center .left{
        float:left;
        display:block;   /*设置 a 标签为块元素*/
        height:100%;
}
#topBar .center img{
        height:90px;   /*设置 logo 图片的高为 90 px*/
}
#topBar .center .right{
        float:right;
        height:100%;
        line-height:90px;   /*设置行高为 90 px*/
}
#topBar .center a{
        font-size:16px;   /*设置超链接文本的字体大小为 16 px*/
        margin-right:15px;   /*设置超链接之间的距离为 15 px*/
}
```

```
#topBar .center i{
        font-size:20px;      /* 设置图标大小为 20 px */
        color:#00bcd4;       /* 设置图标颜色为蓝色 */
        margin-right:5px;    /* 设置图标与文字之间有 5 px 的距离 */
}
```

line-height 用来设置行高，可以是具体的像素值，也可以是百分数。将 line-height 值设置为容器的高度，可以使一行文本在容器中垂直居中显示。比如上面为居右的包裹盒子 div 设置了 line-height：90 px，其盒子高度也是 90 px，那么内部的文本就会在垂直方向上居中显示。

知识小结

(1) 图片标签〈img〉，单标签。scr 属性为图片的 URL 地址，alt 属性设置图片显示时的替代文本。

(2) 超链接 a 标签的 href 属性指向链接目标的 URL 地址。它有 4 种伪类，：link（未访问的状态）、：hover（鼠标悬停的状态）、：active（激活状态）、：visited（访问过的状态）。

(3) @font-face 规则的使用方法：①声明字体，font-family 的值为自定义的字体名称，src 为字体文件存放的位置。②使用字体，这里的 font-family 的值指向@font-face 中自定义的字体名称。

知识足迹

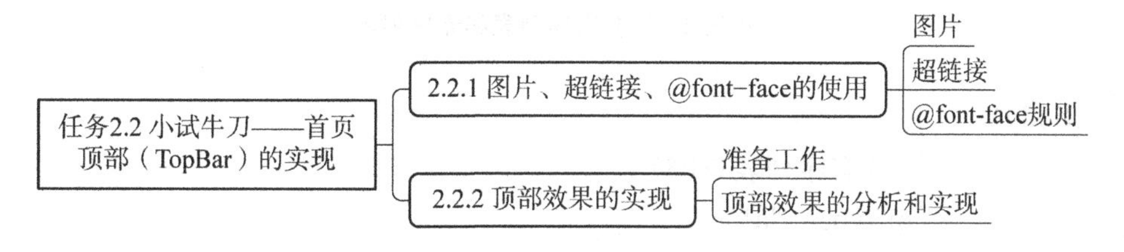

任务2.3　首页标题栏（NavBar）的实现

一个页面重要的内容之一就是导航菜单，它是各个网页之间链接的枢纽，引导用户去浏览相关的网页。

本任务主要实现横向的一级导航菜单和对应的二级导航，以及当鼠标悬停到一级导航菜单上时动态显示二级导航内容。在这里将会学到 HTML 的列表标签，并使用列表实现横向的导航。掌握一种导航的布局理念对于今后做类似的页面是非常有帮助的。

另外从本任务开始将会接触到前端的第三个技术：JavaScript。希望大家能掌握

JavaScript 的基本语法格式，变量、函数的定义，JavaScript 获取元素的方法等。最后将会逐步带领大家用 JavaScript 来实现鼠标飘过动态显示二级菜单效果。

2.3.1 ul+li 实现导航菜单

1. 列表标签

1）无序列表和有序列表

在 HTML 中列表分为两种，有序列表和无序列表。有序列表通过〈ol〉〈li〉……〈/li〉〈/ol〉来标记，使用编号作为列表项的前缀。无序列表通过〈ul〉〈li〉……〈/li〉〈/ul〉标记，使用项目符号作为列表项的前缀。

有序列表的标记类型为编号，其 type 值有 5 种。

(1) 数字：以数字顺序进行标记，例如 1、2、3 等；

(2) 小写字母：以小写英文字母顺序进行标记，例如 a、b、c 等；

(3) 大写字母：以大写英文字母顺序进行标记，例如 A、B、C 等；

(4) 小写罗马数字：以小写罗马数字顺序进行标记，例如 ⅰ、ⅱ、ⅲ 等；

(5) 大写罗马数字：以大写罗马数字顺序进行标记，例如 Ⅰ、Ⅱ、Ⅲ 等。

无序列表的标记类型为符号，其 type 值有 3 种。

(1) disc：默认值，实心圆；

(2) circle：空心圆；

(3) square：实心方块。

下面分别使用有序列表和无序列表来做一个小例子，如【代码 2-29】所示。

【代码 2-29】有序列表和无序列表

```
〈body〉
        〈h3〉有序列表〈/h3〉
        〈ol type="a"〉
            〈li〉哈哈〈/li〉
            〈li〉呵呵〈/li〉
            〈li〉嘿嘿〈/li〉
        〈/ol〉
        〈h3〉无序列表〈/h3〉
        〈ul type="square"〉
            〈li〉哈哈〈/li〉
            〈li〉呵呵〈/li〉
            〈li〉嘿嘿〈/li〉
        〈/ul〉
〈/body〉
```

在浏览器中的运行效果如图2-38所示。

图2-38 有序列表和无序列表

在使用列表时，有时我们并不需要列表的前缀标记，或者需要使用图片作为标记类型，那么就可以通过CSS属性来更改列表的样式。其样式属性有以下几个：

(1) list-style-type：列表标记类型，设置其值为none，则可以消除前缀；

(2) list-style-position：设置列表标记的位置。属性值outside为默认值，表示标记在文本外；inside表示标记在文本内；

(3) list-style-image：用图片来代替列表标记，比如list-style-image：url(图片路径)；

(4) list-style：上面几种属性的简写形式，可以设置的属性(按顺序)为list-style-type，list-style-position，list-style-image。可以不设置其中的某个属性，未设置的属性使用默认值。

比如，为【代码2-30】中的无序列表ul添加以下的样式：

【代码2-30】无序列表样式设置

```
<style type="text/css">
        ul li:nth-of-type(1){
            list-style:circle;
        }
        ul li:nth-of-type(2){
            list-style-image:url(../img/page_n.gif);
            list-style-position:inside;
            /*简写形式*/
            /*list-style:inside url(../img/page_n.gif);*/
        }
        ul li:nth-of-type(3){
            list-style-type:none;
        }
</style>
```

在浏览器中的运行效果如图 2-39 所示。

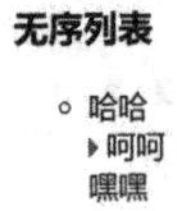

无序列表

◦ 哈哈
▸ 呵呵
嘿嘿

图 2-39　列表样式设置

伪类选择器:nth-of-type(n),匹配父元素中同类型中的第 n 个同级兄弟元素。比如上面的 ul li:nth-of-type(1)选择的是 ul 列表中类型为 li 的第一个元素。参数 n 可以是具体的数,也可以是一个关键字比如 odd(奇数)或 even(偶数),或者是一个公式比如 2n+1。

2) 列表嵌套

无论是无序列表还是有序列表,在使用时都可以嵌套使用,可以在无序列表中嵌套有序列表,也可以在有序列表中嵌套无序列表。下面来做一个列表嵌套,在有序列表中嵌套无序列表,如【代码 2-31】所示。

【代码 2-31】有序列表中嵌套无序列表

```
〈body〉
    〈ol〉
        〈li〉开心
            〈ul〉
                〈li〉哈哈哈〈/li〉
                〈li〉嘿嘿嘿〈/li〉
            〈/ul〉
        〈/li〉
        〈li〉生气
            〈ul〉
                〈li〉呵呵呵〈/li〉
                〈li〉哼哼哼〈/li〉
            〈/ul〉
        〈/li〉
    〈/ol〉
〈/body〉
```

在浏览器中的运行效果如图 2-40 所示。

2. 菜单栏的分析与实现

导航菜单栏的效果如图 2-41 所示,当鼠标划过菜单时,为当前菜单添加背景颜色,并显示相应的二级菜单内容。

1. 开心
   - 哈哈哈
   - 嘿嘿嘿
2. 生气
   - 呵呵呵
   - 哼哼哼

图2-40 列表嵌套

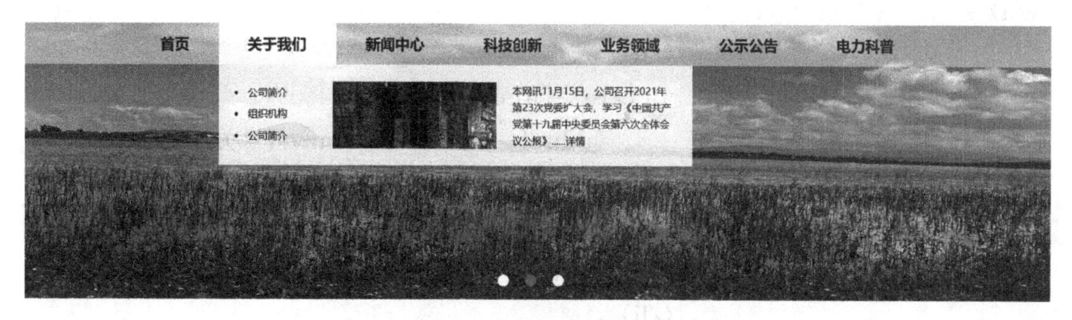

图2-41 导航菜单栏效果

那么如何来构建这样的一个效果呢？菜单栏整体上可以分为两部分，一部分为横向排列的七个菜单，另一部分为对应的二级导航。

1）横向菜单的实现

导航菜单的结构写在【代码2-2】的navBar中，如图2-42方框所示的位置。

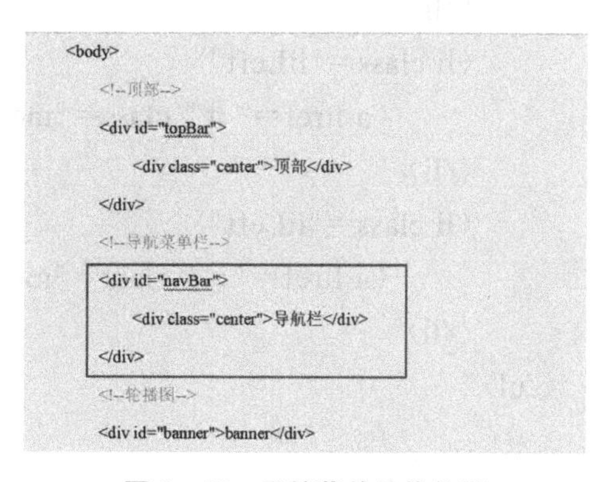

```
<body>
    <!--顶部-->
    <div id="topBar">
        <div class="center">顶部</div>
    </div>
    <!--导航菜单栏-->
    <div id="navBar">
        <div class="center">导航栏</div>
    </div>
    <!--轮播图-->
    <div id="banner">banner</div>
```

图2-42 导航菜单结构位置

对于横向排列的菜单可采用无序列表的形式来实现，因为无序列表是构建导航链接的理想方法，且列表式的导航条代码简洁有序，易于编排。在图2-42方框的代码中会看到对于内层居中的盒子我们是使用div来呈现的，这里我们将此div换成ul标签，ul标签本身也是块元素，也可以作为容器来使用，需配合li标签。内部的“首页、关于我们、新闻中心”等文本通过单击可链接到其他页面，则可以在li标签中再嵌套a标签来实现。

导航栏横向菜单的实现方法如【代码2-32】所示。

【代码 2-32】横向菜单实现-index.html

```
<!--导航菜单栏-->
<div id="navBar">
            <ul class="center">
                <li class="liLeft">
                    <a href="index.html" class="menu">首页
</a>
                </li>
                <li class="liLeft">
                    <a href="#" class="menu">关于我们</a>
                </li>
                <li class="liLeft">
                    <a href="#" class="menu">新闻中心</a>
                </li>
                <li class="liLeft">
                    <a href="#" class="menu">科技创新</a>
                </li>
                <li class="liLeft">
                    <a href="#" class="menu">业务领域</a>
                </li>
                <li class="liLeft">
                    <a href="#" class="menu">公示公告</a>
                </li>
                <li class="liLeft">
                    <a href="#" class="menu">电力科普</a>
                </li>
            </ul>
</div>
```

由于 li 为块元素，所以要使导航菜单横向排列，就需要为每个 li 设置左浮动。对于超链接文本，其可单击区域并不仅仅是文字，而是它所在的白色背景的范围之内(如图 2-41 中的“关于我们”所在的白色背景范围)，所以需要将 a 标签转换为块元素，并将背景效果添加给 a 标签，而非 li 标签。导航栏横向菜单的布局实现如【代码 2-33】所示。

【代码 2-33】横向菜单实现-index.css

```
/*导航菜单栏*/
#navBar{
```

```
        background-color:rgba(255,255,255,0.5);/*设置通栏背景为白色
半透明*/
        position:absolute;
        top:90px;
    }
    #navBar .center{
        width:1000px;
        height:50px;
        line-height:50px;  /*使文本垂直居中显示*/
        margin:0 auto;
    }
    #navBar .liLeft{
        float:left;  /*设置 li 左浮动*/
    }
    #navBar .liLeft .menu{
        display:block;  /*设置 a 为块元素*/
        height:100%;
        padding:0 36px;  /*设置左右内边距各为 36 px*/
        color:#363636;
        font-weight:bold;  /*设置字体为粗体*/
        font-size:18px;
    }
```

观察上面的代码，在顶层布局的基础上对于内层盒子删除了其背景颜色，添加了 line-height 属性，使内部的文本垂直居中显示。虽然 li 元素设置了左浮动，但由于其父容器 ul 设置了高度，所以不需要再清除浮动。对于超链接 a 设置其为块元素，并没有固定它的宽度，而是设置了左右的内边距，使宽度自适应内容。

2) 二级导航的实现

以“关于我们”和“电力科普”为例，二级导航的效果如图 2-43、图 2-44 所示。

图 2-43 “关于我们”子菜单效果

每个二级导航整体可以用一个 div 来包裹，该 div 放在【代码 2-32】的对应一级菜单

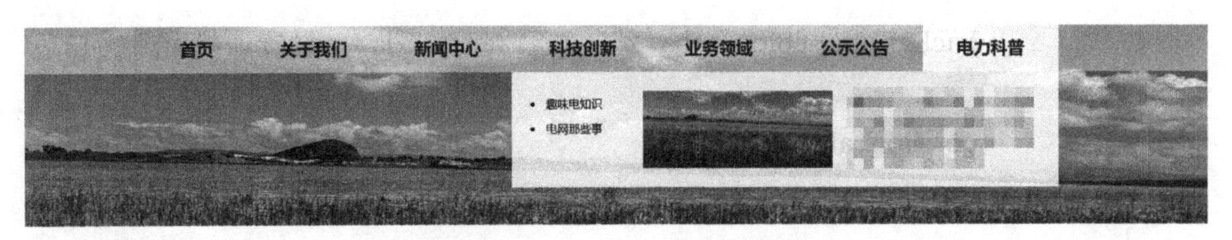

图 2-44 “电力科普”子菜单效果

的 a 标签后。div 中包含左侧的列表和右侧的图片、描述。列表用 ul+li 实现，使其左浮动。右侧内容整体嵌套一个 div，使其右浮动，描述性语言使用段落标签 p 来引入。其 HTML 部分如【代码 2-34】所示。

【代码 2-34】二级导航实现——index.html

```
<li class="liLeft">
        <a href="#" class="menu">关于我们</a>
        <div class="menuList">
            <ul class="ulList">
                <li><a href="#">公司简介</a></li>
                <li><a href="#">组织机构</a></li>
                <li><a href="#">公司简介</a></li>
            </ul>
            <div class="account img1">
                <p>本网讯 11 月 15 日，公司召开 2021 年第 23 次党委
扩大会，学习《中国共产党第十九届中央委员会第六次全体会议公报》......<a href=
"#">详情</a></p>
            </div>
        </div>
</li>
......
<li class="liLeft">
        <a href="#" class="menu">电力科普</a>
        <div class="menuList rightAlign">
            <ul class="ulList">
                <li><a href="#">趣味电知识</a></li>
                <li><a href="#">电网那些事</a></li>
            </ul>
            <div class="account img6">
                <p>******<a href=
```

```
"#">更多</a></p>
                    </div>
                </div>
    </li>
    ... ...
```

我们是将二级菜单所在的盒子 menuList 嵌套在了对应的 li 标签中，由于其布局一样，所以设置了相同的 class 属性 menuList，共用一套样式，对于需要特别设置样式的元素，再为其单独设置即可。比如“关于我们”的二级菜单是与其左对齐的，“电力科普”的二级菜单是与其右对齐的，所以为“电力科普”的二级菜单 div 又添加了额外的 class 属性值 rightAlign。

另外对于图片，我们不采用 img 标签的形式引入，而是通过设置背景图片的形式来添加，不同的背景图片将通过 class 属性 img1～img6 来设置。二级导航的实现如【代码 2-35】所示。

【代码 2-35】 二级导航实现——index.css

```
    #navBar .liLeft{
            float:left;  /*设置li左浮动*/
            position:relative;  /*设置li为相对定位*/
    }
    #navBar .menuList{
            display:none;/*设置元素隐藏*/
            position:absolute;  /*设置二级菜单的div为绝对定位*/
            width:580px;
            padding:20px;  /*设置该盒子上下左右的内边距各为20 px*/
            box-sizing:border-box;  /*设置该div盒子尺寸大小作用范围为边
框*/
            background-color:rgba(255,255,255,0.9);
    }
    #navBar .menuList:after{
            content:"";
            display:block;
            clear:both;
    }
    #navBar .rightAlign{
            left:-436px;
    }
    #navBar .menuList .ulList{
```

```
            float:left;
            list-style:disc;  /*设置列表符号类型为实心圆*/
            font-size:12px;
            list-style-position:inside;  /*设置列表符号的位置在文本内*/
    }
    #navBar .menuList .ulList li{
            line-height:26px;  /*设置li的行高为26 px*/
    }
    #navBar .menuList .account{
            float:right;
            padding-left:220px;/*使文字距离该div左侧220 px,距离背景图片
右侧20 px*/
            background-position:left center; /*图片位置:居左、上下居中*/
            background-size:200px auto;  /*图片大小:宽200 px、高度auto不
固定*/
            background-repeat:no-repeat;  /*背景图片不重复显示*/

    }
    #navBar .menuList .img1{
            background-image:url(../img/company.jpg);
    }
    ......
    #navBar .menuList .img6{
            background-image:url(../img/img4.jpg);
    }
    #navBar .menuList .account p{
            width:200px;
            font-size:12px;
            line-height:20px;
    }
    #navBar .menuList .account a{
            color:blue;  /*设置超文本"详情"的字体颜色为蓝色*/
    }
```

在上面的CSS代码中,我们为每个li又添加了position:relative;设置其为相对定位,这是因为二级盒子.menuList的布局,我们为其设置了绝对定位,使其脱离文档流,从而不会影响横向导航的布局和其他二级盒子。由于绝对定位的元素以最近的有定位的父元素

或祖先元素的左上角来进行定位，那么想要使二级盒子在其对应的父元素 li 下正常显示，就需要为其父元素 li 设置相对定位了。

(1) 父相子绝的定位方式。

前面已经讲过了定位中的绝对定位、固定定位、静态定位，这里就来介绍一下最后一个定位方式：相对定位(position：relative)。相对定位是以元素本身在文档流中原来出现的位置的左上角为原点进行定位的，可结合 left、right、top、bottom 指定元素的偏移方向。比如有两个 div，正常的排列方式如图 2－45 所示，现在为 div1 设置相对定位，其效果如图 2－46 所示。设置相对定位的元素虽然移动了位置，但它原来的位置并不会被占用，该元素移动位置后会覆盖其他元素。

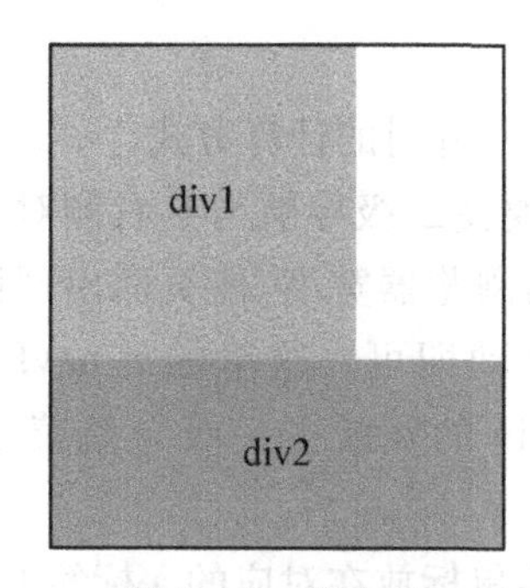

图 2－45 普通流

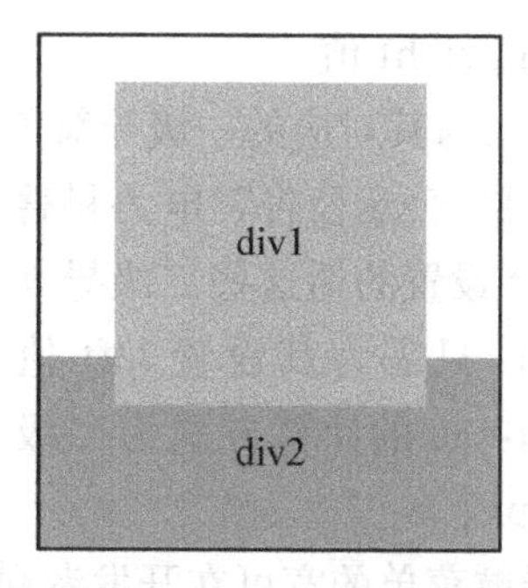

图 2－46 div1 相对定位

所以只有给父元素 li 设置为相对定位，才既不会影响自身的排列，又可以使二级盒子以其为坐标进行定位，这就是父相子绝的定位方式，这样做的好处是父元素坐标一旦发生变化，子元素也会随着改变，而不会影响到其他元素。

(2) box-sizing。

前面在讲盒子模型的时候说到，为一个元素设置宽和高，默认情况下它作用的是内容区域(box-sizing：content-box)，如果再为元素设置边框和内边距，则会改变元素的总尺寸。但是有时候我们既需要固定一个元素的总尺寸，又需要为元素设置内边距和边框，此时只需将该元素的 box-sizing 的属性值设置为 border-box 即可，意思是将 width 和 height 应用到元素的边框。

比如有一个 div，其样式为 div{width：100px；height：100px；border-width：2px；padding：10px 5px；}，点击浏览器进入开发者视图，在“Style”中可以看到其盒子模型如图 2－47 所示。现在为该 div 再添加一个 box-sizing：border-box，那么此时该元素的盒子模型如图 2－48 所示。

这样设置的好处是可以省去计算的麻烦，如该 div，使用 box-sizing 的默认值，但又需要该 div 的总大小为 100×100，那么就要计算它实际的内容大小，内容区的宽为：100－左右内边距－左右边框宽，即 100－5×2－2×2＝86 px；内容区的高为：100－上下内边距－上下边框宽，即 100－10×2－2×2＝76 px；那么在设置样式时该 div 的宽和高就不是 100 px，而是 width：86 px；height：76 px；，这样它的实际大小才会是 100×100。添加 box-sizing：border-box 属性后就可减少此计算过程，无论内边距和边框为多少，它的大小总是

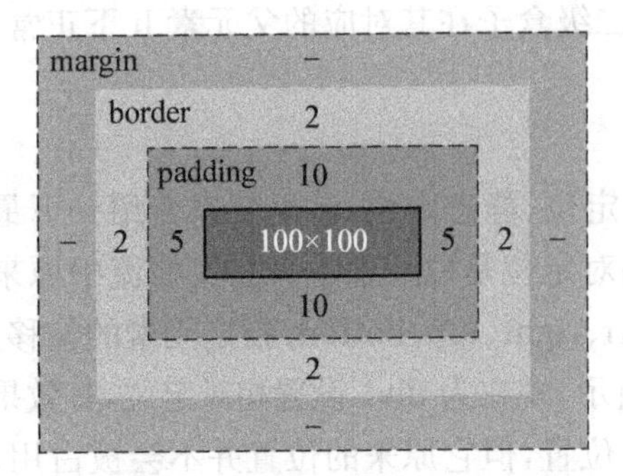

图 2－47 值为 content-box

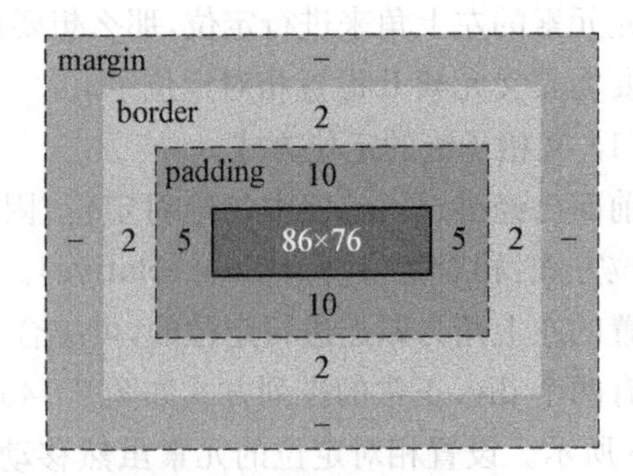

图 2－48 值为 border-box

设置的 width 和 height 值。

(3) 二级导航与其对应的一级导航菜单右侧对齐时的计算方式。

像“业务领域”“公示公告”“电力科普”都需要使二级导航与其右侧对齐，默认情况下是左侧对齐的，不设置的话这些二级导航会溢出浏览器宽度，使页面出现横向的滚动条。要使其右侧对齐，只需为其设置 left 值向左移动即可。这里的 # navBar .rightAlign {left:-436 px;}，-436 的计算方式为二级导航 div 的宽减去一级导航菜单对应的宽，即 580－144＝436 px。

对于一级导航菜单的宽可在开发者视图下将鼠标放在对应的 a 标签上查看。

(4) 背景属性(background)。

元素的背景样式常见有背景颜色、背景图片、背景图片位置等，其常用的背景属性有：

① background-color：设置背景颜色；

② background-image：将图片设置为背景，如 background-image：url(../img/img4.jpg)；；

③ background-repeat：设置背景图片是否重复及如何重复，其属性值有 4 个。repeat：默认值，背景图片平铺重复。no-repeat：不重复。repeat-x：水平方向平铺重复。repeat-y：竖直方向平铺重复。有一张图片，分别为其设置这 4 个值，效果如图 2－49 所示；

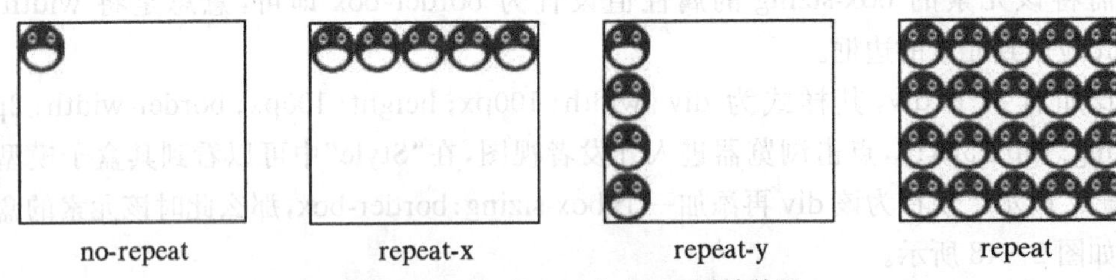

图 2－49 background-repeat 属性效果

④ background-position：设置背景图片的位置。属性值有两个，表示水平方向和垂直方向。其值可以是具体的像素值(可以为负值)，也可以是英文名称 left、right、top、bottom、center。比如 background-position：10px bottom；表示向右偏移 10px，垂直方向底部对齐。

比如有下面的一张图片，其大小为 90px×26px，如果只需要显示“券”图标，可以这样做：div{width:30px;height:26px;background-image:url(../img/ico.jpg);background-repeat:no-repeat;background-position:－30px top;}。效果如图 2－50 所示；

图 2－50　背景图片

⑤ background-size：设置背景图片的大小，可以是具体的像素值，也可以是百分数；

⑥ background：背景缩写属性，其语法如【代码 2－36】所示。

【代码 2－36】背景缩写属性

```
background: background-color background-image background-position/background-size background-repeat background-origin background-clip background-attachment;
```

比如 background：url(../img/company.jpg) left center/200 px auto no-repeat；将背景属性写在一个声明中，属性值分别表示图片路径、图片位置（居左、上下居中）、图片大小（宽 200 px，高 auto）、背景图片不重复。

2.3.2　CSS 实现鼠标飘过动态显示内容

对于导航菜单栏部分，我们已经完成了其页面布局，还需要实现的就是动态效果：鼠标悬停到菜单上，动态显示对应的二级菜单。

元素的显示和隐藏可通过 display 属性实现，当为元素设置 display:none 时，该元素就会隐藏，并且隐藏后不会再占据任何空间。为元素设置 display:block 时就会显示出来。

所以鼠标飘过动态显示内容的效果就是通过改变元素的 display 属性值来实现的。页面的动态效果并不是只有靠 JavaScript 才能实现的，合理利用 CSS 选择器也可以制作动态效果。

本节我们就通过使用 CSS 来制作动态效果。包括 4 个部分：鼠标悬停到一级菜单上时为其添加背景颜色、鼠标悬停到一级菜单上时显示其二级菜单、鼠标移入二级菜单时二级菜单仍然显示、鼠标移入二级菜单时一级菜单背景颜色仍然显示。

（1）鼠标悬停为一级菜单添加背景颜色，首先要获取到一级菜单所在的 a 标签，然后通过伪类选择器：hover 来设置，其实现方法如【代码 2－37】所示。

【代码 2－37】hover 设置一级菜单背景色

```
#navBar .menu:hover{
        background-color:rgba(255,255,255,0.9);
}
```

意思是选择 id 为 navBar 的元素下 class 为 menu 的元素，并通过伪类设置其悬停状态，其背景颜色为白色，透明度为0.9。

（2）鼠标悬停一级菜单时显示对应的二级菜单，其实现方法如【代码2-38】所示。

【代码2-38】 hover设置二级菜单背景色

```
#navBar .menu:hover+.menuList{
    display:block;
}
```

意思是当鼠标悬停到当前菜单时，选择紧邻其后的兄弟元素（即二级菜单div），并使其显示。

因为在index.html文档中二级菜单div是其对应的一级菜单所在的超链接a的相邻兄弟，所以在选择器上采用相邻兄弟选择器，它使用加号（+）作为相邻兄弟结合符，只能选择紧跟该元素之后的第一个兄弟。

此时在浏览器中打开文档，鼠标悬停到一级菜单上可以显示出来二级菜单，鼠标移开后隐藏。但是有一个问题，正常情况下鼠标是可以移动到二级菜单中进行操作的，并且移入后二级菜单的内容和一级菜单的背景颜色都能显示出来，但是此时的页面还不具备该效果。

（3）接下来继续完善，使鼠标可以移动到二级菜单中，并且移入后二级菜单能正常显示出来。该效果的实现方法如【代码2-39】所示。

【代码2-39】 二级菜单显示效果实现方法

```
#navBar .menuList:hover{
    display:block;
}
```

此时剩下最后一个问题，就是鼠标移入二级菜单后一级菜单的背景颜色隐藏了。要解决这个问题，首先该二级菜单div为悬停状态，然后去选择它上面的兄弟a标签。但是很遗憾地告诉大家，CSS并没有提供这样的选择器来实现，它只能说可以实现a悬停状态，相邻兄弟选择器选择其后的兄弟div，但没有反向的div悬停，选择其上的兄弟a。

如果仍然想要通过CSS来实现这样的效果该怎么办呢？大家可以换个角度来思考，在上面我是将悬停的状态添加在了一级菜单a标签和二级菜单div标签上的。那么有没有这样的元素，将鼠标悬停到该元素上时a标签和二级导航div都处于被选中的状态？答案是有，那就是它们共同的父元素li，把父元素选中，那么父元素中的子元素也会被选中。

删除掉上面的（1）、（2）、（3）的CSS代码，我们换种方式来实现。思路为：当父元素li悬停时，设置其对应的子元素a标签的背景颜色为白色透明，设置对应的二级导航div显示。实现方法如【代码2-40】所示。

【代码 2-40】二级菜单隐藏效果实现方法

```
#navBar .liLeft:hover .menu{
    background-color:rgba(255,255,255,0.9);
}
#navBar .liLeft:hover .menuList{
    display:block;
}
```

这样简单的两段代码就实现了上面所有的效果了。其实这样的思考方式在用 JavaScript 实现时也同样适用。

2.3.3 JavaScript 入门

1. JavaScript 使用方法

在页面中使用 JavaScript 的方法有 3 种:

1) 行内引入

行内引入是写在标签中,比如单击按钮弹出"哈哈"。

```
<button onclick="javascript:alert('哈哈')">点我</button>
```

2) 内部引入

内部引入是通过<script>标签,将 JavaScript 代码写在<script>的开始标签和结束标签之间。比如在页面中直接弹出"哈哈"。

```
<script type="text/javascript">
        alert("哈哈");
</script>
```

3) 外部引入

JS 的外部引入类似于 CSS 的外部样式引入,只是 JavaScript 通过<script>标签,其中 src 属性指定外部.js 文件路径,但在外部文件中不能再包含 script 标签。

```
<script type="text/javascript" src="main.js"></script>
```

无论是内部引入还是外部引入方式,其<script>标签都可以写在页面中的任何位置,一般写在 head 元素中。JavaScript 引入时的 type 属性可以不写。

在编写 JavaScript 代码时要严格区分大小写,比如写成 Alert 是不行的,会报错。并且每一条语句的末尾记得加上分号";"。

2. 编写简单的 JavaScript 代码

下面来编写一个简单的 JavaScript 程序,实现单击按钮弹出一个框。其实现如【代码

2-41】所示。

【代码 2-41】简单 JavaScript 程序——弹框

```
<!DOCTYPE html>
<html>
    <head>
        <meta charset="UTF-8">
        <title>简单 js 程序</title>
    </head>
    <body>
        <button class="btn">我是按钮</button>
    </body>
    <script>
        /*
         *1、先获取按钮元素
         *2、为元素添加鼠标单击事件
         */
        var btn=document.getElementsByClassName("btn")[0];
        btn.onclick=function(){
            alert("hello");  //弹出一个框
        }
    </script>
</html>
```

在页面中运行，单击按钮会弹出一个框，效果如图 2-51 所示。

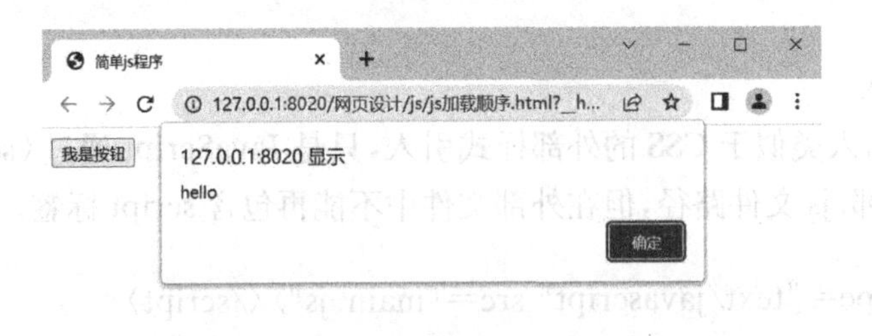

图 2-51 弹出框中输出“hello”

在上面这几句简单的代码中，包含的知识其实是非常多的，下面一一讲解。

1) JavaScript 注释

JavaScript 的注释分为两种：单行注释和多行注释。

(1) 单行注释://注释内容。

(2) 多行注释:/ * 注释内容 * /。

2) 文档的加载顺序

前面说到 JavaScript 代码是写在〈script〉的开始标签和结束标签之间的,且〈script〉可以放在页面中的任何位置,一般写在 head 元素中。在【代码 2 - 41】中,将其放在了 body 之后,那么如果将这段 JavaScript 代码放在 head 中会怎样呢? 如【代码 2 - 42】所示。

【代码 2 - 42】 JavaScript 代码在 head 中报错

```
〈!DOCTYPE html〉
〈html〉
    〈head〉
        〈meta charset="UTF-8"〉
        〈title〉简单 js 程序〈/title〉
        〈script〉
            var btn=document. getElementsByClassName("btn")[0];
            btn. onclick=function(){
                alert("hello");
            }
        〈/script〉
    〈/head〉
    〈body〉
        〈button class="btn"〉我是按钮〈/button〉
    〈/body〉
〈/html〉
```

此时再在浏览器中运行,单击按钮发现并不会弹框,打开浏览器的开发者模式,在"Console"控制台中会看到如图 2 - 52 所示的报错情况。

图 2 - 52　控制台输出情况

这是因为浏览器在加载 HTML 文档时，是按照从上往下的顺序逐行进行解析的，那么当它解析 JS 代码的第一行时，读取不到 button 元素，所以也就无法为 button 添加鼠标单击事件。那么此时该怎么办呢？

解决方法就是将 JS 代码写在 window. onload 事件中，该事件执行的时机为：必须等到页面中的所有元素(包含图片)都加载完了再去执行 JavaScript 代码。写法如【代码 2-43】所示。

【代码 2-43】 JS 代码在 window. onload 中不报错

```
<script>
        window.onload=function(){
            var btn=document.getElementsByClassName("btn")[0];
            btn.onclick=function(){
                alert("hello");
            }
        }
</script>
```

这样，在一个 HTML 文档中，该段代码无论放在哪个位置都不会再报错了。同样的通过外部方式引入的. js 文件中也是需要将 JavaScript 代码写在 window. onload 事件中。

注意：一个 js 或 html 文件中只能有一个 window. onload 事件。

3) 变量

(1) 变量的命名规则。

变量用来存储信息，可以存放值，也可以存放表达式。变量在命名时可以使用短名称(如 a、b)，或描述性更好的名称(如 name)，需要注意的是：

① 变量命名必须以字母、下划线(_)或者"$"为开头；

② 变量名中不允许使用空格和其他标点符号，首个字符不能为数字；

③ 变量名称对大小写敏感；

④ 不能使用脚本语言中保留的关键字，如 true、false、null、if、for、break、continue while、var、function 等。

(2) 变量的声明。

声明变量需使用 var 关键字，声明方式如【代码 2-44】所示。

【代码 2-44】 变量的声明

```
//先声明，后赋值
var a;
a=11;
//声明即赋值
```

```
var b=22;
//同一变量多次赋值,最终 b=333
b=333;
//一条语句中声明多个变量,变量之间用逗号隔开
var name="lisi",age=33;
```

注意:在 JavaScript 中“=”并不是等于的意思,而是赋值运算符,a=11 意思是将 11 赋值给变量 a。

(3) 变量的数据类型。

JavaScript 变量的数据类型主要有 6 种:Number 数值型、String 字符串型、Null 空值、Undefined 未定义、Boolean 布尔类型、Object 对象。前五种属于基本数据类型,后一种为引用数据类型。JavaScript 在给变量赋值时就确定了该变量的类型是什么,可通过 typeof 来检测一个变量的类型。比如【代码 2-45】所示。

【代码 2-45】变量的数据类型

```
<script>
        var age=11;
        var name="Mary";
        var addr=null;
        var id;
        var flag=true;
        var obj={};
        console.log(typeof age);   //number
        console.log(typeof name);   //string
        console.log(typeof addr);   //object
        console.log(typeof id);   //undefined
        console.log(typeof flag);   //boolean
        console.log(typeof obj);   //object
</script>
```

console.log()是用来在控制台输出语句,在页面中运行上面的代码,进入开发者模式,在“Console”控制台中会看到如图 2-53 所示的打印结果。

有同学可能会疑惑,addr=null 用 typeof 检测时为什么输出结果是 object 而不是 null 呢? 这是因为在 JavaScript 中进行数据底层存储的时候是用二进制存储的,它的前三位是代表存储的数据类型,000 是代表 object 类型。而 null 正好全是 0,符合 object 类型的存储格式,所以在用 typeof 检测的时候,它才会输出 object。在 JavaScript 中可以通过将变量的值设置为 null 来清空变量。

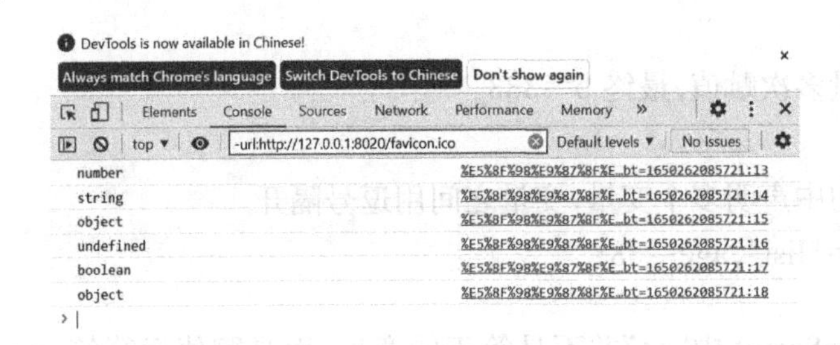

图 2-53　数据类型检测——控制台输出结果

大家可以通过 typeof 检测下：var btn＝document. getElementsByClassName("btn")[0]；中 btn 的数据类型是什么。

4）函数

函数就是具有一定的功能可以重复执行的代码块，比如上面代码中的 btn. onclick＝function(){alert("hello")；}通过关键字 function 声明了一个函数，该函数的功能就是弹出"hello"，当单击按钮时执行。

（1）函数的声明方式。

函数的声明方式有多种，主要介绍函数声明和函数表达式的形式定义函数。

① 函数声明。

函数声明的形式定义函数的语法格式如【代码 2-46】所示。

【代码 2-46】函数声明

```
function 函数名(参数 1,参数 2,...){
        函数语句
}
```

在创建函数时，可以传递参数，也可以不传递参数，这里的参数叫作形式参数，简称形参。声明形参就相当于在函数内部声明了对应的变量，但没赋值，在调用函数时在()中指定实际参数，实参会赋值给对应的形参。

注意：函数定义完只有调用了该函数，函数内的代码块才会执行，函数调用的方法是：函数名()；。

比如定义一个求两个数和的函数，如【代码 2-47】所示。

【代码 2-47】函数调用

```
<script>
    function add(a, b, num){
        num=a+b;
        console.log(num);
```

```
    }
    add(99,40);
</script>
```

函数名为 add,传递了三个形参 a、b、num,num 为和,最终在控制台打印出来。在函数外的 add(99,40)为函数调用,此时传递了两个实参,相当于 a=99,b=40,num=99+40。

② 函数表达式。

函数表达式的形式定义函数的语法格式如【代码 2-48】所示。

【代码 2-48】 函数表达

```
var 函数名=function(参数1,参数2,...){
    函数语句
}
```

函数表达式形式定义的函数各部分的意义和调用写法与函数声明是一样的。

在函数中也可以定义变量,那么定义在函数中的变量和定义在函数外的变量有什么区别呢?

(2) 变量的作用域。

变量分为全局变量和局部变量,全局变量的意思是网页上的所有脚本和函数都能访问它,局部变量的意思是它只在某个函数或代码块中起作用,在局部中可以访问全局,但在全局中访问不了局部。

有下面的一段 JavaScript 代码,知道【代码 2-49】中的四处 console.log()分别会打印什么结果吗?

【代码 2-49】 变量的作用域

```
1. <script>
2.    var age=99;
3.    function func(){
4.        var a="aa";
5.        age=30;
6.        b=50;
7.    }
8.    console.log("age="+age);
9.    func();
10.   console.log("age="+age);
11.   console.log("b="+b);
```

```
12. console.log("a="+a);
13. </script>
```

第8行的代码打印的结果为age=99,第10行打印的结果为age=30。因为在函数外部定义了一个变量age=99,在函数内部又对age进行了重新赋值为30,所以在函数未调用前age仍为99,调用后age为30。

第11行代码打印的结果为b=50,位于函数中的变量b并未使用关键字var声明,属于全局变量也就是说谁都可以访问。

第12行代码打印的结果为"Uncaught ReferenceError:a is not defined",报错了,a未定义。因为位于函数内的a是使用var声明的,属于局部变量,只能在函数内部访问,在函数外访问不到。

使用var声明的变量属于局部变量。这也就意味着在同一个JavaScript文件不同的函数中可以定义名称相同的局部变量,这些变量之间不会互相干扰。

5) 对象

万物皆对象,JavaScript就是一种面向对象的编程语言。JavaScript对象由属性和方法两部分组成。属性指对象的特征,方法指对象的行为。比如猫这个对象,它的颜色是属性,猫会跑就是它的方法。

JavaScript对象的类型有很多种,有String(字符串)对象、Array(数组)对象、Math(算术)对象、Window对象、Document对象,等等。

创建对象时需要使用一对大括号括起来,比如创建一个猫的对象,如【代码2-50】所示。

【代码2-50】创建对象

```
<script>
    var cat={
        color:"black",
        weight:"10kg",
        run:function(){}
    }
</script>
```

对象创建完之后,访问对象的属性可通过:对象.属性名,或者是,对象["属性名"]。比如cat.color可获取color属性的值,cat.color="white"可修改color属性值。

访问对象的方法可通过:对象.方法名()。比如cat.run();。

在前面示例中的document.getElementsByClassName()就是Document对象的方法。

6) getElementsByClassName()方法

该方法可通过类名查找HTML元素,支持IE8及以上浏览器。其语法格式如下:

```
var 变量名=document.getElementsByClassName("class 属性");
```

该方法返回带有指定类名的对象数组，使用 length 属性可以获取对象数组中包含元素的个数，通过索引去访问这个数组中的每一个元素。

首先来说什么是数组呢？数组是有序的元素序列，数组中的每一个值都是一个元素，元素的类型可以不同，每个元素都有自己的 ID（也叫作索引 index），第一个元素的索引为 0，第二个元素的索引为 1……以此类推。比如定义一个数组 var array=[1,true,"ab"];，那么 array.length 的值为 3，array[1]获取的是第二个元素 true。typeof 返回数组的类型是 object。

对于 getElementsByClassName()方法来说，它返回的对象数组的情况如【代码 2 - 51】所示。

【代码 2 - 51】返回对象数组

```
〈head〉
        〈script〉
            window.onload=function(){
                var div=document.getElementsByClassName("odiv");
                console.log(div.length);
                console.log(div[1]);
            }
        〈/script〉
〈/head〉
〈body〉
        〈div class="odiv"〉 1 〈/div〉
        〈div class="odiv"〉 2 〈/div〉
        〈div class="odiv"〉 3 〈/div〉
〈/body〉
```

在页面中运行【代码 2 - 51】，进入开发者模式，在“Console”控制台中会看到如图 2 - 54 所示的打印结果。

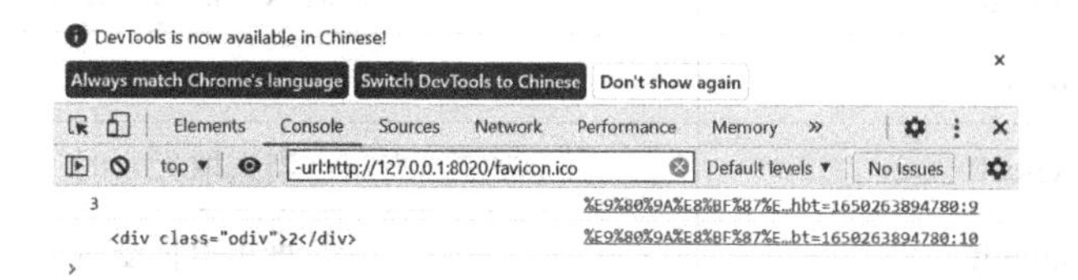

图 2 - 54　通过类名查找元素

div.length 获取的是该数组的总长度，也就是 class 值为 odiv 的元素的总个数。div[1]获取的是第二个 div 元素。

获取 HTML 元素的方法除了通过类名来获取外还有好几种，在之后用到时再细讲。

当我们获取到元素后就可以对元素进行操作了，比如为元素添加各种事件(单击、鼠标移入移出等)。

7) JavaScript 事件

事件是指用户或浏览器自身执行的某种动作，在网页中的每一个元素都可以绑定事件。事件有三个重要元素：事件源、事件、事件驱动程序。事件源指要绑定事件的元素。事件是执行的动作，比如 onclick 鼠标单击事件。事件驱动程序指要执行的函数，即执行的结果，比如 function(){……}为事件驱动程序。

在 JavaScript 中的事件类型有：鼠标事件、表单事件、键盘事件等。其事件名称及说明如表 2-1、表 2-2、表 2-3 所示。

表 2-1　鼠标事件及说明

事件	说明
onclick	当单击鼠标时
ondblclick	当双击鼠标时
onmousemove	当移动鼠标时
onmousedown	当按下鼠标按键时
onmouseup	当松开鼠标按键时
onmouseover	当鼠标移到某个元素上时
onmouseout	当鼠标从元素上移出时

表 2-2　表单事件及说明

事件	说明
onfocus	当元素获得焦点时
onblur	当元素失去焦点时
onchange	当输入字段发生改变时
onreset	当表单重置时
onselect	当选取元素时
onsubmit	当表单提交时
oninput	当元素获得用户输入时

表2-3 键盘事件及说明

事件	说明
onkeydown	当按下键盘按键时，包含系统按钮（例如：箭头键、功能键）
onkeypress	按键组合
onkeyup	当松开键盘按键时

要使JavaScript事件生效，就必须为元素绑定一个或多个指定的事件。为元素绑定事件的写法主要有两种，一种是行内绑定，另一种是在JavaScript中直接定义事件。

行内绑定是先在HTML标签中绑定事件，然后再在〈script〉标签中编写事件脚本函数。比如为div设置移入事件，行内绑定可以这样写，如【代码2-52】所示。

【代码2-52】行内绑定事件

```
〈!DOCTYPE html〉
〈html〉
    〈head〉
        〈meta charset="UTF-8"〉
        〈title〉〈/title〉
        〈style type="text/css"〉
            div{
                width:100px;
                height:100px;
                border:1 px solid black;
            }
        〈/style〉
        〈script〉
            //编写事件函数
            function changeColor(odiv){
                odiv.style.backgroundColor="red";
            }
        〈/script〉
    〈/head〉
    〈body〉
        〈!--行内绑定事件--〉
        〈div onmouseover="changeColor(this)"〉〈/div〉
    〈/body〉
〈/html〉
```

这里事件函数 function changeColor(odiv){……}中的参数 odiv 指向 this，而行内的 this 代表的就是该 div。该事件的作用就是当鼠标移入 div 时改变其背景颜色为红色。

第二种方案在 JavaScript 中可以直接定义事件，如【代码 2-41】中的写法即为直接定义事件的写法。即在 JavaScript 中获取元素，然后为元素绑定事件。

知识拓展

JS 中的输出语句

(1) alert("hello")在页面中弹出一个框；

(2) document.write("hello")向页面中输出内容；

(3) console.log("hello")在控制台输出内容。

2.3.4 JavaScript 实现鼠标飘过动态显示内容

1. 使用 JavaScript 实现鼠标飘过动态显示内容

现在大家对于 JavaScript 已经有了初步的了解，接下来我们就进入实战阶段，通过 JavaScript 来实现导航菜单栏的动态效果，其最终效果和 CSS 实现的效果一样。

1) 准备工作

(1) 这里先将之前使用 CSS 实现的动态效果注释掉。

(2) 在项目目录 js 下新建一个 main.js 来存放首页的所有 js 代码。

(3) 在 index.html 文件的 head 中引入该 js 文件，引入方式如下。

```
<script src="js/main.js"></script>
```

2) JavaScript 实现鼠标飘过动态显示内容的实现思路与代码

(1) 获取需要的元素。

在鼠标移入一级菜单时，需要为其添加背景颜色，并且动态显示对应的二级菜单。所以这里需要获取的元素就有横向的一级菜单 a 标签、二级菜单 div。另外在用 CSS 实现的时候，其出现的问题和最终的解决思路对于 JavaScript 也同样适用，就是将鼠标移入事件给 a 标签和 div 共同的父元素 li，所以这里还需要获取到父元素 li。

(2) 遍历所有的 li 元素。

JavaScript 代码并不像 CSS 选择器那样智能，比如 CSS 选择器的#navBar .liLeft:hover .menuList{}直接选择的就是当前鼠标移入的 li 下的 div 元素。但是在 JavaScript 中它并不知道鼠标移入的是哪一个 li，而且获取到的 li 是由 7 个元素组成的数组。所以要先遍历所有的 li，再为每个 li 都添加鼠标事件。遍历数组可以通过 for 循环来实现。

(3) 添加鼠标移入移出事件。

当鼠标移入 li 后，为 a 标签添加背景颜色，并让二级导航 div 显示。鼠标移出时删除背景，二级导航 div 隐藏。

具体的代码实现如【代码 2-53】所示。

【代码 2-53】JavaScript 实现鼠标飘过动态显示内容——main.js

```
1. window.onload=function(){
2.     //导航菜单
3.     //1、获取 li、a、div 元素
4.     var oLi=document.getElementsByClassName("liLeft");
5.     var menuA=document.getElementsByClassName("menu");
6.     var menuList=document.getElementsByClassName("menuList");
7.     //2、遍历所有的 li
8.     for(var i=0;i<oLi.length;i++){
9.         //声明一个变量用来存放索引
10.        var oIndex;
11.        //保存当前索引
12.        oLi[i].index=i;
13.        //3、为 li 添加鼠标移入事件
14.        oLi[i].onmouseover=function(){
15.            //更新索引为当前鼠标移入的 li 的索引
16.            oIndex=this.index;
17.            //设置对应的 a 标签的背景颜色
18.            menuA[oIndex].style.backgroundColor="rgba(255,255,255,
0.9)";
19.            //设置对应的 div 标签显示
20.            menuList[oIndex-1].style.display="block";
21.        }
22.        //4、为 li 添加鼠标移出事件
23.        oLi[i].onmouseout=function(){
24.            //取消对应的 a 标签的背景颜色
25.            menuA[oIndex].style.backgroundColor="";
26.            //设置对应的 div 标签隐藏
27.            menuList[oIndex-1].style.display="none";
28.        }
29.    }
30. }
```

下面带领大家逐行来分析一下代码。在外部 js 文件中，我们也是将代码写在了 window.onload 中，第 4、5、6 行都是通过类名的方法获取到 li 标签、a 标签和 div 标签。

其中 li 和 a 的 length 长都为 7，div 的 length 长为 6(因为第一个“首页”没有二级导航)。第 8 行是通过 for 循环对 li 元素进行遍历的。

① for 循环

for 循环是 JavaScript 流程控制语句中的一种，用来创建一个执行一定次数的循环，语法格式如下：

```
for (语句1;语句2;语句3){
    循环体
}
```

语句 1 一般为初始化变量，在循环体开始前就执行；语句 2 为循环体执行的条件，比如循环体只能在 a〈5 的时候才执行；语句 3 用来更新初始化变量，在循环体执行一次后再执行。

比如 for(var a＝3;a〈5;a＋＋){console.log(a);}的执行过程为：

先将 a 赋值为 3，然后判断 3 是否小于 5。若成立，执行循环体中的代码 console.log(a)，打印 3。然后 a＋＋，即将 a 增加 1，此时的 a 为 4，一次循环结束。

继续判断 4 是否小于 5，若成立，继续执行 console.log(a)，打印 4，a 再增加 1，此时 a 为 5，第二轮循环结束。

继续判断 5 是否小于 5，若不成立，循环结束。

其中 a＋＋表示将 a 自增 1，该循环最终结果会在控制台中打印出 3、4。

回到 main.js 代码中，给大家讲一个 for 循环中容易掉入的“陷阱”。现将上面的部分代码整理为【代码 2－54】，大家觉得这两个地方的 alert 分别会弹出什么内容？

【代码 2－54】for 循环

```
for(var i=0;i<oLi.length;i++){
        alert(i);
        oLi[i].onmouseover=function(){
            alert(i);
}
```

在页面中运行会发现，第一个 alert(i)会依次弹出 0、1、2、3、4、5、6，但是位于事件里的 alert(i)，在页面中无论鼠标移入哪个 li 中，弹出的都是 7，而不是 0、1、2、3、4、5、6。

这是因为 for 循环执行 7 次，会给每个 li 绑定鼠标移入事件，此时只是绑定并不会执行(弹框是在用户操作页面时才会发生的)，就相当于循环 7 次先为每个 oLi[i]开辟一个空间放在那里，需要时再用。当用户将鼠标移入某个 li 时，该循环已经结束了，结束时 i＝7，所以无论将鼠标移入哪个里面弹出的都是 7。

针对这个问题的一种解决方法就是将 li 元素当前的索引值保存下来，就是第 12 行的代码 oLi[i].index＝i，当 i＝0 时，将第一个 li 的 index(索引)记为 0；当 i＝1 时，将第二个

li 的 index(索引)记为 1;……

当鼠标移入时,先通过第 16 行的代码 oIndex=this.index;将当前鼠标移入的 li 元素的索引赋值给变量 oIndex 记录下来,比如用户将鼠标移入第 3 个 li 中,那么此时的 oIndex 就是 2。

将当前的索引记录下来后接下来就可以操作元素设置背景和显示隐藏的效果了。

② 改变元素样式

JavaScript 中通过 style 属性来获取或修改元素的样式。获取元素样式的语法为:元素.style.样式名。修改元素样式的语法为:元素.style.样式名=新样式值。比如元素.style.width="30 px",设置该元素的宽为 30 px。注意这种方法只能获取或修改内嵌样式。

对于使用“-”连接的样式,写法上需要去掉连接符“-”,并且后面的单词首字母大写。比如第 18 行代码为 menuA[oIndex].style.backgroundColor="rgba(255,255,255,0.9)";。

第 20 行代码 menuList[oIndex-1].style.display="block";由于 li 的长度为 7,二级导航 div 的长度为 6,当鼠标移到第 3 个 li 上时,应该显示的是第 2 个 div,所以它们的索引也是相差 1,即 oIndex-1。通过将.style.display 设置为 block 即可显示。鼠标移出时去掉背景颜色,只需将其设置为空即可。

知识拓展

JavaScript 中的运算符之算术运算符:

算术运算符用于执行变量与变量,或值与值之间的算术运算,比如下面示例中 x=3,y=7:

(1) +加:z=y+x,z=10;

(2) -减:z=y-x,z=4;

(3) *乘:z=y*x,z=21;

(4) /除:z=6/x,z=2;

(5) %求余:z=y%x,z=1;

(6) ++累加:z=x++,z=3,x=4(先赋值,再递增);z=++x,z=4,x=4(先递增,再赋值)。

(7) --递减:z=x--,z=3,x=2(先赋值,再递减);z=--x,z=2,x=2(先递减,再赋值)。

2. 断点调试

程序是由函数堆砌起来的,程序的运行就是函数的执行过程。在程序运行中,我们总会遇到各种 bug,此时我们就需要掌握调试的技巧。代码调试的能力非常重要,它是一个程序员生存的根本,只有学会了代码调试,才能收获自己解决 bug 的能力。

那么 JavaScript 调试有什么作用呢?通过 JavaScript 调试,我们可以更为直观地追踪到在程序运行中,函数的执行顺序,以及各个参数的变化。这样我们就可以快速地定位到问题所在。比如前面讲到的 for 循环语句，该语句到底如何执行，执行过程中的参数如何变化我们都可以通过 JavaScript 调试来观察到。

下面我们以 Google Chrome 浏览器为例，调试 for(var i=0;i〈7;i++){console.log(i);}该循环语句的执行过程。调试方法是，首先通过键盘的 F12 键或者鼠标右键点检查进入开发者模式，找到 Sources 就可以进入调试界面。调试界面如图 2-55 所示。

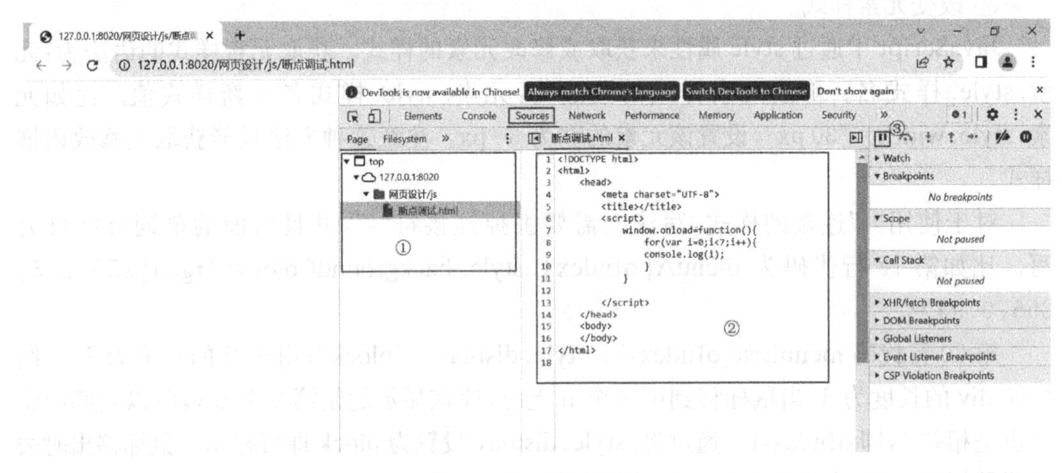

图 2-55　调试界面

在左侧①区域找到对应的文档，单击后该文档代码会在区域②中显示，单击③方框中的按键，然后重新刷新页面(F5 键)就可以进入单步调试了。

启动单步调试后，单击图 2-56 所示中的按键进行逐步调试，每按一次就会按照代码执行顺序，向下执行一句代码。

图 2-56　单步调试

但是在实际项目中代码量往往是很大的，有时我们只是想要定位某一处的代码是否有错，所以就没有必要调试所有的代码，此时可以使用断点调试。断点调试就是在程序的某一行设置一个断点，调试时程序运行到这一行就会停住，然后可以一步一步往下调试，调试过程中可以看到各个变量当前的值，出错的话，调试到出错的代码行显示错误，即停下。

打断点的方法是，将鼠标放在想要定位问题的代码处，然后单击，如图 2-57 所示中间区域方框部分为该行的断点，也就是代码停止执行的位置。

然后刷新页面，就可以进入断点调试页面。单击图 2-58 方框中的按钮就可以一步一步往下调试。注意：当调到断点处时，此行代码为蓝色背景，表示此行代码即将执行但并未执行。如果要查看此时的变量值，可将鼠标放在变量上即可显示。

如果要停止调试，则单击图 2-59 方框中的按钮即可。

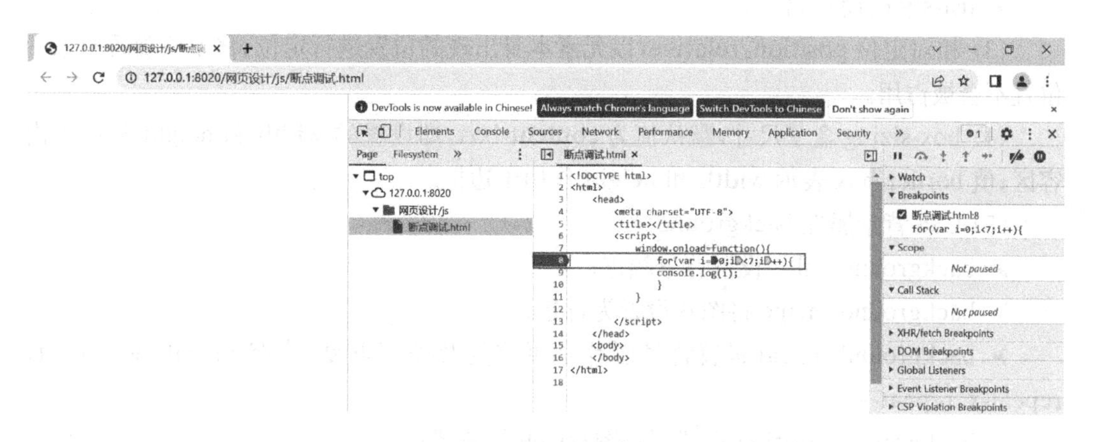

图 2-57　打断点

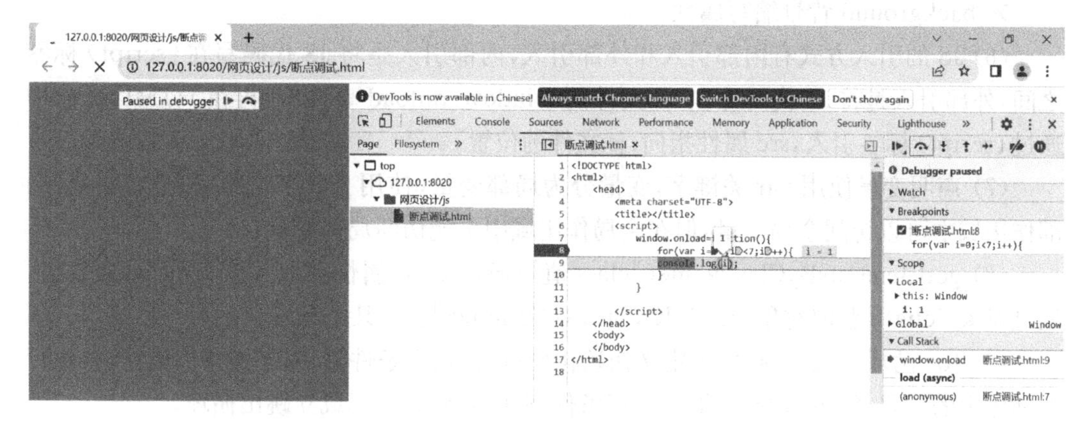

图 2-58　断点调试

图 2-59　跳出断点调试

知识小结

(1) 有序列表:〈ol〉〈li〉……〈/li〉〈/ol〉,以编号作为列表项的前缀;无序列表:〈ul〉〈li〉……〈/li〉〈/ul〉,以符号作为列表项的前缀。

(2) CSS 列表属性有:

➢ list-style-type,列表标记类型;

➢ list-style-position,列表标记位置,值有 outside 和 inside;

➢ list-style-image:url(图片路径),用图片来代替列表标记;

➢ list-style：简写属性。

（3）相对定位 position：relative，以元素本身出现的位置进行定位，移动位置后原来的位置不会被占用。

（4）box-sizing 盒子尺寸，默认值为 content-box，即设置的 width 和 height 作用于内容区；值 border-box 表示 width 和 height 作用于边框。

（5）CSS 背景属性 background：

➢ background-color 设置背景颜色；

➢ background-image 将图片设置为背景；

➢ background-repeat 设置背景图片是否重复及如何重复，值有 repeat、no-repeat、repeat-x、repeat-y；

➢ background-position 设置背景图片的起始位置；

➢ background-size 设置背景图片的大小；

➢ background 背景缩写属性。

（6）JS 的引入方式有内部引入和外部引入，内部引入是将 JS 代码写在〈script〉标签之间，外部引入是将 JS 代码写在.js 文件的 window.onload 事件中，再在 HTML 页面中通过〈script〉标签引入，src 属性指向.js 文件的位置。

（7）声明变量使用 var 关键字，变量分为局部变量（使用 var 声明的）和全局变量，局部作用域中可以访问全局变量，但在全局作用域中不能访问局部变量。

（8）getElementsByClassName("class 值")通过 class 属性获取元素，返回对象数组，通过对象.length 获取对象数组长度，通过对象[index]获取某个元素。

（9）for 循环的执行顺序：①定义初始化变量；②定义条件语句；③当条件成立时，执行循环体中的代码；④更新变量，继续进行条件判断，直到条件不成立跳出循环。

（10）获取或修改元素样式的方法是："元素.style.样式名"或"元素.style.样式名＝新值"。

知识足迹

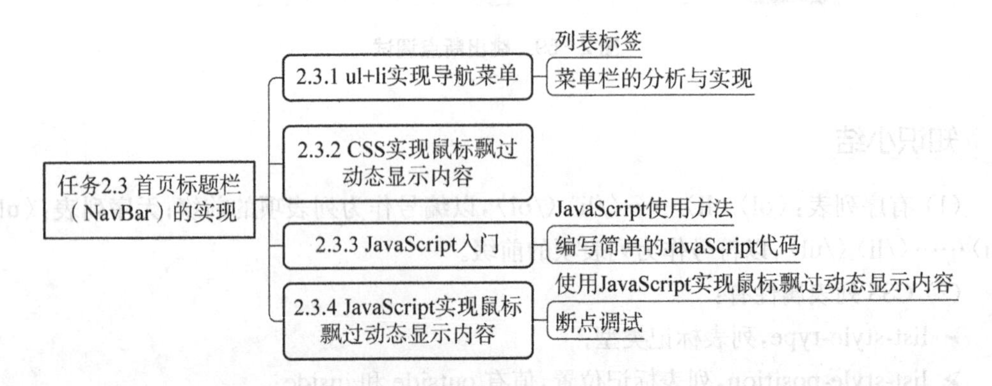

任务2.4 首页轮播图的实现

本任务来实现 banner 轮播图，逐步分析和实现轮播图的布局效果。另外当页面加载完成后，轮播图会自动播放，该效果将通过 CSS3 的动画来完成。CSS3 动画的功能非常强大，它可以替代 JS 实现一些动态效果。

2.4.1 banner 区布局的实现

banner 轮播图分为两个部分：自动播放的轮播图片和可单击切换的按钮。其效果如图 2－60 所示。

图 2－60 banner 轮播图效果

轮播图的布局主要有两种方式：

① 每张图片在 banner 区域绝对定位，图片层叠排放，通过改变图片的层叠顺序来显示。

② 每张图片左浮动，所有图片在一行显示，设置其所在的父盒子的宽为所有图片宽之和，溢出的部分隐藏，通过改变父盒子的 left 值来显示。其效果类似于图 2－61 所示。

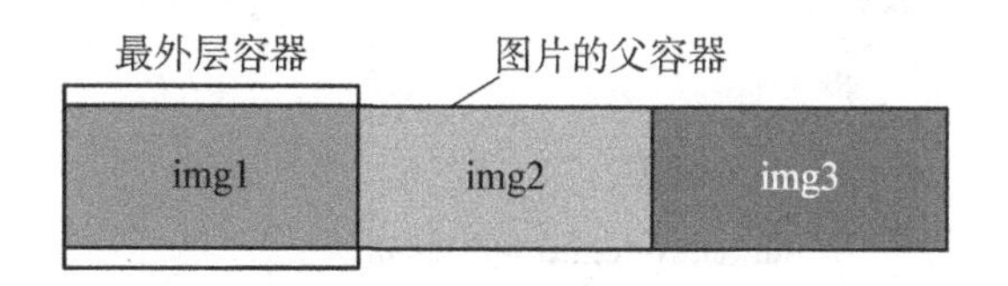

图 2－61 改变 left 值的 banner 布局分解

在电网首页有两个轮播图区域，一个是大的 banner 图，也就是我们本章要实现的部分，另一个是最新动态中的小的 banner 图。我们就可以分别通过这两种方法来实现 banner 布局。其中轮播切换按钮的效果和布局是一样的，所以在写的过程中使用一套样式即可。

本节中的大 banner 区我们通过改变层叠顺序来实现，那么在布局之前先来学习一个 CSS 属性 z-index，用来设置元素的层叠顺序。

1. z-index 属性

z-index 属性的值为具体的数值，如 z-index：20，值越大，元素在页面中的位置越靠前，可以为负值。如果为正数，则表示离用户更近，为负数则表示离用户更远。需要注意：z-index 属性只在定位元素上起作用。

比如文档中有两个正常排放的 div，如图 2－62 所示。为这两个 div 都设置绝对定位，那么它们都会脱离普通流，形成两个层。在不设置叠放次序的情况下，在文档中越靠下的元素其在页面中位置越靠前，如图 2－63 所示。想要使 div1 位于 div2 前面，可以为 div1 设置 z-index 属性，如图 2－64 所示。

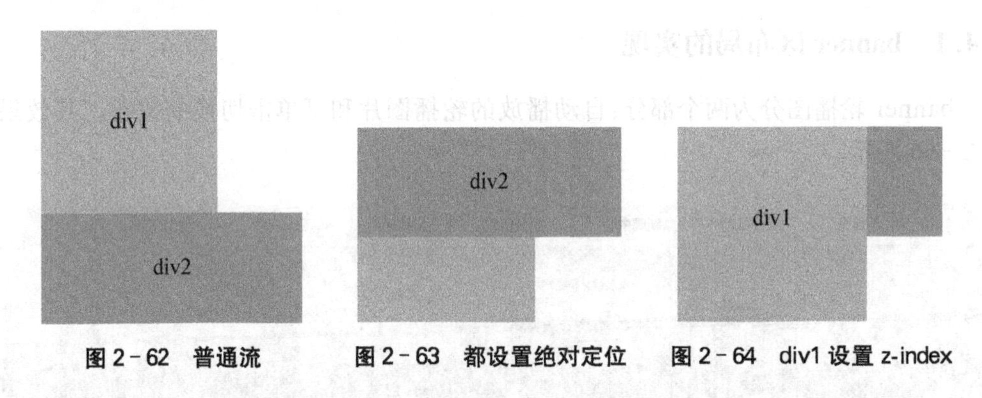

图 2－62　普通流　　图 2－63　都设置绝对定位　　图 2－64　div1 设置 z-index

了解了 z-index 后，接下来我们就可以正式进入布局阶段了。

2. banner 区布局的实现

轮播图片可以使用 ul＋li 来引入，切换按钮外层用块元素 div 包裹，内部的三个小圆圈用三个 span 元素表示。除此之外，对于切换按钮也可以通过 ul＋li 的形式，让 li 元素都左浮动一行显示来布局。对于同一效果其可使用的标签和布局方式有很多种，大家要灵活学习，但一定要合理。

轮播图的结构写在【代码 2－2】的 banner 中，如图 2－65 方框所示的位置。

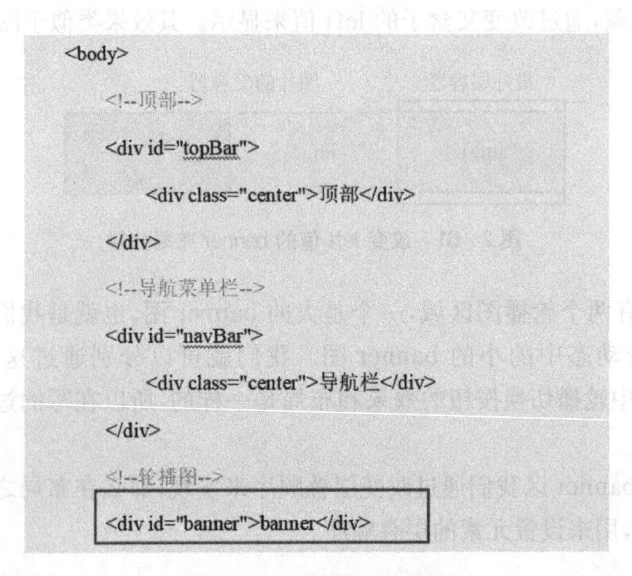

```
<body>
    <!--顶部-->
    <div id="topBar">
        <div class="center">顶部</div>
    </div>
    <!--导航菜单栏-->
    <div id="navBar">
        <div class="center">导航栏</div>
    </div>
    <!--轮播图-->
    <div id="banner">banner</div>
```

图 2－65　轮播图结构位置

将 div 中的文字删除掉，具体的结构实现如【代码 2-55】所示。

【代码 2-55】 banner 区实现-index.html

```
<!--轮播图-->
<div id="banner">
    <ul class="bg">
        <li><img src="img/banner1.jpg" title="" alt=""/></li>
        <li><img src="img/banner2.jpg" title="" alt=""/></li>
        <li><img src="img/banner3.jpg" title="" alt=""/></li>
    </ul>
    <div class="tab banTab">
        <span></span>
        <span></span>
        <span></span>
    </div>
</div>
```

先来看轮播图，图片使用 li 标签嵌套 img 来引入，要使所有图片都层叠排列，那么每个 li 的定位为绝对定位，且其 left 值和 top 值都为 0，即以 banner 区的左上角进行定位，然后改变 li 的 z-index 属性。另外子元素绝对定位，那么父元素 ul 就需要设置为相对定位。

轮播切换按钮所在的容器位于轮播图片之上，水平方向居中，垂直方向位于底部。所以该容器的定位也通过绝对定位来实现，那么其父容器（id="banner"的 div）的定位就需要设置为相对定位了。

此时会出现一个问题，banner 把导航覆盖了。这是因为导航菜单栏最外层 div 设置了绝对定位，banner 区最外层 div 设置了相对定位，在该 index.html 文档中，banner 元素的放置位置在导航之下，所以设置定位后，在文档中靠下的元素在页面中靠前，就会出现 banner 把导航覆盖了的情况，解决方法就是为导航菜单栏最外层的 div 添加 z-index 属性（其值只要大于 banner 区设置的 z-index 值即可，比如设置 z-index:10）。

banner 区的 CSS 布局实现如【代码 2-56】所示。

【代码 2-56】 banner 区实现-index.css

```
/*轮播图*/
#banner{
        height:330px;
        position:relative;
}
#banner .bg {
        width:100%;
```

```
        height:100%;
        position:relative;
}
#banner .bg li{
        width:100%;
        height:330px;
        position:absolute;
        top:0;
        left:0;
}
#banner .bg img{
        width:100%;
        height:330px;
}
.tab{
        width:100px;
        position:absolute;
        bottom:12px;   /*切换按钮距离底部 12 px*/
        left:50%;
        margin-left:-50px;
        z-index:8;
}
.tab span{
        display:inline-block;   /*设置 span 元素为行内块元素*/
        width:14px;
        height:14px;
        border-radius:50%;   /*设置圆角为 50%*/
        background-color:white;
        cursor:pointer;   /*设置光标形状为小手*/
        margin-right:15px;
}
```

1）圆角边框

切换按钮是通过设置圆角边框 border-radius 属性来实现的，其值可以是像素值也可以是百分数。当将一个宽、高相等的元素的 border-radius 设置为 50%时，该元素就会变成一个圆。

2）鼠标指针样式(cursor)

cursor 属性设置光标的类型，当鼠标指针悬停在元素上时显示相应样式，其常用值有：

① default：默认指针，箭头；

② pointer：悬停到元素上时显示为小手；

③ move：元素可以被移动；

④ help：帮助(通常带一个问号)；

⑤ text：文字可以被选中；

⑥ copy：元素可以被复制。

像切换按钮为可单击元素，所以当鼠标悬停时指针应显示为小手的形状。

另外在首页中有两个轮播图，它们的轮播按钮效果都相同，原则上来讲这两处的代码可设置相同的标签或者采用群组选择器的形式。

2.4.2 CSS3 实现轮播图自动播放效果

banner 的布局已经完成，接下来设置轮播效果。一般来讲轮播图的动态会包含四个部分：

① 轮播图自动播；

② 鼠标悬停到当前图片上，图片和按钮都停止自动播放；鼠标离开继续；

③ 单击切换按钮，显示对应的图片，比如第一个小圆圈对应第一张图片、第二个小圆圈对应第二张图片；

④ 单击切换按钮，改变当前按钮的颜色。

1. CSS3 动画

在 CSS3 之前要实现复杂的动画效果需要通过 Flash 动画、JavaScript 等来实现，现在 CSS3 的出现大大简化了实现难度，通过简单的属性设置就可以制作出漂亮的动画效果。今天就来说一说 CSS3 的动画 animation。制作动画分为两步：一是定义动画；二是调用动画。

1）定义动画

定义动画是使用@keyframes 规则来定义的，规则内指定一个 CSS 样式和动画将逐步从当前的样式更改为新的样式。其语法格式如【代码 2－57】所示。

【代码 2－57】定义动画名称

```
@keyframes name{
                from{}
                to{}
}
或者：
@keyframes name{
                0%{}
```

```
            ......
            100%{}
    }
```

“name”指定动画名称，自定义。关键字“from”和“to”等同于0%和100%，表示变化发生的时间，比如完成一个动画总共需要4 s，那么20%表示0.8 s时的样式，50%表示2 s时的样式，100%表示结束时的样式。通过逐步改变元素从一个样式到另一个样式来实现动画。

比如页面中有一个正方形，开始时位于页面中的(0,0)位置，背景颜色为红色；在40%时移动到页面的(500,0)位置，背景颜色为黄色；在60%时移动到页面的(500,300)位置，背景颜色为绿色；在100%时移动到页面的(0,300)位置，背景颜色为蓝色；即正方形按照向右→向下→向左的顺序移动，并同时变化背景颜色。那么这个动画的定义如【代码2-58】所示。

【代码2-58】定义动画样式

```
<style type="text/css">
        @keyframes move{
            0%{
                left:0;
                top:0;
                background-color:red;
            }
            40%{
                left:500px;
                top:0;
                background-color:yellow;
            }
            60%{
                left:500px;
                top:300px;
                background-color:green;
            }
            100%{
                left:0;
                top:300px;
                background-color:blue;
            }
        }
```

```
        div{
            width:100px;
            height:100px;
            position:absolute;
            left:0;
            top:0;
            background-color:red;
        }
</style>
```

只定义动画正方形是不会运动的，需要调用该动画才能使其动起来。

2) 调用动画

先来说一说动画的一些常用属性。

(1) animation-name：指向@keyframes 中定义的动画名称。

如为 div 定义 animation-name：move，那么它就可以调用定义的动画了。

(2) animation-duration：指定动画完成一个周期所需要的时间。

默认为 0；如为 div 定义 animation-duration：8s；表示正方形向右→向下→向左完成一个周期运动需要 8 s。在调用动画时 animation-name 和 animation-duration 属性是必须指定的。

(3) animation-fill-mode：规定当动画不播放时元素的样式。

默认值为 none，默认情况下动画完成后元素会回到最开始的状态（也就是页面加载完成后的状态），比如上面的 div，结束运动后会回到 0，0 位置，如果希望 div 停留在 100%时的 0，300 的地方，那么可以将该属性值设置为 forwards。

(4) animation-iteration-count：规定动画播放的次数，为具体的数字。

默认值为 1，infinite 表示无限播放。如为 div 定义 animation-iteration-count：infinite；则正方形就会按照周期循环播放。

(5) animation-timing-function：规定动画如何完成一个周期，即运动曲线。

① 默认值为 ease，表示动画以低速开始，然后加快，在结束前变慢；

② linear 表示动画从头到尾的速度相同；

③ ease-in 表示动画以低速开始；

④ ease-out 表示动画以低速结束；

⑤ ease-in-out 表示动画以低速开始和结束。

(6) animation-direction：定义是否循环交替反向播放动画。

① 默认值为 normal，按照正常顺序播放；

② reverse 表示反向播放，比如为 div 设置该值后，它会按照向右→向上→向左的顺序从 0，300 位置到 500，300 的位置最后到 0，0 位置。

③ alternate 表示动画在奇数次（1、3、5……）正向播放，在偶数次（2、4、6……）反向

播放。

④ alternate-reverse 表示动画在奇数次(1、3、5……)反向播放,在偶数次(2、4、6……)正向播放。

(7) animation-delay:规定动画延迟多长时间再播放,默认为 0。

比如为 div 设置 animation-delay:4s;则页面加载完 4s 后才开始运动。

(8) animation:上面几个属性的简写,语法为:

```
animation: name duration timing-function delay iteration-count direction fill-mode;
```

比如让 div 元素 3 s 后执行定义好的 move 动画,完成一周的时间为 4 s,做匀速、循环运动。可以这样做:div{animation:move 4s linear 3s infinite;}。

(9) animation-play-state:属性指定动画是否正在运行或已暂停。

① paused 表示暂停动画,比如当鼠标停在 div 上时使其停止运动,可为 div 设置 div:hover{animation-play-state:paused;}。

② running 表示正在运行。

3) 浏览器兼容性处理

目前 IE10+、Firefox、Opera、Google Chrome 和 Safari 等主流浏览器都能支持@keyframes 规则和 animation 属性。为了使浏览器的兼容性更好,我们在使用动画时需要做兼容处理。

① Google Chrome 和 Safari 要求前缀为-webkit-;

② Firefox 要求前缀为-moz-;

③ Opera 要求前缀为-o-。

④ IE 要求前缀为-ms-。

使用方法为-moz-animation:move 4s;-webkit-animation:move 4s;。

2. 轮播图自动播放效果的实现

回到本书的项目中,该 banner 区是采用层叠的方式来布局的,那么想要使 3 张图片轮流播放,就需要动态地改变 3 张图片的 z-index 值,当前显示的图片的 z-index 值要大于其他图片,在调用时每张 banner 图都要调用动画。

实现思路:比如一次轮播需要 12 s,每张图片播放 4 s,第一张图片让其在 0 s 到 4 s 的时间内显示,4 s 至 12 s 的时间内隐藏。在调用时由于每个图片都调用了动画,所以为实现视觉上的轮播效果,就需要让第二张图片延迟 4 s 再播放,第三张图片延迟 8 s 再播放,图片多时以此类推。

banner 图的自动播放的实现方式如【代码 2 - 59】所示。

【代码 2 - 59】 banner 图自动轮播-index.css

```
@keyframes  play{
    0%,33%{
```

```
            opacity:1;
            z-index:3;
        }
        43%,100%{
            opacity:0;
            z-index:1;
        }
    }
    #banner .bg li{
        animation:play 12s infinite;
    }
    #banner .bg li:nth-of-type(2){
        animation-delay:4s;
    }
    #banner .bg li:nth-of-type(3){
        animation-delay:8s;
    }
```

对于图片的显示和隐藏，我们是通过为其设置透明度 opacity 使其淡入淡出，上边的动画结合起来的意思是：

第一张图片在页面加载完成后就调用动画不需要延迟，开始时0%和33%的时间内透明度为1(显示)，并且 z-index 为3。33%到43%的时间为过渡时间，它会逐渐淡出(透明度从1逐渐到0)，并且层叠顺序变小为1。43%到100%的时间内第一张图片都是隐藏状态。

第二张图片由于其延迟4s播放，所以当第一张图片大概到33%(3.96 s)的时间时，第二张图片开始播放，其透明度为1，层叠顺序变大为3(此时图片2就会在图片1前面)。第二张图的33%到43%的时间为过渡时间，它会逐渐淡出(透明度从1逐渐到0)，并且层叠顺序变小为1。43%到100%的时间内第二张图片都是隐藏状态。

第三张图片由于其延迟8s播放，所以当第二张图片大概到它的33%的时间时，也可以说是一次轮播时间的7.96 s(3.96 s+延迟4 s)，第三张图片开始播放，其透明度为1，层叠顺序变大为3(此时图片1和2的 z-index 还是1，图片3就会在图片1和2前)，它的3.96 s后第三张图片开始隐藏，刚好总时间过了11.92 s(3.96 s+4 s+3.96 s)，第一张图片的一次周期结束，进行循环播放，就又从第一张图片开始播放了。

这就是层叠布局的 banner 图的轮播原理。除了图片轮播外，图片上的切换按钮也要跟着图片进行轮流切换，并改变当前显示的按钮颜色。该部分的实现在时间上的设置要和轮播图一致，才不会出现误差，实现思路和轮播图一样。

图标的自动切换效果的实现方式如【代码2-60】所示。

【代码 2-60】图标的自动切换-index.css

```
@keyframes  changebg{
    0%,33%{
        background-color:#ff7600;
    }
    43%,100%{
        background-color:white;
    }
}
.banTab span{
    animation:changebg 12s infinite;
}
.tab span:nth-of-type(2){
    animation-delay:4s;
}
.tab span:nth-of-type(3){
    animation-delay:8s;
}
```

说明：在前面 html 代码中 banner 部分的切换按钮〈div class="tab banTab"〉……〈/div〉，在设置样式时采用的是.tab 选择器，而这里调用动画时却是用的.banTab。这是因为，由于大 banner 和最新动态的轮播图两个部分的切换按钮效果是一样的，为了不重复写代码，所以选择了.tab 来设置相同的样式（如果它们的动画效果也相同也是可以在.tab 中继续调用动画属性的）。但是在后面最新动态中的轮播图我们将采用不同的轮播效果来实现，为了后边修改代码时不影响大 banner 的动画效果，所以在不同的模块单独调用切换按钮的动画。

此时在浏览器中打开，图片和按钮都会进行自动播放。接下来我们继续实现另一个效果，鼠标悬停到图片上时图片和按钮上都停止播放，只需为元素设置 animation-play-state:paused 即可。

关键点是选择什么元素。对于轮播图来说，设置动画的是 li 元素，所以需要暂停的也是图片所在的 li 元素，而切换按钮需要暂停的是 span 元素，那么我们就需要分别为其父容器设置:hover 伪类。轮播图悬停暂停播放的实现方式为 #banner .bg:hover li{animation-play-state:paused;}；切换按钮悬停暂停播放的实现方式为 #banner .tab:hover span{animation-play-state:paused;}。

此时会出现一个问题，鼠标悬停到图片上时图片暂停播放了但按钮还在继续切换，鼠标悬停到按钮上时按钮暂停播放了但图片还在继续播放，并没有实现图片和按钮同时停止同时播放的效果。那么如何来修改呢？

在做导航栏的动态显示二级菜单时，我们的解决方法是将伪类:hover 直接设置给其共同的父容器，这里也一样，图片和切换按钮共同的父容器 id 为 banner 的 div，所以只需为该父容器指定悬停状态。修改后为【代码 2－61】所示。

【代码 2－61】 banner 图自动轮播暂停

```
#banner:hover li, #banner:hover span{
    animation-play-state:paused;
}
```

至于单击切换按钮显示对应图片的效果，CSS3 并不能实现，需要通过 JavaScript 为元素添加单击事件来实现。

知识小结

(1) z-index 属性设置元素的层叠属性，值越大，元素在页面中的位置越靠前。

(2) border-radius 属性用来设置圆角边框。

(3) CSS3 制作动画的两步：一是定义动画；二是调用动画。使用@keyframes 规则来定义动画，调用动画时为元素添加 animation 属性，必须指定动画名称和动画执行一个周期的时间。

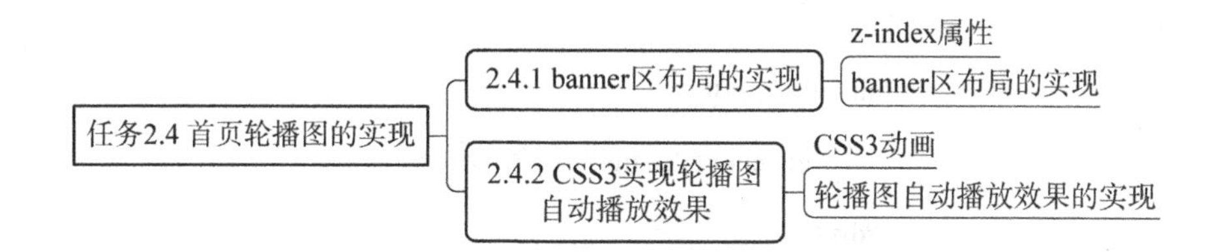

任务2.5 首页左侧固定导航栏与滚动公告栏的实现

本任务主要是实现左侧固定导航栏和滚动公告，对于左侧固定导航栏需要使用 fixed 布局使其固定在左侧并不随页面的滚动而移动位置。滚动公告的动态效果我们继续使用 CSS3 的动画来实现，“公告”和“更多”小图标使用@font-face 规则来引入。

2.5.1 ul+li 实现左侧导航菜单

在顶层布局中我们已经使用固定定位将左侧导航栏的外层布局实现了，本节的任务就是完善其中的内容，最终效果如图 2－66 所示。

电网
国际
产业
科技
服务
金融

图 2-66 固定菜单效果

该部分的实现就比较简单了，就是一个有 6 个子项目的列表，可以使用无序列表 ul+li 的方式实现，每个项目按默认的布局方式垂直排列，相比横向菜单，少了浮动的设置。

先去掉原先设置给外层盒子(#fixBar)的高度，使其根据内容来自适应，同时需要为外层盒子设置 z-index 值，其值需要大于横向导航菜单栏的值(比如横向设置为 10，固定导航栏可设置为 20)。设置它的原因是为了将浏览器窗口缩小时也能保证固定导航在横向导航前显示。这也告诉我们在做页面时既要考虑浏览器的兼容性问题，也要考虑浏览器窗口大小变化时造成的问题，全方位思考。

固定导航栏的结构写在【代码 2-2】的 fixBar 中，如图 2-67 方框所示的位置。

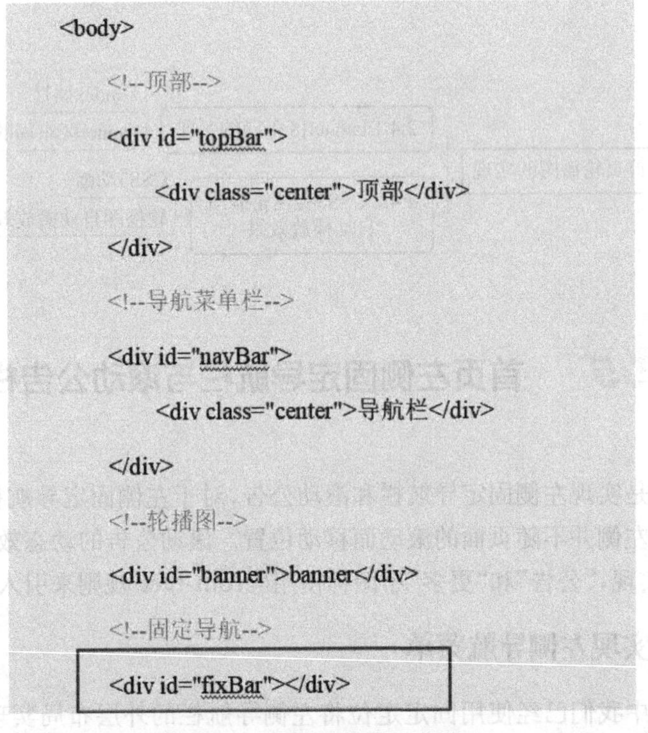

```
<body>
    <!--顶部-->
    <div id="topBar">
        <div class="center">顶部</div>
    </div>
    <!--导航菜单栏-->
    <div id="navBar">
        <div class="center">导航栏</div>
    </div>
    <!--轮播图-->
    <div id="banner">banner</div>
    <!--固定导航-->
    <div id="fixBar"></div>
```

图 2-67 固定导航栏结构位置

固定导航栏的 HTML 代码和 CSS 实现分别如【代码 2-61】和【代码 2-62】所示。

【代码 2-61】固定导航实现-index.html

```
<!--固定导航-->
<div id="fixBar">
        <ul>
            <li><a href="#">电网</a></li>
            <li><a href="#">国际</a></li>
            <li><a href="#">产业</a></li>
            <li><a href="#">科技</a></li>
            <li><a href="#">服务</a></li>
            <li><a href="#">金融</a></li>
        </ul>
</div>
```

【代码 2-62】固定导航实现-index.css

```
/*固定导航*/
#fixBar{
        background-color:#636363;
        width:75px;
        position:fixed;
        top:50%;
        margin-top:-100px;
        left:0px;
        z-index:20;
}
#fixBar ul li a{
        display:block;
        width:100%;
        height:34px;
        line-height:30px;   /*使文本垂直居中显示*/
        text-align:center;  /*使文本水平居中显示*/
        color:white;
        border-bottom:1px dashed #b2b2b2;   /*设置底部有 1 px 宽的虚
线边框*/
}
```

```
#fixBar ul li a:hover{
        background-color: #ff7600;  /* 设置鼠标悬停时的背景颜色 */
}
```

在之前的内容中我们多多少少已经接触了边框相关的属性，这里我们对边框属性作一个详细的介绍。

（1）border-color：设置边框颜色，也可为单独的某一条边设置颜色，比如 border-left-color、border-top-color、border-right-color、border-bottom-color。

（2）border-width：设置边框宽度，也可为单独的某一条边设置宽度，比如 border-left-width、border-top-width、border-right-width、border-bottom-width。

（3）border-style：设置边框样式，其值有 none（无边框）、solid（默认值，实线边框）、double（双实线边框）、dotted（点线边框）、dashed（虚线边框）、hidden（隐藏边框），等等；也可为单独的某一条边设置样式，比如 border-left-style、border-top-style、border-right-style、border-bottom-style。

（4）border：border-width、border-style、border-color 的简写形式，比如 border：1px double red；属性值可以有部分缺失值。

（5）border-image：将图片设置为边框。

（6）border-radius：设置边框的四个角的圆角。

2.5.2 CSS3 实现滚动公告

公告栏的最终效果如图 2-68 所示，它包含了三部分：公告图标、公告列表及更多。

国资委召开中央企业加强基础研究和应用基础研究工作座谈会　　更多

图 2-68 公告栏效果图

对于公告列表的内容，通过 ul+li 来布局，公告列表垂直排列。固定 ul 的父容器的高度，让超出容器高度的内容隐藏，并使其相对定位。然后设置 ul 列表绝对定位，开始时让它距离父容器 div 顶部 0 px，这样就只会显示列表中的第一条公告。然后通过改变 ul 的 top 值，使其由下而上逐条显示公告信息。效果类似于图 2-69 所示。

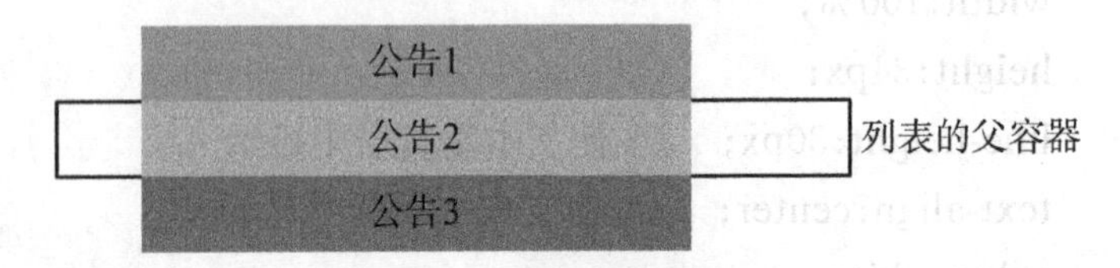

图 2-69 滚动公告解析

对于右侧的“更多”，在整个首页中共有 5 处用，共用的部分在设计时要尽量做到代码的重用，布局时可以通过绝对定位的方式让其居右显示。

滚动公告的结构写在【代码 2－2】的 notice 中，如图 2－70 方框所示的位置。

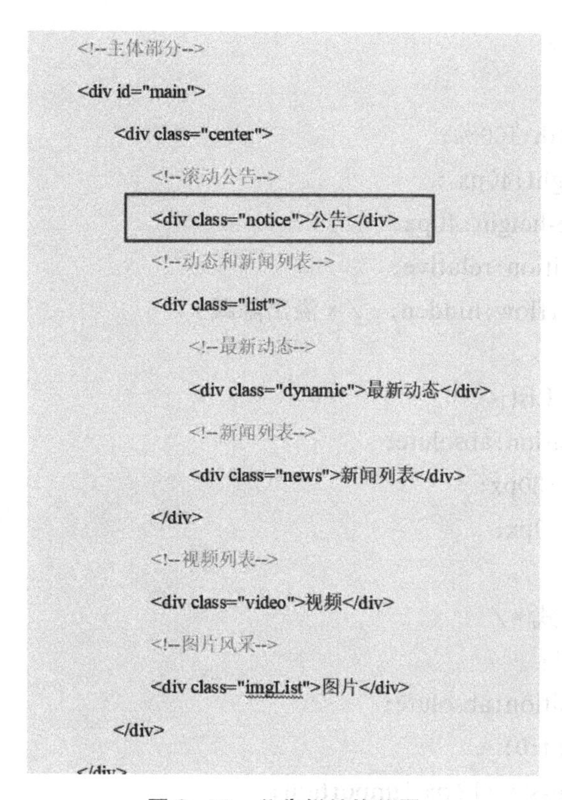

图 2－70　公告栏结构位置

公告栏 HTML 代码和 CSS 实现分别如【代码 2－63】和【代码 2－64】所示。

【代码 2－63】公告栏实现-index.html

```
〈!--滚动公告--〉
〈div class="notice iconfont icon-gonggao"〉
        〈ul class="noticeList"〉
            〈li〉〈a href="#"〉1 陇电外送:绿电千里到江南〈/a〉〈/li〉
            〈li〉〈a href="#"〉国资委召开中央企业加强基础研究和应用基础研究工作座谈会〈/a〉〈/li〉
            〈li〉〈a href="#"〉雄安新区着力建设绿色生态宜居新城区〈/a〉〈/li〉
            〈li〉〈a href="#"〉服务企业“金叶子”乡村振兴“新路子”〈/a〉〈/li〉
        〈/ul〉
        〈a href="#" class="iconfont icon-gengduo1"〉更多〈/a〉
〈/div〉
```

【代码 2-64】公告栏实现-index.css

```
/*滚动公告*/
.notice{
        width:100%;
        height:40px ;
        line-height:40px;
        position:relative;
        overflow:hidden;   /*溢出隐藏*/
}
.notice .noticeList{
        position:absolute;
        left:30px;
        top:0px;
}
/*更多图标样式*/
.icon-gengduo1{
        position:absolute;
        right:0;
        font-size:12 px !important;
        color:#9a9a9a;
}
```

1）溢出(overflow)

溢出的意思就是当元素内容多于容器大小时就会出现在容器外，可通过 overflow 属性来对溢出内容进行处理。其属性值有以下几种：

(1) visible：默认值，溢出内容显示在容器外，不会被修剪。

(2) hidden：溢出内容不可见。

(3) scroll：内容会被修剪，无论是否需要浏览器都会显示滚动条来查看其余的内容。

(4) auto：如果内容被修剪，则浏览器显示滚动条来查看其余的内容。

这四个属性值分别对应的示例效果如图 2-71 所示。

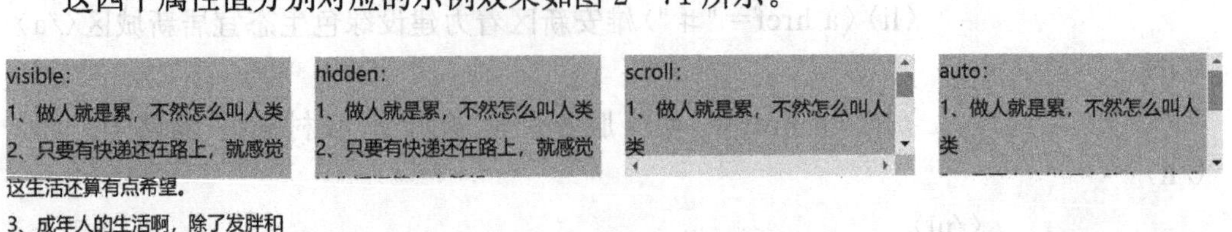

图 2-71 overflow 属性值效果

注意：overflow 属性只适应于指定高度的块元素，因为如果元素没有设置高度，则元素的高度将由元素内容来决定，此时就不存在溢出之说。

2）!important 规则

!important 规则用于增加样式的权重，使用了!important 规则的样式，会覆盖该元素的其他同属性的样式，与优先级无关。简单来说不管是使用哪种方式引入的样式，只要使用了!important 规则，那么页面上显示的就是该样式。比如同一元素通过多种方式设置了红、黄、蓝不同的背景颜色，现在希望黄色优先显示，此时就可以为该样式添加!important，如 background-color：yellow !important;。

布局已经完成，接下来继续实现滚动效果，仍是使用 CSS3 动画来实现，当鼠标悬停到当前消息上时要停止滚动。其实现如【代码 2-65】所示。

【代码 2-65】滚动效果实现-index.css

```
@keyframes moveup{
        0%,20%{
            top:0;
        }
        25%,45%{
            top:-40px;
        }
        50%,70%{
            top:-80px;
        }
        75%,100%{
            top:-120px;
        }
}
/*添加动画*/
.notice .noticeList{
        animation:moveup 16s infinite;
}
/*鼠标悬停时停止动画*/
.notice .noticeList:hover{
        animation-play-state:paused;
}
```

在一个周期的 0%～20%时间内，ul 的 top 值为 0，即显示第一条信息；在 20%～25%时间内为过渡阶段；在 25%～45%时间内 ul 的 top 值为－40 px，显示第二条信息……依次改变 top 值。

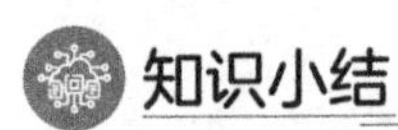

知识小结

(1) 边框(border)属性有: border-color(设置边框颜色)、border-width(设置边框宽度)、border-style(设置边框样式, none 表示无边框)、border(简写形式)、border-image(设置图片边框)、border-radius(设置圆角边框)。

(2) 溢出(overflow)属性是对溢出内容进行处理,值有: visible(溢出内容显示在容器外)、hidden(溢出隐藏)、scroll(溢出内容通过滚动条查看)、auto(如果溢出,隐藏内容通过滚动条查看)。

(3) 设置了!important 的样式的权重最高,会在浏览器中显示出来。

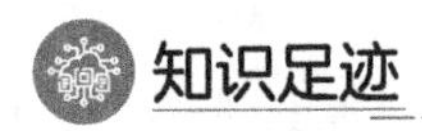

知识足迹

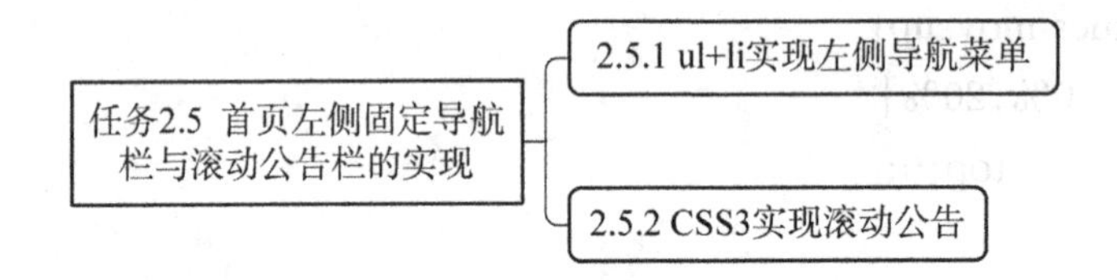

任务2.6 首页主要内容展示

本任务进入内容区的制作,包含了最新动态、新闻、视频、风采图片四个子模块。其效果如图 2-72 所示。我们先整体看这几个模块有什么相同的地方。

(1) 背景都是白色、四周边框为圆角、阴影为四周发散的效果,背景边框与内部元素上下左右都有一定的边距。

(2) 模块内部都有标题区域,包含标题、下边框、更多图标;所以每个模块整体可分为标题区和内容区。

(3) 最新动态、要闻/综合新闻、视频都包含了新闻列表,列表的样式都一样。

对于上面有相同样式的元素,我们可以采用 class 选择器,为它们设置相同的 class 值,实现样式与元素的一对多绑定。对于不同的地方再单独设置。几个模块的高度要做成自适应,所以在写 CSS 代码时要删除之前设置的高度。

该区域的动态效果有 3 处: banner 轮播、要闻|综合新闻切换、风采图片列表左右无缝滚动,在本任务中都会带领大家使用 JavaScript 去一一实现。

2.6.1 最新动态栏的实现

最新动态在结构上分为两块:标题区和内容区。

图 2－72　内容区页面效果

标题区包含左侧的标题、右侧的图标和底部边框。边框通过 border-bottom 属性设置给标题区的父容器，字体图标样式应用滚动公告的“更多”的样式。

内容区包含轮播图和新闻列表，轮播切换按钮样式和动画都应用前面大 banner 的切换按钮。在这里的图片自动播放采用的是轮播布局的第二种方式：每张图片左浮动，所有图片在一行显示，设置其所在的父盒子的宽为所有图片宽之和，溢出的部分隐藏，通过改变父盒子的 left 值来显示。新闻列表使用 ul＋li 来布局，每个列表前向右的小三角通过背景图片的形式引入。

最新动态的结构写在【代码 2－2】的 dynamic 中，如图 2－73 方框所示的位置。

最新动态的 HTML 部分如【代码 2－66】所示。

```
<!--主体部分-->
<div id="main">
    <div class="center">
        <!--滚动公告-->
        <div class="notice">公告</div>
        <!--动态和新闻列表-->
        <div class="list">
            <!--最新动态-->
            <div class="dynamic">最新动态</div>
            <!--新闻列表-->
            <div class="news">新闻列表</div>
        </div>
        <!--视频列表-->
        <div class="video">视频</div>
        <!--图片风采-->
        <div class="imgList">图片</div>
    </div>
</div>
```

图 2-73　最新动态结构位置

【代码 2-66】最新动态实现-index. html

```
<!--最新动态-->
<div class="dynamic bgStyle">
    <div class="title">
        <span>最新动态</span>
        <a href="#" class="iconfont icon-gengduo1">更多</a>
    </div>
    <div class="content">
        <div class="banner">
            <ul class="bg" id="dynBanner">
                <li><img src="img/bg4.jpg" title="" alt=""/>
</li>
                <li><img src="img/bg5.png" title="" alt=""/>
</li>
```

```
                                    〈li〉〈img src="img/bg6.jpg" title="" alt=""/〉
〈/li〉
                    〈/ul〉
                    〈div class="tab" id="dynTab"〉
                              〈span〉〈/span〉
                              〈span〉〈/span〉
                              〈span〉〈/span〉
                         〈/div〉
                    〈/div〉
                    〈div class="newsList"〉
                         〈ul〉
                              〈li〉
                                   〈a href="#"〉辛保安董事长与国家能源集
团董事长会谈〈/a〉
                                   〈span〉2022/03/23〈/span〉
                              〈/li〉
                              ……
                         〈/ul〉
                    〈/div〉
          〈/div〉
     〈/div〉
```

1. 背景和标题区 CSS 布局

从图 2-72 中可以看到，每一个模块的背景边框的四个角都是圆角，且背景有向四周发散的阴影效果。背景边框与内容之间有一定的间距，通过 padding 属性来设置。标题区域都有一个下边框。该部分的 CSS 效果如【代码 2-67】所示。

【代码 2-67】背景和标题区-index.css

```
/*最新动态*/
.dynamic{
          width:490px;
          float:left;
}
/*动态、新闻、视频、风采图片背景样式、标题样式*/
.bgStyle{
          padding:20px;  /*设置背景边框与中间内容上下左右有 20 px 的距
离*/
```

```
            box-sizing:border-box;   /*设置 width 作用到边框*/
            background-color:white;
            border-radius:4px;
            border:1 px solid lightgrey;
            box-shadow:0 0 4px #d8d8d8;/*外阴影,四周发散,阴影模糊程度为
4 px*/
    }
    .title{
            position:relative;
            padding:0 0 10px 10px;   /*设置标题区的下内边距和左内边距都为
10 px*/
            border-bottom:3px solid #035b60;
    }
    .title span{
            cursor:pointer;
            color:#363636;
            font-weight:bold;
    }
```

最外层 div 我们为其设置了两个 class 值:dynamic 和 bgStyle,通过选择.bgStyle 来设置相同的背景样式,选择.dynamic 来设置动态模块特殊的样式,比如宽度。最终这两个样式都会作用到该 div 上。

边框样式的 box-shadow 属性用来设置阴影,它有 6 个属性值:

(1) offset-x:必须值。表示阴影在水平方向的偏移量,正值表示向右,负值表示向左。

(2) offset-y:必须值。表示阴影在垂直方向的偏移量,正值表示向下,负值表示向上。

(3) blur:可选值。表示阴影的模糊程度,最小为 0,值越大阴影边缘越模糊。

(4) spread:可选值。表示阴影扩展半径,正值表示整个阴影都延展扩大,负值则缩小。

(5) color:可选值。表示阴影颜色。

(6) none | inset:可选值。表示阴影类型,默认不设置为外阴影,设置为 inset 表示内阴影。

比如有 5 个 div 分别为其设置 5 种情况的阴影效果,其阴影的设置如【代码 2-68】所示。

【代码 2-68】阴影设置

```
    /*向左上偏移*/
    .div1{box-shadow:-6px -6px 10px black;}
    /*四周发散*/
    .div2{box-shadow:0px 0px 10px black;}
    /*向右下偏移*/
```

```
.div3{box-shadow:6px 6px 10px black;}
/*向右下偏移,且扩展半径为15*/
.div4{box-shadow:6px 6px 10px 15px black;}
/*内阴影*/
.div5{box-shadow:6px 6px 10px black inset;}
```

这5种阴影样式所对应的效果图如图2-74所示。

图2-74 阴影效果

至于标题部分,前面在设置"更多"图标时是采用绝对定位的布局方式,所以这里的.title一定要记得设置为相对定位。

2. 轮播图CSS布局

该模块的轮播切换按钮的效果和动画同大banner模块,只用在标签中添加上对应的class属性即可。这种轮播形式的布局效果,轮播图的CSS代码如【代码2-69】所示。

【代码2-69】轮播图-index.css

```
.content{
        margin-top:15px; /*设置内容区域与标题之间有15 px的距离*/
}
/*轮播图*/
.dynamic .banner{
        width:340px;
        height:194px;
        margin:0 auto;  /* 水平居中显示*/
        margin-bottom:10px;  /*设置轮播图与新闻列表之间有10 px的距离*/
        position:relative;  /*相对定位*/
        overflow:hidden;  /*溢出隐藏*/
}
.dynamic .banner .bg{
        width:1020px;
        height:100%;
        position:absolute;  /*轮播图所在的ul绝对定位*/
```

```
        left:0;
        animation:moveleft 12s infinite;
}
.dynamic .banner .bg li{
        width:340px;
        height:100%;
        float:left;  /*li左浮动,使图片在一行显示*/
}
.dynamic .banStyle .bg img{
        width:100%;  /*图片的宽为340 px*/
        height:100%;/*图片的高为194 px*/
}
/*调用动画,在大banner中已定义*/
.dynTab span{
        animation:changebg 12s infinite;
}
@keyframes moveleft{
        0%,30%{
            left:0;
        }
        35%,65%{
            left:-340px;
        }
        70%,100%{
            left:-680px;
        }
}
/*鼠标悬停时,停止播放*/
.dynamic .banner:hover .bg,.dynamic .banner:hover span{
        animation-play-state:paused;
}
```

我们来分析一下该模块是如何播放的。轮播图所在的ul列表采用的是绝对定位，在0%～30%时间内让ul列表的left值为0，即显示第一张图片。因为总共有三张图片，每张图片的宽为340 px，所以在35%～65%时间内将ul列表的left值设置为－340 px，那么整个ul列表会向左移动340 px，刚好显示出第二张图片；在70%～100%时间内将ul列表的left值设置为－680 px，那么整个ul列表会向左移动680 px，刚好显示出第三张图片。

该轮播动画的实现原理和滚动公告类似，只不过滚动公告是上下，改变的是top值，这里的轮播图是左右播放，改变的是left值。

3. 新闻列表CSS布局

新闻列表的CSS实现如【代码2-70】所示。

【代码2-70】新闻列表区-index.css

```
/* 动态、要闻、综合新闻、视频的新闻列表样式 */
.newsList li{
        height:34px;
        line-height:34px;
        background:url(../img/page_n.gif) left center no-repeat;
        padding-left:20px;   /* 使文字和列表左侧有20 px的距离 */
}
.newsList li a:hover{
        color:#ff7600;
        text-decoration:underline;   /* 当鼠标悬停时，为文本添加下划线 */
}
.newsList li span{
        float:right;
        color:#9a9a9a;
        font-size:14px;
}
```

每一条新闻前面的小图标都是采用背景图片的形式引入的，使其居左，上下居中显示。当鼠标悬停到新闻上时更改其颜色并显示下划线。

text-decoration属性可以为文本添加修饰，其属性值主要有none(默认值，无修饰)、underline(下划线)、overline(上划线)及line-through(删除线)。

2.6.2 JavaScript实现轮播图自动切换和单击切换效果

图片轮播最常用的布局方式就是最新动态中的浮动布局，所以我们重点来说这种布局下如何用JavaScript来实现。其实它和CSS3动画的思路是一样的，也是改变ul的left值。但是在CSS3中我们是通过animation动画来定义的，那么在JavaScript中要想使元素能够自动播放，需要为其设置一个定时器。

1. 定时调用

在JavaScript中有一个setInterval()方法，该方法的意思是定时调用，它会开启一个定时器，该定时器会按照指定的周期来调用函数或计算表达式。setInterval()方法会不停地调用函数，直到 clearInterval()被调用或窗口被关闭。

定时调用的语法为：var 变量=setInterval(func,delay)，第一个参数是需要执行的函数。第二个参数是函数每次调用的时间间隔，单位是 ms。

定时调用的应用如下：比如在页面中有 1 个 div、1 个“开始”、1 个“暂停”按钮，页面加载完成后单击“开始”按钮，div 中的内容从 1 开始每隔 1 s 增加 1，即按照毫秒 1、2、3、4……播放。单击“暂停”则停止播放。该功能的实现如【代码 2-71】所示。

【代码 2-71】 setInterval()定时调用

```
1. <!DOCTYPE html>
2. <html>
3.         <head>
4.             <meta charset="UTF-8">
5.             <title>定时调用</title>
6.             <script>
7.                 window.onload=function(){
8.                     //获取 div 和 2 个 button 按钮
9.                     var box=document.getElementById("second");
10.                    var start=document.getElementById("start");
11.                    var stop=document.getElementById("stop");
12.                    //定义一个变量 num,初始值是 1
13.                    var num=1;
14.                    //定义一个变量 timer,用来放定时器
15.                    var timer;
16.                    //给"开始"按钮添加单击事件
17.                    start.onclick=function(){
18.                        //开启一个定期器,每隔 1 秒调用一次
19.                        timer=setInterval(function(){
20.                            //使 div 中的内容由 1 开始自增
21.                            box.innerHTML=num++;
22.                        },1000);
23.                    }
24.                    //给"暂停"按钮添加单击事件
25.                    stop.onclick=function(){
26.                        //清除定时器
27.                        clearInterval(timer);
28.                    }
29.                }
```

```
30.          </script>
31.      </head>
32.      <body>
33.          <div id="second"></div>
34.          <button id="start">开始</button>
35.          <button id="stop">暂停</button>
36.      </body>
37. </html>
```

1）document.getElementById()方法

为了使大家学到更多的前端内容，所以对于同一种效果会尽可能地使用不同的方法去设置，比如这里获取元素的方法，前面已经讲过通过类名来获取，这里我们继续讲另一种获取元素的方法：通过 id 属性。其语法格式如下：

```
var 变量名=document.getElementById("id属性");
```

不同于 getElementsByClassName()方法，getElementById()查找到的元素是唯一的。

2）innerHTML

“元素.innerHTML”获取元素开始标签和结束标签之间的所有内容(包括标签)，“元素.innerText”获取元素的纯文本内容，注意这两个属性的区分，但是在这里这两个使用哪种都可以。如果要修改元素之间的内容，则通过元素.innerHTML="新值"来实现。

在上面的代码中，当用户单击“开始”按钮时开启了一个定时器 timer，那么该定时器每隔 1 s 就会执行一次，当用户单击“暂停”按钮时将该定时器清除。但是这个功能存在一个问题：当不停地单击“开始”按钮，会发现数字的变化越来越快，而不再是间隔 1 s 再变化了。

这是因为多次单击直接生成了多个定时器，上一个定时器还未运行结束，下一个定时器就已经产生了，要始终保持事件中只有一个定时器才行。解决方法就是在开启下一个定时器之前先将上一个定时器清除即可，在上面的【代码 2-71】第 17 行和 19 行之间加上 clearInterval(timer);，每次开启新定时器之前先清除上一个定时器。

2. JavaScript 图片轮播效果

在前面使用 CSS3 动画实现中已经分析过了该轮播图的播放原理，用 JavaScript 实现也是同样的道理。将 left 值设置为 0 时，显示第一张图片。将 left 值设置为 -340 px 时，整个 ul 向左移动了 340 px，显示出第二张图片；将 left 值设置为 -680 px 时，整个 ul 向左移动了 680 px，显示出第三张图片；当三张图片都轮播了一次后，就需要从头开始了，再将 ul 的 left 值设置为 0 即可。

那么上面图片的索引和 left 值的关系就是：left=-340 px * 索引，当索引为 0(即第一张图)，left 值也为 0；索引为 1(即第二张图片)，left 值为 -340 px……

除了图片在变化以外，它对应的切换按钮的背景颜色也在变化，该部分的思路就是遍历所有的按钮，设置所有的按钮背景颜色为白色，设置当前的按钮背景颜色为橘黄色。

也就是说在页面加载完后我们要开启一个定时器，在定时器中每隔几秒就改变 ul 的 left 值，同时改变当前按钮的背景颜色。

1）自动播放

下面用 JavaScript 来具体实现一下自动播放功能，步骤如下：

第 1 步：获取所需的元素 ul、li、span。

第 2 步：初始化图片索引（即先显示第一张图）和第一个按钮的背景色。

第 3 步：开启定时器，每隔 4s 让索引增加 1，并改变 left 值。当索引值（共三张图片，索引值最大为 2）大于等于图片长度（length 为 3）时，让索引为 0，也就是 left 为 0。

在 index. html 中我们为 ul 和切换按钮容器 div 分别添加了 id 属性"dynBanner"、"dynTab"，这里我们通过 id 属性来获取这两个元素。另外在 CSS 中注释掉设置给图片列表 ul 的宽 1 020 px，在 js 动态中去设置这个宽。接下来打开 main. js 文件，继续在 window. onload 事件中写轮播图的代码，如【代码 2 - 72】所示。

【代码 2 - 72】轮播图自动播放效果-main. js

```
1.  //最新动态 banner 轮播图
2.  //1、获取所需要的 ul、li、span 元素
3.  //获取轮播图所在的容器 ul
4.  var dynBannerBox=document.getElementById("dynBanner");
5.  //获取所有的图片列表 li
6.  var dynLiList=dynBannerBox.getElementsByTagName("li");
7.   //获取轮播切换按钮 span
8.   var tabSpan = document.getElementById("dynTab").getElementsByTagName("span");
9.   //动态设置 ul 的宽
10.  dynBannerBox.style.width=340*dynLiList.length+"px";
11.  //2、初始化图片索引和第一个按钮的背景色
12.  //定义一个变量用来保存索引值，初始值为 0，即显示第一张图片
13.  var indexN=0;
14.  //初始化第一个按钮的背景颜色为橘黄色
15.  tabSpan[indexN].style.backgroundColor="#ff7600";
16.  //3、开启定时器
17.  //定义一个定时器
18.  var timer;
19.  //开启定时器，每隔 4s 执行一次
20.  timer=setInterval(function(){
21.      //每隔 4 秒索引值加 1
```

```
22.         indexN++;
23.         //当索引值大于等于轮播图的长度时，让图片回到第一张
24.         if(indexN>=dynLiList.length){
25.             indexN=0;
26.         }
27.         //设置ul的left值
28.         dynBannerBox.style.left=-340 * indexN+"px";
29.         //遍历所有的切换按钮，清除背景颜色
30.         for(var i=0;i<tabSpan.length;i++){
31.             tabSpan[i].style.backgroundColor="";
32.         }
33.         //设置当前切换按钮的背景颜色为橘黄色
34.         tabSpan[indexN].style.backgroundColor="#ff7600";
35.         },4000);
```

(1) getElementsByTagName()方法。

该方法获取到的是具有相同标签名的所有元素，如果存在则返回带有指定标签名的对象数组，可使用length属性获取数组长度，通过索引访问元素。其语法格式为【代码2-73】所示。

【代码2-73】索引访问元素

```
var 变量名=document.getElementsByTagName("标签名");
或 var 变量名=元素.getElementsByTagName("标签名");
```

如第4、6行代码，先通过id属性获取到ul元素，再通过元素.getElementsByTagName();获取到ul下的li元素列表。

(2) if条件语句。

JavaScript中的流程控制语句分为条件语句和循环语句，前面我们学习了循环语句for，今天我们来学习另一种条件语句if，计算机会根据不同的条件来执行不同的操作。

if语句有：if、if-else、if-else if-else。它们的语句格式如【代码2-74】所示。

【代码2-74】if条件语句

```
//if语句
if (条件){
    只有当条件为true时执行的代码
}
//if-else语句
```

```
if (条件){
    当条件为 true 时执行的代码
}
else{
    当条件为 false 时执行的代码
}
//if-else if-else 语句
if (条件 1){
    当条件 1 为 true 时执行的代码
}
else if (条件 2){
    当条件 2 为 true 时执行的代码
}
......
else{
    当条件 1、条件 2 和条件……都不为 true 时执行的代码
}
```

在关键字 if 后要紧跟一个括号，括号里为语句执行的条件，当条件成立时则执行 if 大括号中的代码。比如上面第 24 行代码，当 indexN〉=dynLiList. length 成立时执行第 25 行代码。

回到自动播放 js 代码中，在样式设置中，我们是通过 CSS 设置了 ul 的 width 为 1 020 px（即 340×3），但是如果图片数量一旦发生变化就需要重新计算该值，为减少麻烦，就删除掉 CSS 中的 width：1 020 px；通过 JavaScript 动态获取列表的长度，进而动态改变 ul 的宽。如第 10 行代码 dynBannerBox. style. width=340 * dynLiList. length+"px";。

开始时 indexN=0，定时器是隔 4s 执行，所以页面加载完成后先默认显示第一张图，4s 后调用定时器，indexN++，indexN 变成 1，即要显示第二张图片了，设置 ul 元素的 left 值为-340 * indexN，并在一次定时调用中，设置当前按钮的背景颜色，4s 后一次定时调用结束，indexN=1。然后继续调用该定时器，显示第二张图。

继续调用该定时器，第二次调用结束后 indexN=2，此时再进行自增操作，indexN 变成 3，即第四张，但是总长度只有 3 张，所以此时需要将 indexN 重新赋值为 0，再从第一张图片开始。

以上就是自动轮播的实现逻辑。在 2.4.2 小节中我们分析过轮播图有 4 个动态效果：自动轮播、鼠标移入停止播放、鼠标移出继续自动播放、单击切换按钮切换图片。在鼠标移入时也需要设置同样的自动播放定时函数，为避免相同的代码重复书写，我们就将自动播放的部分（即代码第 20～35 行）提取出来定义成一个全局函数，在需要的地方直接通过函数调用的形式使用如【代码 2-75】所示。

【代码 2-75】函数调用的形式

```
//调用自动播放函数
autoMove();
//自动播放函数,每隔 4s 执行一次
function autoMove(){
        timer=setInterval(function(){
        ......
        },4000);
}
```

2) 当鼠标移入 ul 中停止播放和鼠标移出 ul 继续播放功能

当鼠标移入 ul 中停止播放和鼠标移出 ul 继续播放的功能实现如【代码 2-76】所示。

【代码 2-76】鼠标移入移出效果-main.js

```
//当鼠标移入停止播放
dynBannerBox.onmouseover=function(){
        clearInterval(timer);
}
//当鼠标移出继续播放
dynBannerBox.onmouseout=function(){
        autoMove();
}
```

3) 切换按钮

当鼠标单击某个按钮时,显示对应的轮播图,当前的按钮背景颜色为橘黄色。实现方法如【代码 2-77】所示。

【代码 2-77】图片切换效果-main.js

```
1. //单击 tab 切换按钮来切换图片
2. //1、先遍历所有的切换按钮
3. for(var i=0;i<tabSpan.length;i++){
4.         //保存索引
5.         tabSpan[i].index=i;
6.         //2、为按钮添加单击事件
7.         tabSpan[i].onclick=function(){
8.             //设置 ul 的 left 值
9.             dynBannerBox.style.left=-340*this.index+"px";
10.            //遍历所有的切换按钮,清除背景颜色
```

```
11.         for(var i=0;i<tabSpan.length;i++){
12.             tabSpan[i].style.backgroundColor="";
13.         }
14.         //设置当前切换按钮的背景颜色为橘黄色
15.         this.style.backgroundColor="#ff7600";
16.     }
17.}
```

这里为切换按钮设置背景样式的部分在自动播放中也出现了，那么将这部分的代码继续优化，定义成一个函数，能通过函数调用的方法来使用吗？

2.6.3 要闻/综合新闻展示栏的实现

要闻、综合新闻展示栏包含背景、标题和新闻列表，这三块的样式在最新动态中已经设置过了，这里只用为标签添加对应的class属性值即可。本节的重点是实现菜单切换功能，单击“要闻”展示要闻列表并隐藏综合新闻列表，单击“综合新闻”展示综合新闻列表并隐藏要闻列表。

1. 新闻展示栏页面效果的实现

要闻/综合新闻的结构写在【代码2-2】的news中，如图2-75方框所示的位置。

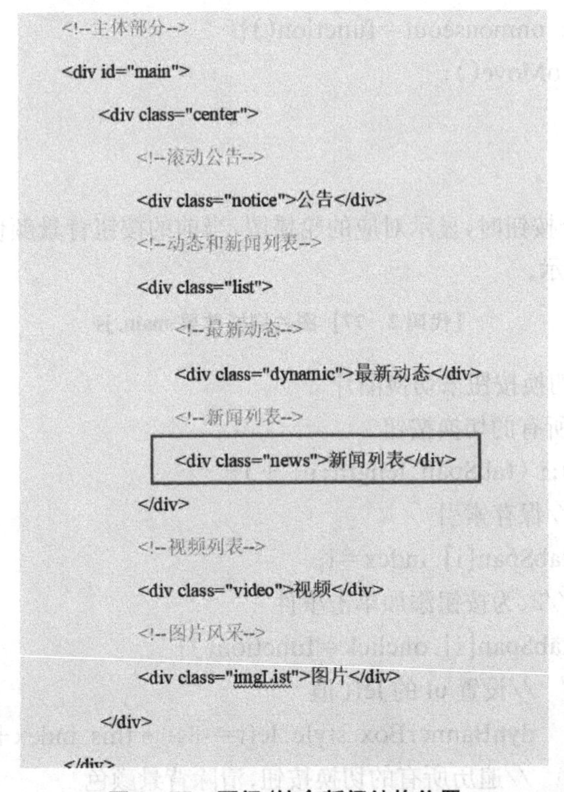

图2-75 要闻/综合新闻结构位置

要闻和综合新闻列表分别用div标签包裹，通过改变其display值为block或none来显示或隐藏，该模块的实现如【代码2-78】所示。

【代码2-78】要闻、综合新闻实现-index.html

```
<!--要闻、综合新闻-->
<div class="news bgStyle">
    <div class="title">
        <span>要闻</span>
        <i>|</i>
        <span>综合新闻</span>
        <a href="#" class="iconfont icon-gengduo1">更多</a>
    </div>
    <div class="content">
        <!--要闻-->
        <div class="newsList" style="display:block;">
            <ul>
                <li>
                    <a href="#">辛保安董事长与国家能源集团董事长会谈</a>
                    <span> 2022/03/23 </span>
                </li>
                ……
            </ul>
        </div>
        <!--综合新闻-->
        <div class="newsList" style="display:none;">
            <ul>
                <li>
                    <a href="#">中办印发关于推动党史学习教育常态化</a>
                    <span> 2022/03/23 </span>
                </li>
                ……
            </ul>
        </div>
    </div>
</div>
```

在CSS样式设置上，这里只用设置最外层div的宽度并使其右浮动，以及"|"的字体样式，如【代码2-79】所示。

【代码2-79】要闻、综合新闻实现-index.css

```
.news{
        width:490px;
        float:right;
}
.news i{
        font-style:normal;   /* 使'|'的字体正常显示，而不是斜体 */
        margin:0 5px;   /* 距离左右各有5px的距离 */
}
```

2. JavaScript实现菜单切换效果

描述：单击菜单，更改当前菜单的字体颜色，并显示当前菜单对应的新闻列表块，其他菜单字体不变，且对应新闻列表块隐藏。

实现思路整体和导航菜单栏的一样，关键点还是记录当前单击的菜单索引。

不同点在于，导航菜单栏的所有二级导航开始都是隐藏的，当鼠标移入、移出时只用设置当前对应的二级导航的display即可，不用管其他的二级导航的display是什么状态。

但是对于要闻、综合新闻这种菜单切换，在最开始时第一个列表块显示，其余的列表块都隐藏。当鼠标单击某个菜单时，当前的列表块显示，其余的列表块都需要隐藏。也就是说不仅要考虑当前列表块的状态，还要考虑其他列表块的状态。

要实现这样的菜单切换，思路就是：外层循环遍历所有的菜单，为每个菜单都添加鼠标单击事件，当鼠标单击某个菜单时，在内层循环遍历所有的列表块，设置所有的列表块都隐藏，只设置当前的列表块显示。

继续在main.js的window.onload方法中写，具体的代码实现如【代码2-80】所示。

【代码2-80】JS实现菜单切换-main.js

```
1.//要闻、综合新闻切换
2.//1、获取所有的span标题和新闻列表
3.var spanTitle=document.querySelectorAll(".news .title span");
4.var newsList=document.querySelectorAll(".news .newsList");
5.//初始化第一个标题颜色为蓝色
6.spanTitle[0].style.color="#035b60";
7.//2、遍历所有的span
8.for(var i=0;i<spanTitle.length;i++){
9.   //保存索引
```

```
10. spanTitle[i].index=i;
11. //3、添加鼠标单击事件
12. spanTitle[i].onclick=function(){
13.      //遍历所有的新闻列表块
14.      for(var j=0;j<newsList.length;j++){
15.           //清除所有的标题菜单的字体颜色
16.           spanTitle[j].style.color="";
17.           //设置所有的新闻列表块都隐藏
18.           newsList[j].style.display="none";
19.      }
20.      //设置当前单击的标题对应的新闻列表块显示
21.      newsList[this.index].style.display="block";
22.      //设置当前单击的标题颜色为蓝色
23.      this.style.color="#035b60";
24. }
25.}
```

1) querySelectorAll()方法

该方法根据 CSS 选择器来查询，返回的是对象数组，必须通过 document.querySelectorAll() 这种形式来使用，支持 IE8 及以上浏览器，在 IE8 中代替 getElementsByClassName()方法使用。还有一个与 querySelectorAll()类似的方法：querySelector()，也是根据 CSS 选择器来查询，不同的是 querySelector()返回的是一个元素，如果有多个同类名的，则只会返回第一个元素。

在上面的代码中，获取到 span 标题和列表块元素后，需要设置标题的初始状态，即用户打开页面时显示的第一个“要闻”。然后遍历所有的 span，并将索引记录下来，为每个 span 添加单击事件。在单击事件中还有一个 for 循环，遍历列表块，这里用到了循环嵌套。那么对于嵌套的 for 循环是如何执行流程的呢？

2) for 循环嵌套

比如要在页面中打印一个 3×6 的图形，效果如图 2-76 所示。

```
******
******
******
```

图 2-76 循环嵌套图形效果

要打印这样的效果，使用 for 循环的写法如【代码 2-81】所示。

【代码 2-81】 for 循环嵌套示例

```
for(var i=1;i<4;i++){
        for(var j=1;j<7;j++){
            document.write("★");
        }
        document.write("<br/>");
}
```

外层循环控制行，内层循环控制列。当外循环 i=1 时，内循环 j 从 1 开始循环 6 次，输出 6 个“★”，内层循环结束，跳出内层循环执行一次
 换行。然后 i++ 变成 2，继续进入内循环，j 又从 1 开始循环 6 次，直到外层循环 i=4 条件不成立，整个循环过程才结束。其中 document.write 是在浏览器中输出内容，或者说是在文档的 body 中输出内容。

回到菜单切换的案例中，它的意思就是当 i=0 即单击第一个 span 时，遍历所有的列表块，在内循环中将所有的标题字体颜色取消（因为标题菜单的个数和列表块的个数是一一对应的），使所有的列表块隐藏，然后跳出内层循环，只设置第一个标题的颜色为蓝色，第一个列表块显示；当 i=1 时也是同样的道理。这里的 this 指代的就是用户单击的那个 span 元素。

2.6.4 视频、风采图片展示栏的实现

1. 视频展示栏的实现

视频展示栏的效果如图 2-77 所示，该模块的内容区域分为两部分，一部分为视频播放器，居左显示；另一部分为新闻列表，居右显示。

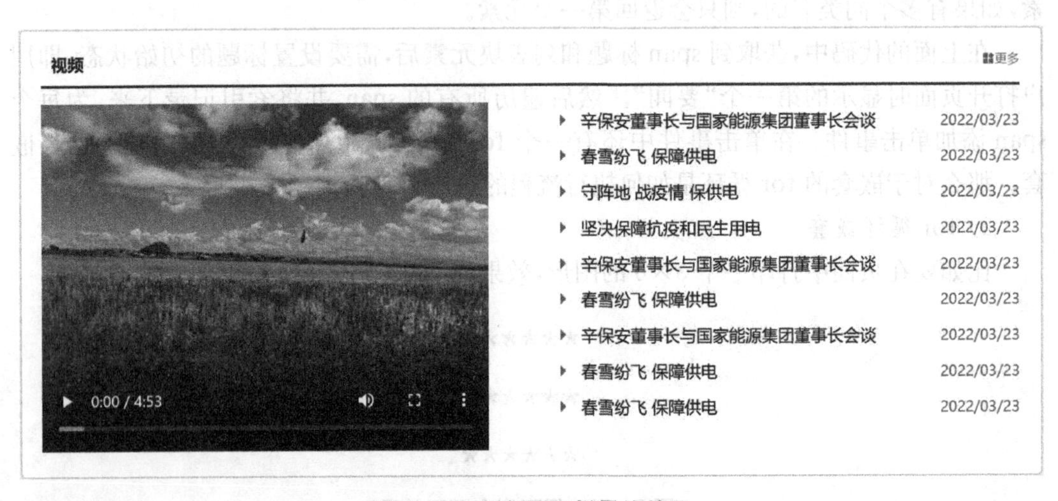

图 2-77 视频展示栏最终效果

1) video 标签介绍

在视频列表的左侧有一个可播放的视频文件，该文件是通过 HTML5 的 video 标签引

入的。它提供一系列的控件来控制视频的播放、暂停等。另外，由于各个浏览器对视频的编码格式支持情况各不相同，所以可在 video 中嵌套〈source〉标签为同一视频指定多种播放格式，以确保浏览器能从中选择一种可以识别的格式进行播放。

在浏览器中嵌入视频的方式如【代码 2-82】所示。

【代码 2-82】嵌入视频的方式

```
<video height="400" width="500" controls>
        <source type="video/mp4" src="movie.mp4"> </source>
        <source type="video/ogg" src="movie.ogg"> </source>
        您的浏览器不支持 video 标签。
</video>
```

在 video 元素中插入的文本，会在浏览器不支持 video 元素时才显示。下面我们来详细讲解一下 video 和 source 元素的属性。

(1) video 元素属性。

video 元素的属性说明如下：

① width 和 height：定义视频播放器的宽度和高度；

② src：要播放的视频的 URL；

③ controls：属性值为 controls。HTML5 允许简写，直接写属性 controls 即可，不用写值。如果设置了该属性，则会显示视频控件，如播放、暂停、音量、进度条、播放速度等；

④ autoplay：属性值为 autoplay，可简写。如果设置了该属性，则页面加载完成后会立即播放视频。这里需要注意一点，因为浏览器限制有声音的视频自动播放，所以即使添加了 autoplay 也不能直接播放，需要将视频设置为静音即可；

⑤ muted：属性值为 muted，可简写。如果设置了该属性，则视频输出为静音；

⑥ loop：属性值为 loop，可简写。如果设置了该属性，视频就会自动循环播放；

⑦ poster：定义视频的封面图片，其属性值为图片的 URL 地址。

(2) source 元素属性。

source 元素的属性主要有两个，src 和 type。

① src：定义视频的 URL 地址；

② type：定义视频的类型，常见的视频类型有：video/ogg、video/mp4、video/webm。

2) 视频列表效果的实现

视频列表的结构写在【代码 2-2】的 video 中，如图 2-78 方框所示的位置。

左侧的视频通过 video 标签引入，右侧的列表仍和前面的新闻列表的布局一样。其实现如【代码 2-83】所示。

```
<!--主体部分-->
<div id="main">
    <div class="center">
        <!--滚动公告-->
        <div class="notice">公告</div>
        <!--动态和新闻列表-->
        <div class="list">
            <!--最新动态-->
            <div class="dynamic">最新动态</div>
            <!--新闻列表-->
            <div class="news">新闻列表</div>
        </div>
        <!--视频列表-->
        <div class="video">视频</div>
        <!--图片风采-->
        <div class="imgList">图片</div>
    </div>
</div>
```

图 2-78 视频列表结构位置

【代码 2-83】视频展示栏实现-index.html

```
〈!--视频列表--〉
〈div class="video bgStyle"〉
    〈div class="title"〉
        〈span〉视频〈/span〉
        〈a href="#" class="iconfont icon-gengduo1"〉更多〈/a〉
    〈/div〉
    〈div class="content"〉
        〈div class="left"〉
            〈video width="440px" controls poster="img/bg4.jpg"〉
                〈source src="img/movie.mp4"〉〈/source〉
        〈/video〉
        〈/div〉
        〈div class="newsList right"〉
```

```
                <ul>
                    <li>
                        <a href="#">辛保安董事长与国家能源集团董
事长会谈</a>
                        <span> 2022/03/23 </span>
                    </li>
                    ......
                </ul>
            </div>
        </div>
    </div>
```

在 CSS 样式设置上,需要单独设置该模块的宽度,并使其与上下两个模块之间有一定的距离。由于视频和列表设置了浮动,而父容器的高度为自适应,所以要记得清除浮动。CSS 代码如【代码 2-84】所示。

【代码 2-84】视频展示栏实现-index.css

```
.video{
        width:100%;
        margin:20px 0;
}
.video .left{
        float:left;
}
.video .right{
        float:right;
        width:448px;
}
/*清除浮动*/
.video .content:after{
        content:"";
        display:block;
        clear:both;
}
```

2. 风采图片展示栏的实现

风采图片的效果图如图 2-79 所示。

图 2－79　风采图片展示栏最终效果

至于该模块的背景与标题部分和之前的代码都是一样的，这里主要说内容区域。内容区分为三个模块：左翻滚、右翻滚和图片列表。

左翻滚和右翻滚的小图标仍然通过@font-face 引入，图片列表使用无序列表，鼠标悬停到图片上显示图片信息部分可采用前面二级导航的结构，在每个 li 标签中嵌套一个 div，通过设置 display 属性值为 block 或 none 控制元素的显示和隐藏。该 div 中包含描述和详情两部分，描述用段落 p 标签引入，详情用 a 标签引入，需要将该 a 标签设置为块元素，这里的"查看详情"的背景为图片。

风采图片的结构写在【代码 2－2】的 imgList 中，如图 2－80 方框所示的位置。

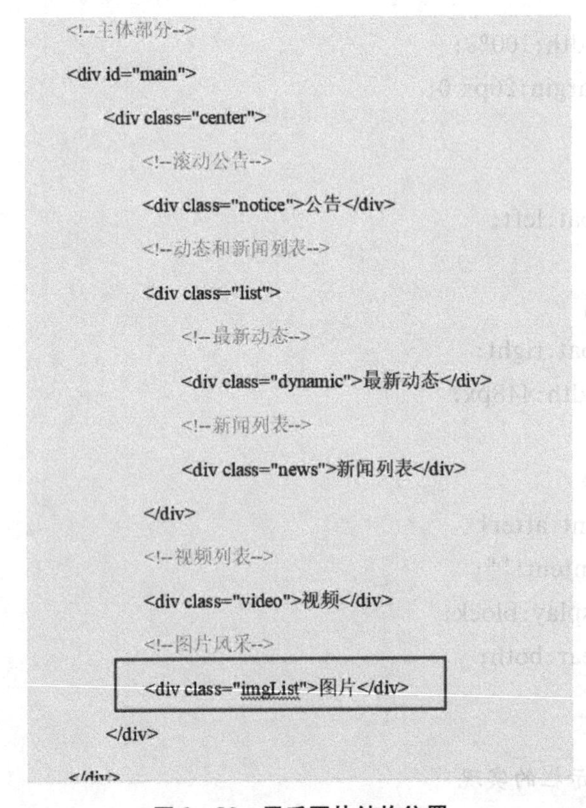

```
<!--主体部分-->
<div id="main">
    <div class="center">
        <!--滚动公告-->
        <div class="notice">公告</div>
        <!--动态和新闻列表-->
        <div class="list">
            <!--最新动态-->
            <div class="dynamic">最新动态</div>
            <!--新闻列表-->
            <div class="news">新闻列表</div>
        </div>
        <!--视频列表-->
        <div class="video">视频</div>
        <!--图片风采-->
        <div class="imgList">图片</div>
    </div>
</div>
```

图 2－80　风采图片结构位置

该模块的结构实现如【代码 2 - 85】所示。

【代码 2 - 85】风采图片内容区实现-index.html

```
<div class="imgList bgStyle">
    <div class="title">
        <span>风采图片</span>
        <a href="#" class="iconfont icon-gengduo1">更多</a>
    </div>
    <div class="content h">
        <div class="iconfont icon-lunbozuofangun"></div>
        <div class="iconfont icon-lunboyoufangun"></div>
        <div class="item">
            <ul>
                <li>
                    <img src="img/img1.jpg"/>
                    <div class="hidden">
                        <p>新疆阿勒泰供电公司:强降雪突袭 全
力保供电</p>
                        <a href="#">查看详情</a>
                    </div>
                </li>
                ......
            </ul>
        </div>
    </div>
</div>
```

1）*左翻滚和右翻滚 CSS 布局*

在布局上，左翻滚、右翻滚和图片列表三个 div 都可采用绝对定位的布局方式，那么它们的父容器就需要设置为相对定位。左翻滚、右翻滚的 CSS 布局如【代码 2 - 86】所示。

【代码 2 - 86】左、右翻滚图标布局-index.css

```
/*图片风采*/
.imgList{
        width:100%;
}
```

```
.imgList .h{
        height:200px;
        position:relative;
}
.imgList .icon-lunbozuofangun,.imgList .icon-lunboyoufangun{
        width:30px;
        height:100%;
        background-color:#424242;
        text-align:center;  /*字体图标水平居中*/
        line-height:200px;  /*字体图标垂直居中*/
        font-size:26px !important;  /*字体图标大小为26 px*/
        color:#b7b7b7 ;
        opacity:0.5;  /*图标和背景都半透明*/
        position:absolute;  /*绝对定位*/
        cursor:pointer;  /*鼠标悬停显示为小手形状*/
}
.imgList .icon-lunbozuofangun{
        left:0;  /*左翻滚居左显示*/
}
.imgList .icon-lunboyoufangun{
        right:0;  /*右翻滚居右显示*/
}
```

2) 图片列表 CSS 布局

该部分的布局和最新动态中 banner 图的布局类似，每一项 li 左浮动都在一行显示，通过改变 ul 的 left 值来实现左右滚动。

这里的图片列表 item 所在的 div 绝对定位，它会以父容器 content 的左上角为原点进行定位，对于内部的 ul 的布局可以是相对定位也可以是绝对定位(此时 ul 都会以父容器 item 的左上角为原点进行定位)，设置其 left 值为 0。

图片列表的 CSS 布局如【代码 2-87】所示。

【代码 2-87】图片列表布局-index.css

```
.imgList .item{
        width:880px;
        height:100%;
        position:absolute;
        left:39px;
```

```
            overflow:hidden;   /*超出的内容隐藏*/
    }
    .imgList ul{
            width:1350px;
            height:100%;
            position:absolute;
            left:0;
    }
    .imgList li{
            float:left;
            width:205px;
            height:100%;
            position:relative;   /*每个 li 相对定位*/
            margin-right:20px;
    }
    .imgList img{
            width:100%;
            height:100%;
    }
    .imgList .hidden{
            position:absolute;
            top:0 px;
            width:100%;
            height:100%;
            background-color:rgba(0,0,0,0.7);
            padding:37px;
            box-sizing:border-box;
            display:none;
    }
    .imgList .hidden p{
            color:white;
            line-height:26px;   /*行间距为 26 px*/
            text-align:center;   /*水平居中显示*/
            font-size:14px;
    }
    .imgList .hidden a{
```

```
            display:block;
            width:130px;
            height:30px;
            margin-top:15px;
            background-image:url(../img/pl_bg.png);  /*设置背景图片,默认平铺*/
            opacity:0.9;  /*背景透明度为0.9*/
            text-align:center;  /*文字水平居中*/
            line-height:30px;  /* 文字垂直方向居中*/
            font-size:14px;
            color:#fff ;
    }
    /*鼠标悬停显示图片信息*/
    .imgList  li:hover .hidden{
            display:block;
    }
```

这里重点来说一说上面的几个宽度值是如何设置的。对于我们的首页来说,该模块的可见图片有 4 张,每张图片之间的间距都相等,共有 3 个间隔。那么每张图片的宽应该设置为多大?图片之间的间距应该为多少?整体(class 值为 item 的 div 元素)与左右两个滚动图标之间的距离应该为多少才能使 4 张图片正好在容器中两端对齐显示呢?

先来计算内容 content 区的宽度。因为整个 imgList 的宽为 1 000 px,左右内边距各 20 px,左右边框各 1 px,且宽度作用于边框,所以内容区的宽为 1 000−20×2−2=958 px。更简单的方法就是在浏览器中进入开发者模式,在"Style"中找到 imgList 的盒子模型,盒子模型中已经给出了该模块的宽。

左右两个图标的宽各 30 px,此时剩余 958−30×2=898 px,让 class 值为 item 的 div 距离左、右图标各 9 px(即距离父容器 content 左侧 39 px),此时剩余 item 的宽刚好为 898−9×2=880 px,然后需要减去 4 个图片中间的 3 个间隔,计算出每个图片的宽,这里设置间隔为 20 px(这个距离根据自己的需求设置,只要最终的值能除尽 4),那么图片的宽就是 880−20×3=820 px,820÷4=205 px。

我们的图片列表中总共有 6 个 li,每个 li 宽和图片一样为 205 px,每个 li 又设置了 margin-right:20 px,所以 ul 的总宽度为(205+20)×6=1 350 px。

2.6.5 JavaScript 实现图片列表无缝滚动效果

1. *无缝滚动逻辑分析*

本小节要实现的是风采图片模块的图片列表向左向右无缝滚动的效果,当页面加载完成后默认图片向左滚动,单击向右的箭头,图片会向右滚动,单击向左的箭头,图片就向左滚动。

无缝滚动就是图片一直不停地向某个方向滚动，就好像有无数张图片一样，实际上只有几张图片不停地循环，但是看不出有从最后面切换到最前面的过程，这就是无缝滚动。

无缝滚动的列表与轮播图的列表在效果上最大的区别就是，无缝滚动在可视区域内显示的是多张图片，而轮播图在可视区域内只显示一张图片。但是它们都是通过改变 left 值来实现的，当图片到某个位置时让它的 left 值回到 0 重新开始。

比如下面的一个图片列表，最开始时的状态如图 2－81 所示(图中红色边框为滚动的可视区域)，ul 列表与容器左侧对齐，即 left 值为 0。

当图片逐渐向左滚动，并显示全最后一张图片后，如果不进行任何操作，那么最后一张后面就会出现空白，如图 2－82 所示。此时如果通过将 left 值设置为 0，让它重新开始回到图 2－81 的状态，虽然解决了空白的问题，但是位于后面的第 img3、img4 永远都无法再向左移动了，且不能实现无缝滚动的效果。

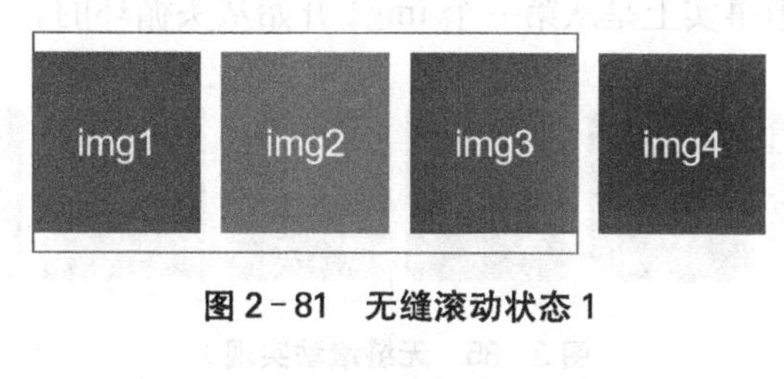

图 2－81 无缝滚动状态 1

图 2－82 无缝滚动状态 2

当运动到图 2－82 的状态后，将这个图片列表再复制一份放在最后一张后面，永远以 1、2、3、4、1、2、3、4……这样循环下去就是无缝滚动，如图 2－83 所示。

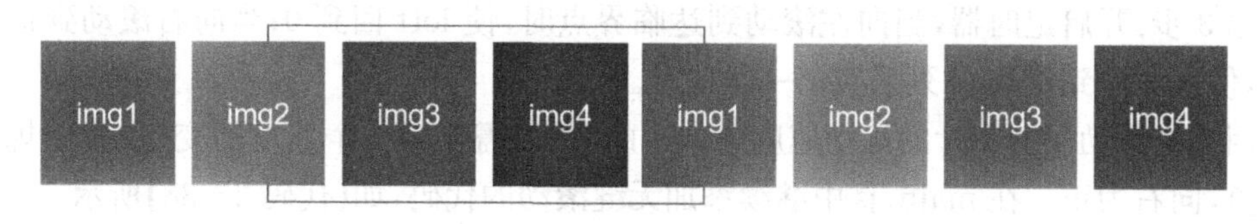

图 2－83 无缝滚动状态 3

但是，其实无缝滚动只是看着“像是”在最后一张后面又复制了一份。如果真的在页面中不停地复制列表，整个网页文档就会变得无限长，这样的页面是不合理的。那么到底要如何做呢?

其实在图 2－83 中已经给到了我们一些启示，当列表原来就有两份时(如图 2－84 所示)，第一个 img4 后刚好跟着 img1，可以实现 1 次无缝滚动，然后当运动到某个界线时，让它的 left 值回到 0。现在的关键点就是找这个界线，它要满足两个需求：一是第一个 img4 要能从滚动的可视区右侧完整地移动到左侧并消失；二是 img4 消失后 img1 出现。

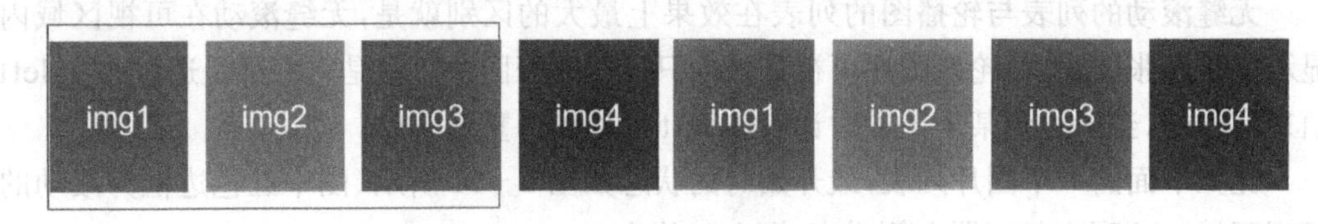

图 2-84　无缝滚动实现 1

满足这两个要求的状态就是图 2-85 所示的位置了。我们用 width 来表示一个列表宽的话，那么此时的 left 值就是－width。一旦 left 值小于－width 这个界线（即要继续向左移动了），就让 left 值回到 0，刚好还是从 img1 开始的，这样给人的视觉感受就好像接着第二个 img1 开始的，但事实上是从第一个 img1 开始从头循环的。

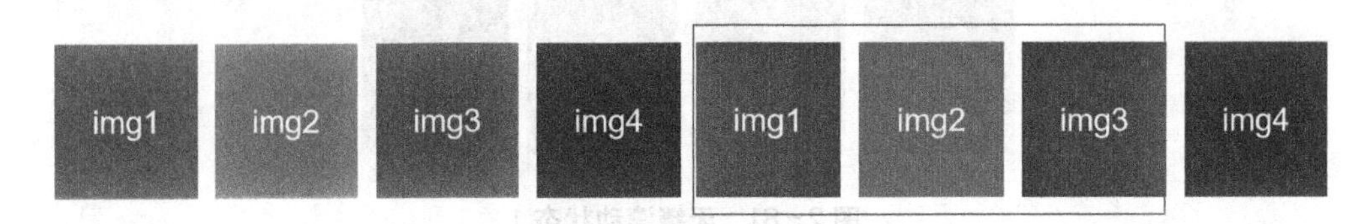

图 2-85　无缝滚动实现 2

上述是默认图片向左滚动，那如果单击“向右”的箭头让图片向右无缝滚动，要如何找这个界线呢？向右移动时，left 为正值，当这个值一旦大于 0，就让 left 值回到－width（图 2-85 所示）位置。以上就是无缝滚动的逻辑分析。

2. 无缝滚动效果的实现

下面我们来具体分析，实现步骤如下：

第 1 步：获取所需的元素，向左、向右的按钮，ul 容器和 li 列表项元素。

第 2 步：将 ul 中的列表复制一份添加在最后一个 li 后。

第 3 步：开启定时器，当向左滚动到达临界点时，使 left 回到 0；当向右滚动到达临界点时，使 left 回到负的 ul 列表宽的一般位置。

因为在滚动时的图片的运动速度是匀速的，所以需要定一个速度的变量，我们规定向左为负，向右为正。在 main.js 中继续添加无缝滚动的代码，如【代码 2-88】所示。

【代码 2-88】无缝滚动效果-main.js

```
1.    //图片无缝滚动
2.    //1、获取向左、向右按钮和 ul、li 元素
3.    var leftBtn=document.querySelector(".icon-lunbozuofangun");
4.    var rightBtn=document.querySelector(".icon-lunboyoufangun");
5.    var ulList=document.querySelector(".imgList .item ul");
```

```
6.    var liList=ulList.getElementsByTagName("li");
7.    //2、将 ul 中的元素复制一份
8.    ulList.innerHTML+=ulList.innerHTML;
9.    //动态设置 ul 的宽度
10.   ulList.style.width=225 * liList.length+"px";
11.   //3、定时调用
12.   //定义一个滚动速度
13.   var speed=-3;
14.   //定义一个定时器变量
15.   var OTimer;
16.   //调用函数
17.   roll();
18.   //定义无缝滚动函数,每隔 0.02 s 调用一次
19.   function roll(){
20.       OTimer=setInterval(function(){
21.           //让 left 值每次减少 3,匀速滚动
22.           ulList.style.left=ulList.offsetLeft+speed+"px";
23.           //向左滚动时,判断临界点,
24.           if(ulList.offsetLeft <-ulList.offsetWidth/2){
25.                       ulList.style.left="0 px";
26.                   }
27.                   //向右滚动时,判断临界点
28.                   else if(ulList.offsetLeft> 0){
29.                       ulList.style.left=-ulList.offsetWidth/2+"px";
30.                   }
31.           },20);
32.   }
```

第 8 行代码 ulList.innerHTML+=ulList.innerHTML,ulList.innerHTML 获取的是 ul 中全部的内容包含标签,“+=”为赋值运算符,比如 a+=2 相当于 a=a+2,将 a 加上 2 再赋值给 a。这一行代码的意思就是将 ul 中的内容再复制一份添加到最后一个 li 后。原来列表有 6 项,现在有 12 项,所以 ul 的宽就是 225×12,如第 10 行代码。

offsetLeft 和 offsetWidth

前面说到过获取或设置元素宽高或者 left 值都是通过“元素.style.width”这种形式来实现的,但这种只能获取内嵌样式,对于内部样式和外部样式是无法获取到的。但我们在写代码时 CSS 都是通过外部样式引入的,想要获取写在外部中的宽高或元素的偏移量,可通过“元素.offsetWidth”这种来实现。注意:offset 的写法只能读取,不能设置。

offsetWidth 和 offsetHeight 获取的是元素视觉上的大小，即包含边框和内边距，为具体的数值，不带 px 单位，也就意味着它是可以进行算术运算的。而 style 的写法获取的是带 px 单位。

当父元素有定位时，offsetLeft、offsetTop、offsetRight、offsetBottom 为元素边框外侧到父元素边框内侧的距离，比如项目中的图片列表 ul 在父容器中绝对定位，当 left 值为－20 px 时，它的 offsetLeft 值就是－20，此时可以将 offsetLeft 当成元素外部样式 left 偏移量的获取。

注意：在不同的浏览器和父元素不同的 position 定位下 offsetLeft 这些值会有所不同。

第 22 行代码 ulList. style. left＝ulList. offsetLeft＋speed＋"px";，比如最开始时 offsetLeft＝0，speed＝－3，offsetLeft＋speed＝0－3＝－3，left 值此时为－3 px，向左移 3 px 的距离。0.02 s 后再次调用定时器，此时 offsetLeft＝－3，offsetLeft＋speed＝－3－3＝－6，left 值变成－6 px，又向左移动了 3 px。依此类推，每调用一次定时器 left 值就变化 3，就实现了匀速运动的效果。

向左滚动到达临界线 ul 总宽（ulList. offsetWidth 的值就是 225×12）的一半时，就让 ul 的 left 值回到 0 px。

向右滚动 ul 的 offsetLeft 大于 0 时，让它回到－ulList. offsetWidth 一半的位置。

3. 鼠标移入移出和向左向右按钮效果

当鼠标悬停到图片上时，要停止滚动，移出继续。单击向左箭头，图片向左滚动，单击向右箭头，图片向右滚动。实现如【代码 2－89】所示。

【代码 2－89】 鼠标和按钮效果-main. js

```
//鼠标移入时停止滚动
ulList.onmouseover=function(){
        clearInterval(OTimer);
}
//鼠标移出时继续滚动
ulList.onmouseout=function(){
        roll();
}
//单击向左时，速度为负
leftBtn.onclick=function(){
        speed=-3;
}
//单击向右时，速度为正
rightBtn.onclick=function(){
```

```
            speed=3;
    }
```

至此无缝滚动的全部功能已实现完毕。

知识拓展

JS 中的运算符之赋值运算符：

赋值运算符用于给 JavaScript 变量赋值。比如下面示例中 x=3,y=7。

(1) =：赋值，如 x=y，则 x=7。

(2) +=：加，如 x+=y，相当于 x=x+y，x=10。

(3) -=：减，如 y-=x，相当于 y=y-x，y=4。

(4) *=：乘，如 x*=y，相当于 x=x*y，x=21。

(5) /=：除，如 y/=2，相当于 y=y/2，y=3.5。

(6) %=：求余数，如 y%=x，相当于 y=y%x，y=1。

知识小结

(1) 阴影属性 box-shadow，其值有：offset-x（阴影在水平方向的偏移量）、offset-y（阴影在垂直方向的偏移量）、blur（阴影的模糊程度）、spread（阴影扩展半径）、color（阴影颜色）、none|inset（阴影类型）。

(2) setInterval()定时调用，开启定时器，clearInterval()关闭定时器。

(3) “元素.innerHTML”获取的内容包括标签，“元素.innerText”获取纯文本内容。

(4) if 条件语句，if 后紧跟的小括号为语句执行的条件，当条件成立时执行 if 大括号中的代码。

(5) for 循环嵌套：外循环执行一次时，内循环执行多次。

(6) 获取元素的方法有以下几种：

① document.getElementById("id 值")，返回一个对象；

② document.getElementsByTagName("标签名")或元素.getElementsByTagName("标签名")，返回对象数组；

③ document.querySelectorAll()，返回对象数组；

④ document.querySelector()，返回一个对象；

(7) video 标签在页面中引入视频文件，可嵌套〈source〉标签为同一视频指定多种播放格式。video 元素属性有：width 和 height、src、controls（显示视频控件）、autoplay（页面加载完后立即播放视频）、muted（视频输出为静音）、loop（循环播放）、poster（定义视频封面图片）。

知识足迹

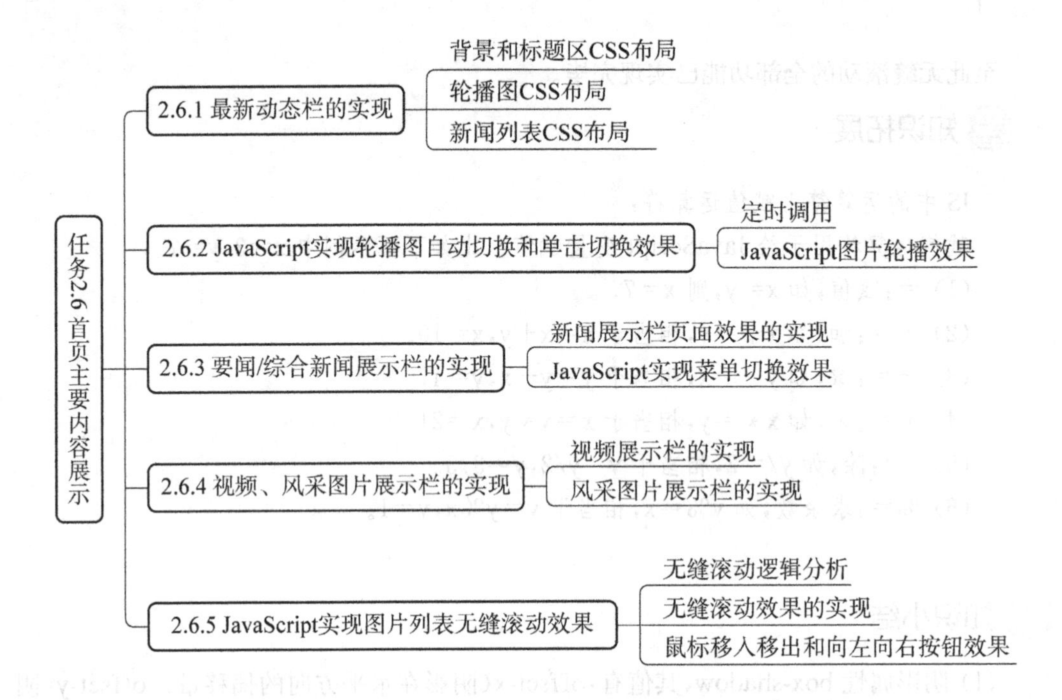

任务2.7 首页底部(footer)的实现

本任务为页面制作的最后一部分:完成底部的效果,将学习到列表的另一种类型:自定义列表。

2.7.1 footer块元素内容编写

底部的最终效果如图2-86所示。

关于我们
公司介绍
公司领导
组织机构
企业文化
企业荣誉

新闻中心
要闻
综合新闻
一线风采
媒体聚焦

在线服务
客户服务
电e宝
e充电
人才招聘
供电服务监督
优化营商环境

友情链接
国家能源局
12398能源监管热线
中国政府门户网
南方电网公司
国务院国资委
国家发展和改革委员会

©本项目仅供学生学习使用,不提供任何商用价值

图2-86 底部最终效果

底部在结构上分为了两大模块:列表和版权。

列表区总共有4个列表在一行显示,每个列表都有对应的项目(如"关于我们"、"新闻

中心”)和列表项描述。前面我们学的无序列表和有序列表都只有列表项,想要定义表头就需要在第一项嵌套标题标签 h3,或者通过 CSS 样式来设置。

这里我们使用自定义列表来实现。自定义列表以〈dl〉标签开始,〈dt〉定义列表中的项目,〈dd〉定义列表项的描述。对自定义列表做一个简单的应用,如【代码 2-90】所示。

【代码 2-90】自定义列表

```
〈dl〉
        〈dt〉开心〈/dt〉
        〈dd〉哈哈哈〈/dd〉
        〈dd〉嘻嘻嘻〈/dd〉
        〈dt〉生气〈/dt〉
        〈dd〉呵呵呵〈/dd〉
        〈dd〉哼哼哼〈/dd〉
〈/dl〉
```

页面运行效果如图 2-87 所示。

```
开心
    哈哈哈
    嘻嘻嘻
生气
    呵呵呵
    哼哼哼
```

图 2-87 自定义列表

对于我们首页的 footer 块就采用自定义列表的结构,底部的 HTML 代码如【代码 2-91】所示。

【代码 2-91】footer 块结构-index. html

```
〈div id="footer"〉
        〈!--关于我们、新闻中心、在线服务、友情链接--〉
        〈div class="center"〉
                〈dl〉
                        〈dt〉〈a href="#"〉关于我们〈/a〉〈/dt〉
                        〈dd〉〈a href="#"〉公司介绍〈/a〉〈/dd〉
                        ……
                〈/dl〉
                〈dl〉
```

```
                    〈dt〉〈a href="#"〉新闻中心〈/a〉〈/dt〉
                    〈dd〉〈a href="#"〉要闻〈/a〉〈/dd〉
                    ......
                〈/dl〉
                〈dl〉
                    〈dt〉〈a href="#"〉在线服务〈/a〉〈/dt〉
                    〈dd〉〈a href="#"〉客户服务〈/a〉〈/dd〉
                    ......
                〈/dl〉
                〈dl〉
                    〈dt〉〈a href="#"〉友情链接〈/a〉〈/dt〉
                    〈dd〉〈a href="#"〉国家能源局〈/a〉〈/dd〉
                    ......
                〈/dl〉
            〈/div〉
            〈!--版权--〉
            〈div class="copyright"〉&copy;本项目仅供学生学习使用,不提供任何
商用价值〈/div〉
    〈/div〉
```

上面的©是转义字符,代表的是版权符号"©"。在 HTML 中,因为有些字符具有特殊的含义,比如"〈"和"〉"用来表示 HTML 标签,所以就不能直接当作符号来使用,此时就可以通过转义字符来定义。常用的转义字符有:

(1) 表示空格;

(2) >表示大于号"〉";

(3) <表示小于号"〈";

(4) ¥表示元"¥";

(5) "表示引号""";

(6) ©表示版权"©";

(7) ™表示商标"™"。

2.7.2 CSS3 美化 footer 效果

删除原来设置给 center 区的高度,让其自适应内容,为了使列表块的内容与容器的上下都有一定的距离,可以为 center 容器设置上下内边距。另外由于自定义列表 dl、dt、dd 都是块元素,而内部的 4 个列表是在一行显示的,所以为每个 dl 元素设置左浮动,子元素设置了浮动后父容器要清除浮动,才能保证内容正常显示。CSS 布局如【代码 2 - 92】所示。

【代码 2-92】footer 块布局-index. css

```
/*底部*/
#footer{
    background-color:white;
}
/*友情链接等居中显示内容*/
#footer .center{
    width:1000px;
    margin:0 auto;
    padding:20px 0;  /*设置上下内边距各为 20 px*/
    box-sizing:border-box;  /*宽度作用于边框*/
}
#footer .center dl{
    width:250px;
    float:left;
    padding-right:30px;
    box-sizing:border-box;
}
/*清除浮动*/
#footer .center:after{
    content:"";
    display:block;
    clear:both;
}
#footer .center dt a{
    line-height:24px; /*设置行高为 24 px*/
}
#footer .center dd a{
    line-height:22px;
    font-size:14px;
    color:gray;
}
/*版权*/
#footer .copyright{
    width:100%;
    line-height:50px;
```

```
        text-align:center;
        background-color:#252525;
        font-size:14px;
        color:white;
    }
```

到目前为止，整个首页的效果已全部实现。有些具有相同样式的 CSS 代码我们是拆开来写的，大家在做完一个页面后可以对自己的代码进行优化。比如说页面中有很多左右浮动的元素，可以单独定义一个.fl{float:left}，.fr{float:right}用来设置浮动效果，当有元素需要时引入 class 属性即可。在项目 3 中将会采用这种方式逐步去优化代码。

知识小结

(1) 自定义列表以〈dl〉标签开始，〈dt〉定义列表中的项目，〈dd〉定义列表项的描述。

(2) 转义字符的语法：&实体名称；。

知识足迹

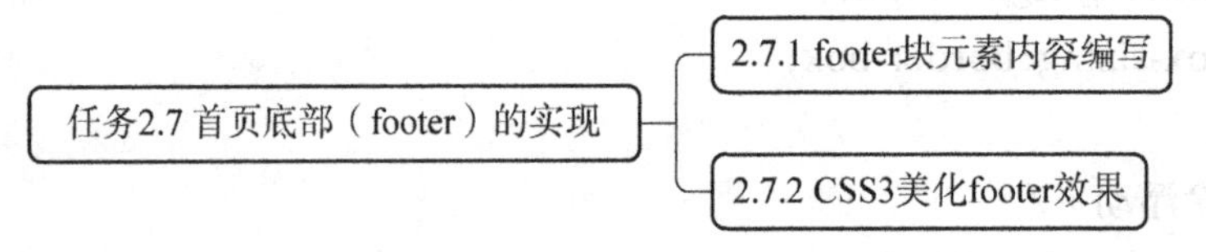

项目总结

本项目共分为 7 个任务：

任务一主要是搭建门户首页的架构。包括结构划分和布局实现，需要大家了解什么是 div；掌握 CSS 的引入方式和定义；掌握 CSS 的 id、class、后代、群组选择器的使用；理解并掌握 CSS 盒模型的 margin、padding 属性(重难点)；掌握 CSS 布局中的浮动、绝对定位并能灵活使用(重难点)。

任务二主要是实现顶部效果。包含了图片标签、超链接标签的使用，超链接的状态和伪类选择器，以及如何通过@font-face 规则在页面中使用在线字体图标。

任务三主要是实现首页导航栏效果。首先包含了列表的使用、相对布局、盒子尺寸 box-sizing 和背景属性 background，并使用伪类:hover 实现鼠标飘过动态显示内容的效果。其次本任务开始正式接触 JavaScript 内容，认识 JavaScript 的引入方法、注释、加载顺序、变量、数据类型、for 循环语句、函数、事件，最后使用 JavaScript 来实现导航栏的动态效果进行实战练习。

任务四主要是实现 banner 区。包含了 banner 图的两种布局方式，认识元素的层叠顺序 z-index 属性。学习了 CSS3 的 animation 动画，并使用 animation 来实现轮播图自动播放的效果，该部分内容在学习过程中属于一个重难点。

任务五主要是实现固定导航栏和滚动公告效果，包含固定定位、边框属性、内容溢出设置，并使用 CSS3 实现滚动公告效果。

任务六主要是内容区的实现，由最新动态、要闻|综合新闻展示、视频、风采图片 4 个子模块组成。知识点上包含了阴影属性 box-shadow、video 标签的使用、JavaScript 定时器、获取元素的方法，并使用 JavaScript 来实现了图片轮播、菜单切换、图片无缝滚动的效果。

任务七为首页的最后一个部分：底部。主要是自定义列表的使用。

通过整个首页的制作，希望大家能够对网页设计有更深的理解，并能够逐步自己去完成页面的制作。

综合练习

1. 单选题

(1) HTML 中的元素可分为块级元素和行内元素，下列哪个元素是块级元素(　　)。

A. strong

B. li

C. a

D. span

(2) <div class="myDiv">我是 div </div>，需要设置该 div 元素的背景色为蓝色，且半透明，需要怎么做(　　)。

A. background-color:rgba(0,0,255,0.5);

B. color:rgba(0,0,255,0.5);

C. background-color:blue;opacity:0.4;

D. background-color:blue;opacity:40;

(3) 创建一个位于文档内部的链接正确的是(　　)。

A. <a href="#name">

B. <a name="#name">

C. <a href="url">

D. <a name="url">

(4) 下面语句最终的输出结果是(　　)。

```
<script>
    var a=10;
    function fn(){
    var b=20;
    a=30;
    }
    console.log(a);
    fn();
```

```
console.log(b);
</script>
```

A. 10、20

B. 30、20

C. 10、b is not defined

D. 30、b is not defined

2. 多选题

(1) 关于绝对定位的说法正确的有(　　)。

A. position:absolute 可设置一个元素为绝对定位。

B. 设置绝对定位的元素会脱离文档流,但是原来的位置不会被占用。

C. 设置了绝对定位的元素需结合 left、right、top、bottom 属性来指定其偏移方向。

D. 绝对定位都是以其父容器来进行定位的。

(2) 下列关于 CSS 中盒子模型说法正确的是(　　)。

A. padding 代表盒子与其他盒子之间的距离。

B. border 代表盒子的边框。

C. 可以通过 box-sizing 属性设置不同的盒子模型:W3C 标准盒子、边框盒子。

D. 盒子模型是页面布局的基础,它包括外边距、边框、内边距以及元素的内容。

3. 填空题

(1) 一个元素设置了内边距 padding:20px 40px 0px;padding-bottom:5px;padding-left:10 px;最终这个元素的上内边距是________,下内边距是________,左内边距是________,右内边距是________。

(2) 在 JavaScript 中用________关键字声明变量。

4. 简答题

清除浮动的方法有哪些?请至少写出三条。

项目 3　电网后台管理系统页面开发

场景导入

在注册一个网站时，往往会遇到需要输入个人信息、设置密码、选择所在地等内容，当用户单击注册并注册成功后，就可以使用注册的用户名和密码进行登录了。那么这些输入框、选项框是什么？又是如何显示在网页中的呢？答案就是表单，至于表单是什么，如何使用，表单元素的类型都有哪些，在接下来的内容中将会详细讲解。

本项目主要来实现后台管理系统的登录页、主页、新闻列表页和新闻发布页的效果。在知识点上除了上面说的表单外，我们还会学习到表格元素、使用 iframe 框架嵌入另一个网页文档、在网页中使用富文本编辑器来编辑新闻、JavaScript 中如何通过 DOM 对元素进行添加、删除等操作。

通过本项目的学习培养学生的逻辑思维能力，并让学生能够自主探究新知识，解决常见问题。

知识路径

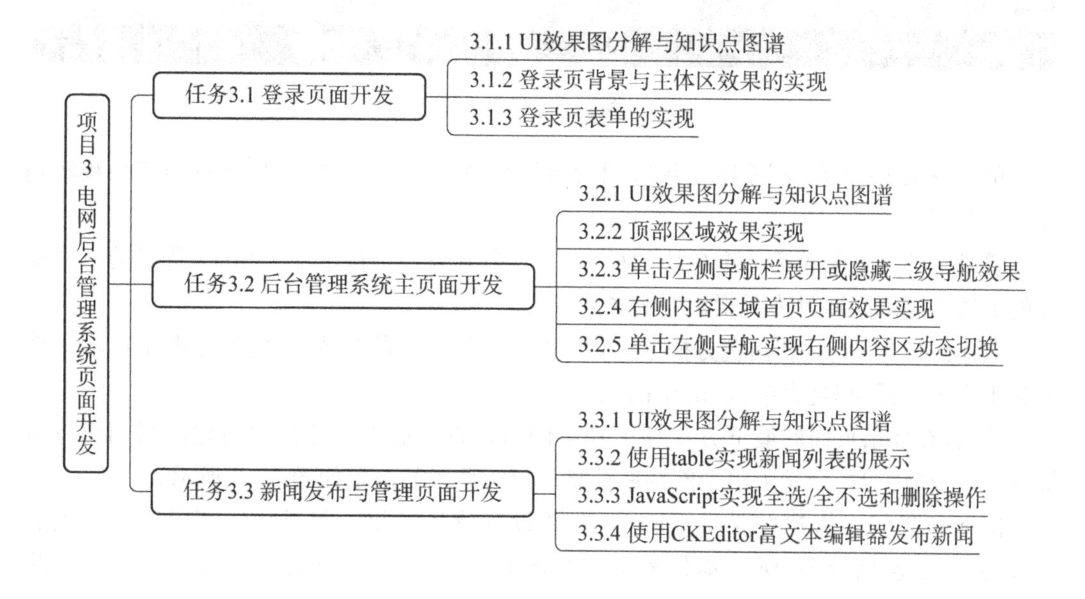

任务3.1 登录页面开发

本任务是实现后台管理系统的登录界面，在该界面中有一个提供用户输入的区域，用户通过输入正确的用户名和密码即可登录到管理中心，而该可输入区域就是表单，表单的作用主要是用来采集以及提交用户输入的信息。

3.1.1 UI效果图分解与知识点图谱

电网后台系统登录页的效果如图3-1所示。

图3-1 登录页

单击登录页的“登录”按钮会跳转到后台管理系统的首页，单击“立即找回”会跳转到找回密码页。

登录页的背景颜色为3个色块的径向渐变，渐变中心点位于左上角处，背景的三个发光的半透明圆圈是通过为元素设置阴影实现的。

主体区包含Logo和白色方框部分，其整体在页面中居中显示，白色方框中可输入部分如用户名、密码都是表单form中的元素。

其次，在登录页面的最下方添加了和电网门户首页底部一样的导航栏。当用户将鼠标移入该导航栏时，会显示出全部导航信息。鼠标移入的效果如图3-2所示。

接下来我们先搭建登录页面的结构，并设置背景效果。另外由于表单为一个重点部分，知识点也比较多，所以本任务接下来的两个小节就分为结构布局和表单讲解两部分。

图3－2　登录页鼠标移入导航栏效果

本任务所涉及的知识点图谱如下所示：

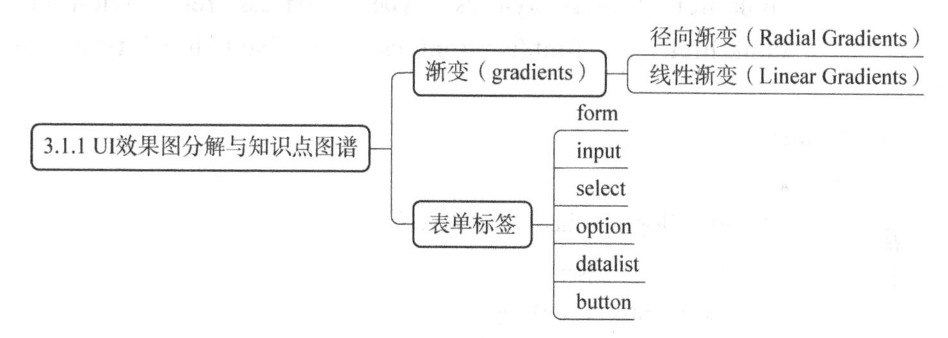

3.1.2　登录页背景与主体区效果的实现

1. 准备工作

(1) 在该项目下新建一个目录为“ManageSystem”，用来存放后台系统的.html文件。并在该目录下新建一个html文件，命名为“login.html”。

(2) 在CSS目录下新建一个CSS文件，命名为“style.css”，用来写登录页的CSS代码。

(3) 更新font目录的文件。前面我们下载的字体图标是门户首页的，对于后台系统需要的图标，还需要再下载。方法同之前，打开“阿里巴巴矢量图标库”搜索需要的图标，添加到项目，并将项目中的所有图标都整体下载到本地，然后删除掉原来的font文件，将新的图标文件复制到项目中(仍然命名为font)。使用网上的图标库不方便的地方就是，一旦需要新的图标就需要添加并重新下载所有的图标，然后将图标文件更新为新下载的。

(4) 在login.html文档的头部通过link标签引入reset.css、style.css、iconfont.css这三个CSS外部文件。在引入文件时注意文件路径不要写错。

2. 登录页面背景和主体区的实现

1）搭建页面整体结构

先来搭建网页的结构，首先最外层要添加一个 div 元素用来设置背景颜色，内层分为三个大模块：内阴影的圆、主体区和底部。

主体区分为 logo 和白色方框两个子模块。白色方框模块又分为居左的图片和居右的表单两部分。至于 footer 是固定在底部的，该部分复制电网首页的 footer 即可。

登录页的结构如【代码 3－1】所示。

【代码 3－1】登录页结构-login. html

```
〈!DOCTYPE html〉
〈html〉
    〈head〉
        〈meta charset＝"UTF-8"〉
        〈title〉用户登录页〈/title〉
        〈link href＝"../css/reset.css" type＝"text/css" rel＝"stylesheet" /〉
        〈link href＝"../css/style.css" type＝"text/css" rel＝"stylesheet" /〉
        〈link href＝"../font/iconfont.css" rel＝"stylesheet" type＝"text/css" /〉
    〈/head〉
    〈body〉
        〈div id＝"login" class＝"bgStyle"〉
            〈!--背景效果--〉
            〈div class＝"bgImg"〉
                〈div class＝"yuan"〉〈/div〉
                〈div class＝"yuan"〉〈/div〉
                〈div class＝"yuan"〉〈/div〉
            〈/div〉
            〈!--主体区--〉
            〈div class＝"main"〉
                〈!--logo--〉
                〈div class＝"logo"〉〈/div〉
                〈!--内容部分--〉
                〈div class＝"content"〉
                    〈!--居左显示的图片--〉
                    〈div class＝"fl"〉〈/div〉
                    〈!--居右显示的表单--〉
```

```
                <div class="fr"></div>
            </div>
        </div>
        <!--底部-->
        <div id="footer">
            <!--关于我们、新闻中心、在线服务、友情链接-->
            <div class="center">
                ......
            </div>
        </div>
    </div>
  </body>
</html>
```

登录页和前面的门户首页最大的不同点是，登录页的背景宽高为浏览器可浏览区域的大小，没有横向或竖向的滚动条，而门户首页的高度是由内容决定的，可通过竖向的滚动条来查看更多的内容。那么要实现像登录页这种 body 中元素高度自适应屏幕高度的效果，需要从 html 层开始层层添加 height:100%;。因此让背景占满屏幕的方法为：html,body{width:100%;height:100%;}。

2）背景设计

登录页的背景效果实现如【代码 3－2】所示。

【代码 3－2】背景样式-style. css

```
html, body{
        width:100%;
        height:100%;
}
/*背景样式*/
.bgStyle{
        width:100%;
        min-width:1200px;
        height:100%;
        min-height:600px;
        background-image: radial-gradient(at 0px 0px, #23a0da 5%, #115dde 20%, #433ab7 60%);
        background-color: #0091d3;
```

```
        overflow:hidden;
    }
    .bgImg{
        width:100%;
        height:100%;
        position:relative;
    }
    /*设置三个圆的颜色和阴影效果*/
    .yuan{
        border-radius:50%;
        background-color:rgba(255,255,255,0);/*设置圆的背景颜色为白色透
明*/
        /*设置阴影向四周发散,阴影模糊程度为26px,阴影颜色为白色,类型为内
阴影*/
        box-shadow:0 0 26px white inset;
    }
    /*分别设置三个圆的大小、位置和透明度*/
    .yuan:nth-of-type(1){
        width:140px;
        height:140px;
        position:absolute;
        left:140px;
        top:100px;
        opacity:0.3;
    }
    .yuan:nth-of-type(2){
        width:200px;
        height:200px;
        position:absolute;
        right:200px;
        bottom:10px;
        opacity:0.5;
    }
    .yuan:nth-of-type(3){
        width:400px;
        height:400px;
```

```
        position:absolute;
        right:-160px;
        top:-240px;
        opacity:0.2;
    }
```

最外层 div 的宽高都为 100%，那么它就会继承父容器 body 的宽高，而 body 的宽高 100%会继承 html 的宽高，这样浏览器窗口满屏时背景就会占满屏幕。另外还为其设置了最小宽度和高度，这样当缩小浏览器窗口时可以通过横向或纵向的滚动条查看页面全部内容，不至于将内容隐藏掉。其次由于内部元素定位的因素，为防止页面出现滚动条，还设置了 overflow:hidden 让溢出的内容隐藏。

内层 div(.bgImg)用来放置三个圆，圆的定位都是绝对定位，且位于右上角的圆超出了屏幕，所以其父容器.bgImg 需要设置为相对定位。

接下来我们重点说一说背景的渐变是如何设置的。

在 CSS3 之前如果要用渐变效果则需要通过引入渐变图片来使用，现在 CSS3 直接为我们提供了渐变属性，可以直接在页面中设置。渐变分为线性渐变和径向渐变。

线性渐变的渐变方向是从上(或下)到下(或上)、从左(或右)到右(或左)、对角方向。而径向渐变是从某处为中心向四周发散。线性渐变如图 3-3 所示，径向渐变如图 3-4 所示。

图 3-3 线性渐变

图 3-4 径向渐变

(1) 线性渐变。

线性渐变的语法为：background-image:linear-gradient(direction,color1,color2,...);。

① direction 为渐变方向，默认是从上到下；to top 表示从下到上；to right 表示从左到右；to left 表示从右到左；to right bottom 表示从左上角到右下角。

② color 为颜色节点，至少要有两种颜色。定义方法可以是十六进制(如#ffffff)、直接颜色名称(如 red)、rgb()，也可以是 rgba()形式。默认情况下颜色的分布是平均的，也可以自己设置颜色的分布。比如为一个宽 200 px、高 100 px 的 div 元素设置从右到左的线性渐变效果，颜色个数为 3 种。

```
div{background-image: linear-gradient(to left, red 10%, green 50%, yellow 80%);}
```

渐变颜色的 3 个百分数值的意思是：从 0%～10%为纯红色，10%～50%为红色到绿色的渐变，50%～80%为绿色到黄色的渐变，80%～100%为纯黄色。效果图如图 3－5 所示。

图 3－5 从右到左的不平均渐变

(2) 径向渐变。

径向渐变的语法为：

background-image:radial-gradient(shape size at position,color1,color2,...);

默认情况下是从元素的中心以椭圆的形状向四周发散的，且颜色分布均匀(如图 3－4 所示)。当然也可以自己指定径向渐变的形状、渐变大小、中心点位置和颜色分布。

① shape 为渐变形状，默认为 ellipse 椭圆形，也可以设置为 circle 圆形。

② at position 为渐变中心点位置，它是以元素左上角为坐标原点的，比如 at 100 px 50 px，中心点的位置就会向右移 100 px，向下移 50 px。如果只写一个值，则另一个值默认为 50%的位置。比如 at top 相当于 at 50% top，at 100 px 相当于 at 100 px 50%。

③ color 为颜色节点，至少要有两种颜色。定义方式和颜色分布同线性渐变。

④ size 为渐变大小，其值如下：

- farthest-side：渐变半径为中心点与容器最远的边的距离，默认大小；
- farthest-corner：渐变半径为中心点与容器最远的角的距离；
- closest-side：渐变半径为中心点与容器最近的边的距离；
- closest-corner：渐变半径为中心点与容器最近的角的距离。

比如有四个宽 300 px、高 200 px 的 div 元素，分别为这四个 div 设置四种渐变大小，渐变形状为圆形，渐变中心点位置为 at 100 px 70 px，渐变颜色为 3 种。如【代码 3－3】所示。

【代码 3－3】径向渐变设置

```
.div1{background-image:radial-gradient(circle farthest-side at 100px 70px, red, green, yellow);}
.div2{background-image:radial-gradient(circle farthest-corner at 100px 70px, red, green, yellow);}
.div3{background-image:radial-gradient(circle closest-side at 100px 70px, red, green, yellow);}
.div4{background-image:radial-gradient(circle closest-corner at 100px 70px, red, green, yellow);}
```

其效果如图 3－6 所示。

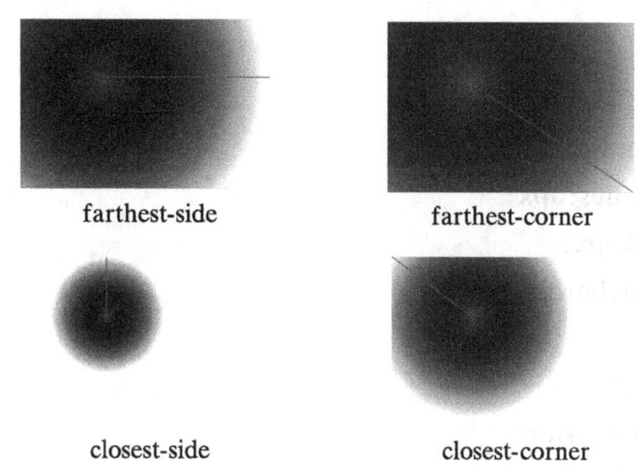

图3-6 径向渐变效果

上面图中三种颜色的分布在其渐变大小的范围内是均匀的，每种颜色大约各占约33.3%。

3) CSS 实现主体区结构布局

回到登录页的布局中，现在背景的效果已经实现了，接下来要做的就是登录页主体区的效果。

主体区(main)在页面中水平方向是居中的，所以需通过绝对定位配合 left、margin-left 来实现水平居中。另外主体区的高度做成了自适应，所以在垂直方向上通过设置 top 值使其大致居中即可。主体区结构的布局实现如【代码 3-4】所示。

【代码 3-4】主体区布局-style.css

```
/*登录页主体区居中显示*/
#login .main{
    position:absolute;
    left:50%;
    top:130px;
    width:500px;
    margin-left:-250px;
}
/*logo 图片*/
.logo{
    width:100%;
    height:60px;
    /*背景图片在容器中水平、垂直居中,图片大小为 200 px*40 px,不重复*/
    background:url(../img/logoS.png) center center/200px 40px no-repeat;
}
/*白色方框效果*/
```

```
.content{
    width:100%;
    background-color:white;
    border-radius:5px;
    padding:30px;
    box-sizing:border-box;
}
/*清除浮动*/
#login .content:after{
    content:"";
    display:block;
    clear:both;
}
/*左侧图片左浮动*/
#login .fl{
    width:160px;
    height:160px;
    background:url(../img/chengshi.png) 0 0/160px 160px no-repeat;
    float:left;
}
/*右侧表单右浮动*/
#login .fr{
    float:right;
}
```

4) CSS 实现底部布局

对于底部的 CSS 样式做了一些细微的改变，首先在布局上应设置为固定定位，由于只显示大标题部分，所以固定 footer 的高度，让溢出的内容隐藏。当鼠标悬停时通过@keyframes 动画改变其高度让它显示全部。在 style.css 中继续写底部的效果，如【代码 3-5】所示。

【代码 3-5】登录页底部布局实现-style.css

```
/*底部固定定位*/
#footer{
    position:fixed;
    bottom:0;
    width:100%;
```

```
        height:50px;
        background-color:rgba(0,0,0,0.7);
        overflow:hidden;
    }
    #footer:hover{
        animation:changeH 2s forwards;   /* forwards 规定动画完成后停在结束
的位置 */
    }
    #footer .center dt a{
        color:gray;
        font-weight:bold;
        line-height:50px;
    }
    @keyframes changeH{
        from{
            height:50px;   /* 开始高度为 50 px */
        }
        to{
            height:200px; /* 结束高度为 200 px */
            background-color:black;  /* 结束背景为黑色不透明 */
        }
    }
    /* center 中去掉了 padding 属性,其余以下都同门户首页 */
    #footer .center{
        width:1000px;
        margin:0 auto;
    }
    #footer .center dl{
        width:250px;
        float:left;
        padding-right:30px;
        box-sizing:border-box;
    }
    #footer .center dd a{
        line-height:22px;
        font-size:14px;
```

```
        color:gray;
    }
```

此时登录页的效果除了 content 中表单部分之外，已全部完成。

3.1.3 登录页表单的实现

1. 表单元素介绍

表单用来收集用户输入信息，由一对〈form〉〈/form〉标签包含。表单由许多表单控件组成，分为表单域和表单按钮。用于收集用户填写信息的部分称为表单域，包含的控件有文本框、密码框、下拉框、单选框、复选框等。用于提交用户信息的部分称为表单按钮，包含提交和重置按钮。

当用户填写数据完成后，单击“提交”按钮就可以发送数据到服务器，经过后台处理后将用户所需的信息返回到客户端，在浏览器中展示给用户。

表单相关的标签和说明如表 3-1 所示。

表 3-1 表单相关标签及其说明

标签名	说明
〈form〉	定义用户输入的表单范围
〈fieldset〉	定义一组使用外边框包括起来的表单元素，如果使用 fieldset 元素，则表单中的其他元素都要放在 fieldset 的开始标签和结束标签之间
〈legend〉	定义〈fieldset〉元素的标题
〈lable〉	定义〈input〉的输入标题
〈input〉	定义用户输入框
〈textarea〉	定义一个多行的文本框，cols 属性规定文本区域的宽度，rows 属性规定文本区域的行数
〈select〉	定义下拉选项框
〈datalist〉	定义下拉选项框
〈option〉	定义下拉选项框中的选项
〈button〉	定义单击按钮

1) form 元素

〈form〉用来标记表单元素，其属性有：

(1) action：规定当提交表单时，向何处发送表单数据。

(2) method：规定在提交表单时所用的 HTTP 方法(GET 或 POST)。GET 为默认方法，使用 GET 提交的表单数据在地址栏是可见的，适合少量数据的提交且没有敏感信息。POST 的安全性更好，提交的信息在地址栏不可见。

（3）name：定义表单的名称。

（4）novalidate：如果有此属性，则表单提交时不会验证表单元素。如果没有则会进行表单验证。

（5）autocomplete：属性值为 on 和 off，规定是否启动自动填充功能。

2）input 元素

input 元素是行内元素，还是单标签，只能包含属性，语法格式如下：

```
<input type="类型" name="元素名称" value="元素的值" />
```

input 的 type 类型有很多种，具体如表 3-2 所示。

表 3-2 input 类型说明

类型	说 明
text	默认值，文本输入框，即用户输入什么就会在输入框中显示什么
password	密码框，用户无论输入什么都会以“*”的形式显示
hidden	该控件的值仍会提交到服务器，但在浏览器上不显示
email	编辑邮箱地址的区域，类似 text 输入
tel	用于输入电话号码的控件，拥有动态键盘的设备上会显示电话数字键盘
search	用于搜索字符串的文字区域
number	定义用于输入数字的字段
range	一个范围组件，用于输入不需要精确的数字，显示为滑动条
color	定义颜色，允许用户从拾色器中选取颜色
week	输入以年和周数组成的日期，不带时区
month	输入以年和月组成的日期，不带时区
time	输入时间的控件，不带时区
date	输入年、月、日组成的日期，不包括时间
datetime-local	输入日期和时间的控件，不包括时区
checkbox	复选框，用户可以选择多个，定义为一组的复选框的 name 值必须相同
radio	单选框，用户只能选择一个，定义为一组的单选框的 name 值必须相同
file	让用户选择文件的控件
image	定义一个带图片的 submit 按钮
submit	用于提交表单的按钮
reset	重置按钮，也可用来清除用户输入信息
button	普通按钮，没有默认行为

input 元素的属性及其说明如表 3－3 所示。

表 3－3　input 元素属性说明

属性	属性值	说　明
name	text	定义 input 元素的名称，只有定义了 name 属性的表单元素才能在表单提交时传递它们的值。是否定义 name 属性并不会影响页面的效果，但会影响数据传递
value	text	当 type 类型为 button、submit、reset 时，value 值表示的是显示在按钮上的文字； 当 type 类型为 text、password、hidden 时，value 值表示的是输入框的初始值或用户输入的值
checked	checked	可以不写值只写属性，定义 input 元素在首次加载时就已被选中。适用于 type 类型为 radio、checkbox 的元素
disabled	disabled	可以不写值只写属性，定义该 input 元素被禁用
readonly	readonly	可以不写值只写属性，定义该 input 元素为只读
required	required	可以不写值只写属性，表示该值为必填项。如果没有填写就提交表单，会出现提示信息
autofocus	autofocus	可以不写值只写属性，表示页面加载时自动获得焦点
multiple	multiple	可以不写值只写属性，允许用户输入多个值
formnovalidate	formnovalidate	可以不写值只写属性，如有此属性，则当表单提交时，该元素不进行验证
size	number	定义 input 元素的可见宽度
maxlength	number	定义输入字段的最大长度，即 value 值的长度
minlength	number	定义输入字段的最小长度，即 value 值的长度
max	number	当 type 类型为 range 时，定义允许范围的最大值
min	number	当 type 类型为 range 时，定义允许范围的最小值
src	URL	当 type 类型为 image 时，定义图片的路径
width	px	当 type 类型为 image 时，定义元素的宽
height	px	当 type 类型为 image 时，定义元素的高
alt	text	当 type 类型为 image 时，定义图片不显示时的提示文本
placeholder	text	定义输入字段的简短提示信息，当输入框获得焦点并且用户按下键盘时，该提示信息就会自动隐藏
autocomplete	on、off	规定是否启动自动填充功能，比如输入用户名的文本框设置了该属性为 on，那么在该文本框获得焦点时，会显示用户曾经提交过的用户名信息
list	datalist_id	指向 datalist 的 id 值

续 表

属性	属性值	说 明
form	form_id	指向〈form〉元素的 id 值，当位于表单外的输入字段也需要提交到服务器时，可为该字段设置 form 属性

下面对 input 元素做一个综合的应用，如【代码 3-6】所示。

【代码 3-6】 input 元素综合应用

```
1. 〈form action="#" method="get"〉
2.  〈fieldset〉
3.      〈legend〉表单应用〈/legend〉
4.      〈!--第一个文本输入框，限制输入最大长度为 3 个字符，初始值为张三；
5.          第二个文本框为只读
6.          第三个文本框不可用
7.      --〉
8.      〈label〉text:〈/label〉〈input type="text" placeholder="请输入用户
名" value="张三" name="text" maxlength="3" required /〉
9.      〈input type="text" placeholder="该文本框只读，不可修改" name="
text" readonly/〉
10.     〈input type="text" placeholder="该文本框不可用" name="text"
disabled /〉〈br /〉
11.     〈!--密码框，必填项--〉
12.     〈label〉password:〈/label〉〈input type="password" value=""
name="pwd" required/〉〈br /〉
13.     〈label〉hidden:〈/label〉〈input type="hidden" value="" name="
hidden" /〉〈br /〉
14.     〈label〉email:〈/label〉〈input type="email" value="" name="email"
autocomplete="on" /〉〈br /〉
15.     〈label〉tel:〈/label〉〈input type="tel" value="" name="tel" /〉
〈br /〉
16.     〈label〉search:〈/label〉〈input type="search" value="" name="
search" /〉〈br /〉
17.     〈label〉number:〈/label〉〈input type="number" value="4" name="
num" /〉〈br /〉
18.     〈!--范围滑动条，最小值为 1，最大值为 5，初始值为 2，即在滑动条的 2/5
位置.--〉
```

```
19.        〈label〉range:〈/label〉〈input type="range" value="2" name="range" max="5" min="1" /〉〈br /〉
20.        〈label〉color:〈/label〉〈input type="color" value="" name="color" /〉〈br /〉
21.        〈label〉week:〈/label〉〈input type="week" value="" name="week" /〉〈br /〉
22.        〈label〉month:〈/label〉〈input type="month" value="" name="month" /〉〈br /〉
23.        〈label〉time:〈/label〉〈input type="time" value="" name="time" /〉〈br /〉
24.        〈label〉date:〈/label〉〈input type="date" value="" name="date" /〉〈br /〉
25.        〈label〉datetime-local:〈/label〉〈input type="datetime-local" value="" name="datetime-local" /〉〈br /〉
26.        〈!--选择文件组件,可多选--〉
27.        〈label〉file:〈/label〉〈input type="file" value="" name="file" multiple/〉〈br /〉
28.        〈!--复选框--〉
29.        〈label〉checkbox:选择你喜欢的食物〈/label〉
30.        〈input type="checkbox" value="" name="foods"/〉火锅
31.        〈input type="checkbox" value="" name="foods"/〉烧烤
32.        〈input type="checkbox" value="" name="foods"/〉海鲜自助
33.        〈input type="checkbox" value="" name="foods"/〉西餐〈br /〉
34.        〈!--单选框,初始时第 3 项被选择--〉
35.        〈label〉radio:选择你最喜欢的食物〈/label〉
36.        〈input type="radio" value="" name="food"/〉火锅
37.        〈input type="radio" value="" name="food"/〉烧烤
38.        〈input type="radio" value="" name="food" checked/〉海鲜
39.        〈input type="radio" value="" name="food"/〉西餐〈br /〉
40.        〈label〉image:〈/label〉〈input type="image" src="../img/denglu.jpg" width="60 px" height="60 px" name="img"/〉〈br /〉
41.        〈label〉submit:〈/label〉〈input type="submit" name="submit"/〉
42.        〈label〉reset:〈/label〉〈input type="reset" name="reset"/〉
43.        〈label〉button:〈/label〉〈input type="button" name="btn" value="保存"/〉
44.    〈/fieldset〉
```

```
45. </form>
```

这是一个带边框的表单，页面运行的效果如图 3－7 所示，用户输入信息后的效果如图 3－8 所示。

上面的第 12 行代码密码框设置了 required 属性，当用户没有填写此项就提交时就会出现提示信息。第 14 行的 email 框设置了自动填充属性，当用户在输入时就会出现之前提交过的 email 数据，供用户自动填充内容，另外由于 form 元素没有设置 novalidate 属性，所以在表单提交时会验证表单元素，如果邮箱格式不正确就会出现提示信息。

第 41、42 行的 submit 和 reset 按钮，如果想要改变按钮上的文字，则可通过 value 属性来设置。

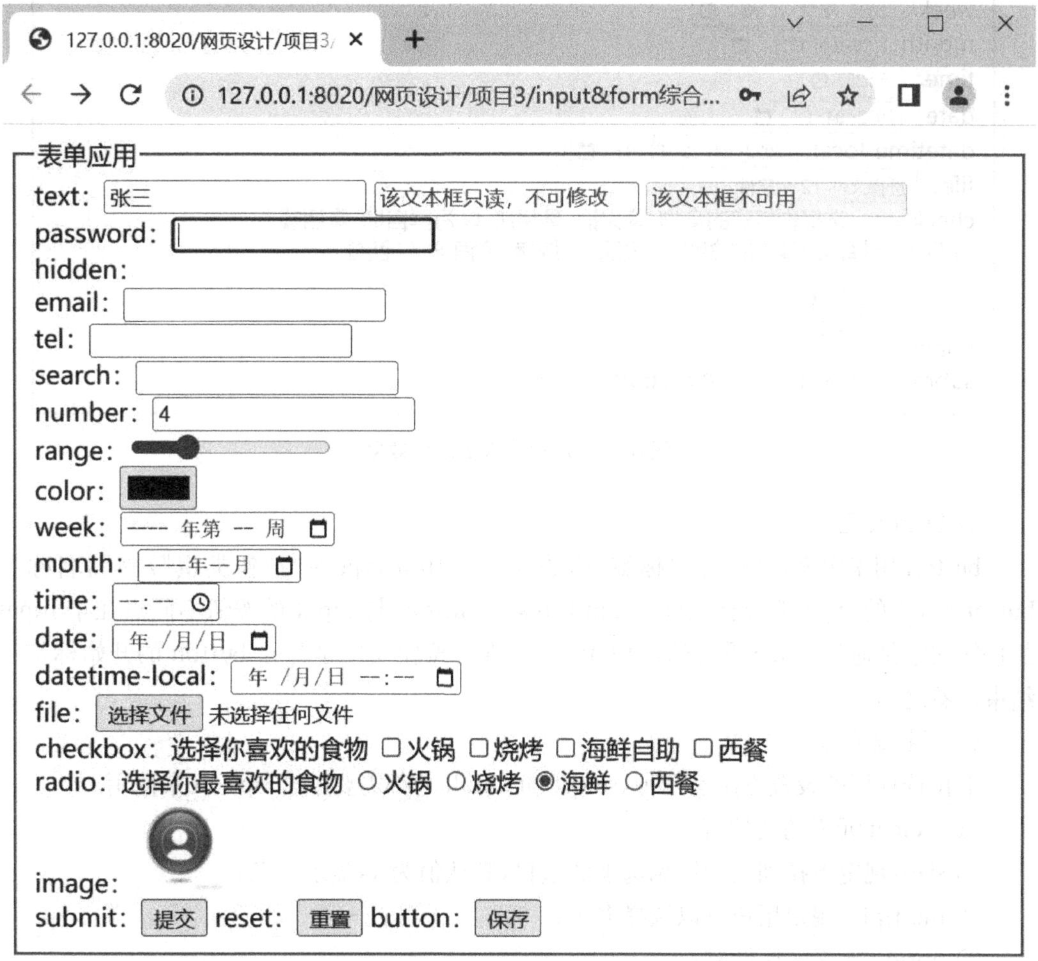

图 3－7　input 类型

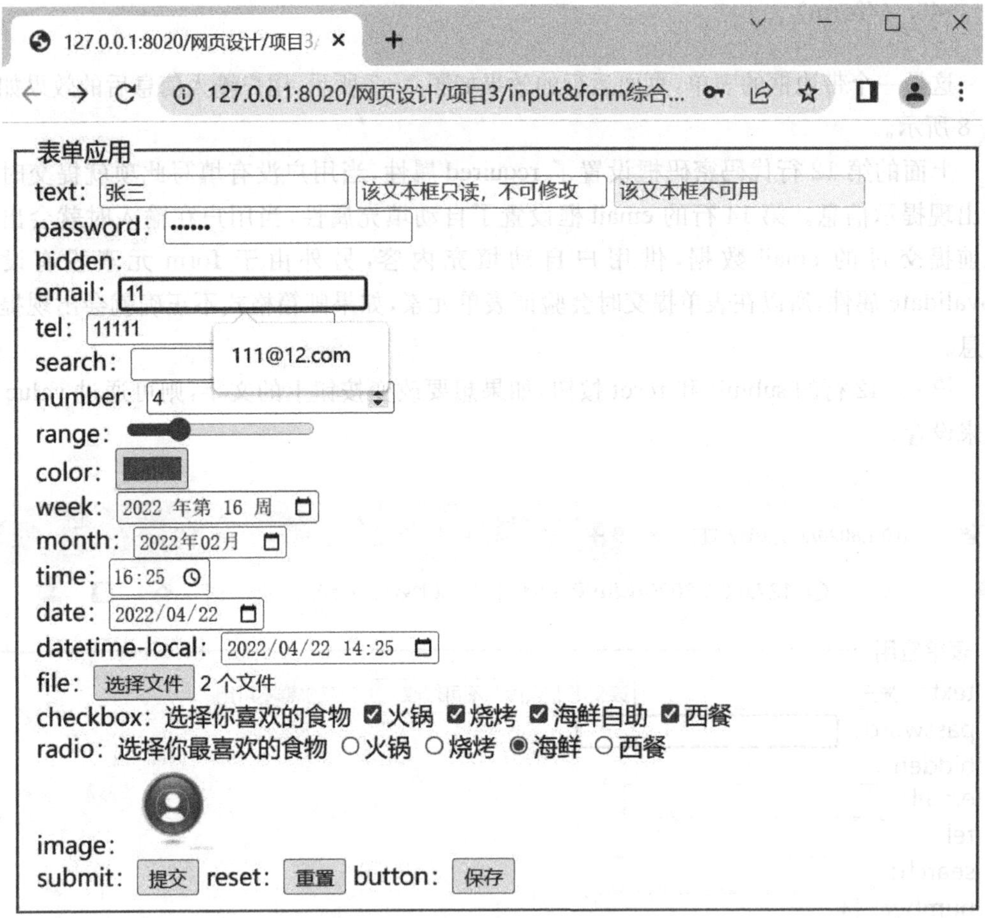

127.0.0.1:8020/网页设计/项目3/ ×

127.0.0.1:8020/网页设计/项目3/input&form综合...

表单应用

text: 张三 该文本框只读，不可修改 该文本框不可用

password: ••••••

hidden:

email: 11

111@12.com

tel: 11111

search:

number: 4

range:

color:

week: 2022 年第 16 周

month: 2022年02月

time: 16:25

date: 2022/04/22

datetime-local: 2022/04/22 14:25

file: 选择文件 2 个文件

checkbox: 选择你喜欢的食物 ☑火锅 ☑烧烤 ☑海鲜自助 ☑西餐

radio: 选择你最喜欢的食物 ○火锅 ○烧烤 ◉海鲜 ○西餐

image:

submit: 提交 reset: 重置 button: 保存

图 3-8 用户输入信息后效果

3）button 元素

button 用来定义按钮，为双标签，语法为“〈button type="按钮类型"〉按钮名称〈/button〉”，它的 type 类型有三种：submit、reset、button，与 input 的按钮不同点在于 input 的按钮文字是通过 value 设置的，而 button 元素的按钮文字是写在 button 的开始标签和结束标签之间。

4）下拉选项框

下拉选项框的设置方法有两种，select 和 datalist，都需要配合 option 来使用。

（1）select 元素的属性有：

① size：规定下拉列表中可见选项的数目，默认值为 1，显示一条；

② multiple：规定用户可以选择多个；

③ option 元素的属性有：

selected：规定在页面加载时某个选项就被选中。如果没有设置 selected 属性，默认显示第一条。

select 定义下拉框的用法如【代码 3－7】所示。

【代码 3－7】select 元素应用

```
〈!--只能显示一条,且只能选择一条--〉
〈select〉
    〈option value="tianjin"〉天津〈/option〉
    〈option value="beijing"〉北京〈/option〉
    〈option value="shanghai"〉上海〈/option〉
    〈option value="guangzhou"〉广州〈/option〉
    〈option value="hangzhou"〉杭州〈/option〉
〈/select〉
〈!--可显示 4 条,可以多选,初始时第 2、4 条被选中--〉
〈select size="4" multiple〉
    〈option value="tianjin"〉天津〈/option〉
    〈option value="beijing" selected〉北京〈/option〉
    〈option value="shanghai"〉上海〈/option〉
    〈option value="guangzhou" selected〉广州〈/option〉
    〈option value="hangzhou"〉杭州〈/option〉
〈/select〉
```

运行效果如图 3－9 所示。

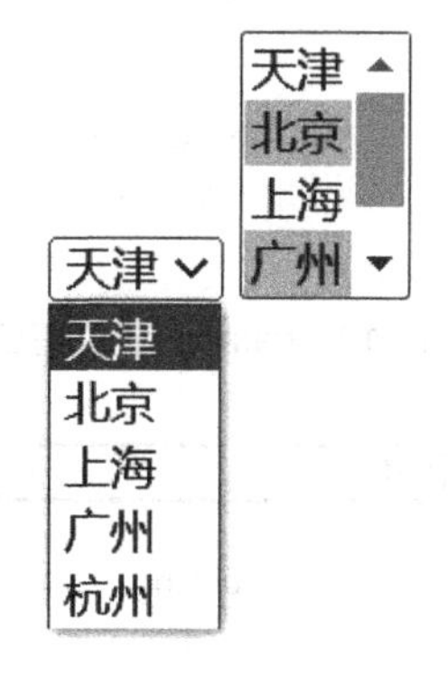

图 3－9 select 元素应用

(2) datalist 元素在使用时必须设置 id 属性来指定唯一标识,该 id 值指向类型为 text 的 input 元素的 list 属性值。与 select 定义的下拉框不同的是,datalist 的下拉框提供了自动填充功能,用户可以输入信息,而 select 只能选择不能输入信息。

datalist 定义下拉框的用法如【代码 3－8】所示。

【代码 3-8】datalist 元素应用

```
〈input type="text" list="data" /〉
〈datalist id="data"〉
    〈option value="tianjin"〉天津〈/option〉
    〈option value="beijing"〉北京〈/option〉
    〈option value="shanghai"〉上海〈/option〉
    〈option value="guangzhou"〉广州〈/option〉
    〈option value="hangzhou"〉杭州〈/option〉
〈/datalist〉
```

运行效果如图 3-10 所示，当用户在文本框中输入信息时，下拉框中的选项会跟着改变，如图 3-11 所示。

图 3-10　datalist 下拉框状态

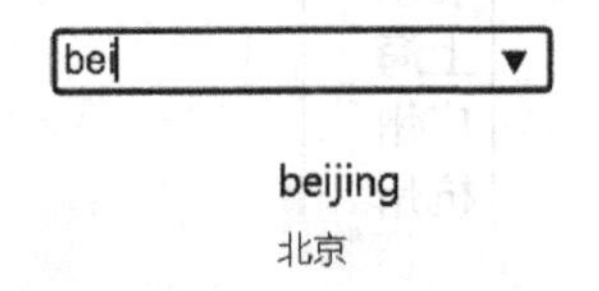

图 3-11　用户输入信息时状态

2. 登录页表单的实现

表单所涉及的元素及其属性已经介绍了，回到我们的项目中，接下来继续实现登录页的表单内容。

表单的结构写在【代码 3-1】的 fr 中，如图 3-12 方框所示的位置。

登录页的表单总共有三行：用户名、密码、登录按钮，这三部分分别用三个 div 来划分区块，在文档中垂直布局即可。每一行又都包含了 3 个内容：字体图标、输入框（无边框）、

```
<body>
    <div id="login" class="bgStyle">
        <!--背景效果-->
        <div class="bgImg">
            <div class="yuan"></div>
            <div class="yuan"></div>
            <div class="yuan"></div>
        </div>
        <!--主体区-->
        <div class="main">
            <!--logo-->
            <div class="logo"></div>
          <!--内容部分-->
            <div class="content">
              <!--居左显示的图片-->
                <div class="fl"></div>
              <!--居右显示的表单-->
                <div class="fr"></div>
            </div>
        </div>
      <!--底部-->
        <div id="footer">
            <!--关于我们、新闻中心、在线服务、友情链接-->
            <div class="center">
                ......
            </div>
        </div>
    </div>
</body>
```

图 3-12　表单结构位置

位于底部的边框。所以该部分的 HTML 结构如【代码 3-9】所示。

【代码 3-9】登录页表单结构-login. html

```
<div class="fr">
    <form action="#" method="post">
```

```
            <div class="kuang">
                <i class="iconfont icon-yonghutianchong"></i>
                <input type="text" placeholder="用户名" name="user" />
            </div>
            <div class="kuang">
                <i class="iconfont icon-mima"></i>
                <input type="password" placeholder="密码" name="pwd" />
            </div>
            <div class="btn">
                <a href="main.html">登  录</a>
                <span>忘记密码?<a href="#">立即找回</a></span>
            </div>
        </form>
</div>
```

这里的登录按钮我们使用的 a 标签，设置为块元素为其添加宽高、背景色等样式，通过 href 属性链接到后台系统的主界面。

CSS 样式，由于输入框本身带有边框，且当鼠标聚焦时还会显示外轮廓，所以这里需要将这两部分都消除掉。边框样式通过 border:none 来消除，外轮廓则需要通过 outline:none 来消除。outline 属性（外轮廓简写属性）与 border 在用法上相似，都可以设置样式（如 solid、double 等）、宽、颜色等。最大的不同点在于 outline 不占据空间，而 border 占据空间。

该表单的 CSS 实现如【代码 3-10】所示。

【代码 3-10】登录页表单样式-style.css

```
/*登录页输入框的样式*/
.kuang{
    height:24px;
    border-bottom:1px dashed #e6e6e6;
    padding-bottom:3px;   /*设置底部边框与图标和输入框之间的距离*/
    margin-bottom:30px;   /*设置输入框所在的容器之间的间距*/
}
.kuang i{
    color:#bfbfbf;
    font-size:18px;
}
```

```
.kuang input{
    width:160px;
    height:20px;
    border:none;  /*消除显示的边框*/
    outline:none;  /*消除鼠标聚焦时出现的外边框*/
}
/*登录按钮样式*/
.btn{
    text-align:center;
}
.btn> a{
    display:block;
    width:200px;
    height:30px;
    text-align:center;  /*文字水平居中显示*/
    line-height:30px;  /*文字垂直居中显示*/
    color:white;
    background-color:#3246c4;
    box-shadow:0px 2px 2px #aaaaaa;  /*设置按钮外阴影向下偏移2px,模糊程度为2px*/
    border-radius:3px;  /*设置按钮为圆角*/
    margin:0 auto 5px;  /*设置按钮在容器中水平居中,与下面的文字有5px的间距*/
}
.btn span{
    font-size:12px;
    color:#aaa;
}
.btn span a{
    color:#3246c4;
}
```

.btn> a:子元素选择器,选择的是某个元素的所有直接子元素,注意和后代选择器区分。比如该模块中class="btn"的div中有两个a标签,一个是"登录"按钮,另一个是位于span元素中的"立即找回"。这里只需要选中"登录"按钮a标签,所以要通过子元素选择器来选择。

知识小结

(1) 线性渐变:background-image: linear-gradient(direction, color1, color2, ...),direction 为渐变方向,color 至少要有两种颜色。

(2) 径向渐变:background-image: radial-gradient(shape size at position, color1, color2, ...),shape 渐变形状,size 渐变大小,at position 渐变中心点位置。

(3) 〈form〉表单标签,主要属性有:action 表单提交的位置。method 表单提交时所用的 HTTP 方法,GET 或 POST。

(4) 〈input/〉类型常见有:text 文本框、password 密码框、submit 提交按钮、reset 重置按钮、checkbox 复选框、radio 单选按钮。

(5) select 元素定义下拉框,option 元素定义下拉框中的每一项。

(6) datalist 定义下拉框,结合 option 使用,但需要定义一个文本框,文本框的 list 属性值指向 datalist 的 id。

知识足迹

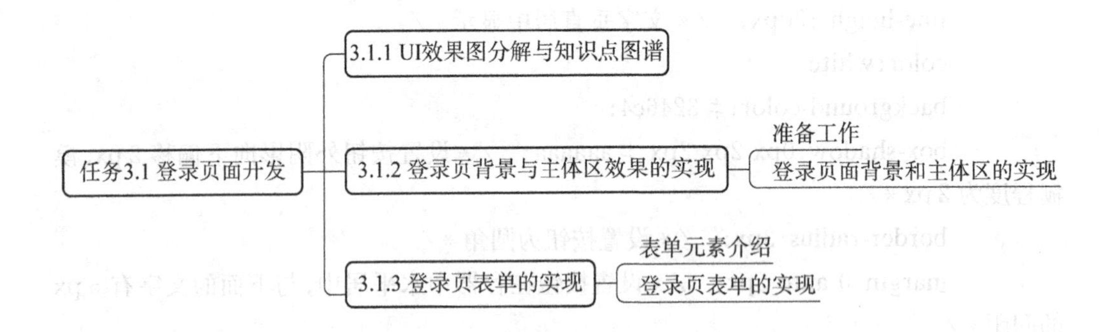

任务3.2 后台管理系统主页面开发

本任务进入后台管理系统主界面的设计,在本章中我们将学习如何使用 JavaScript 来实现单击导航栏展开或隐藏二级菜单的效果,以及使用 iframe 框架实现内容区的动态展示。

3.2.1 UI 效果图分解与知识点图谱

当用户登录成功后首先进入的是后台的首页,如图 3-13 所示。

该界面由三部分组成:顶部、左侧菜单栏、右侧内容区。

顶部有一个"退出"按钮,单击后可退出系统回到"登录"界面。

左侧菜单栏包含了一级菜单和二级菜单,当单击一级菜单时会打开其二级菜单,同时

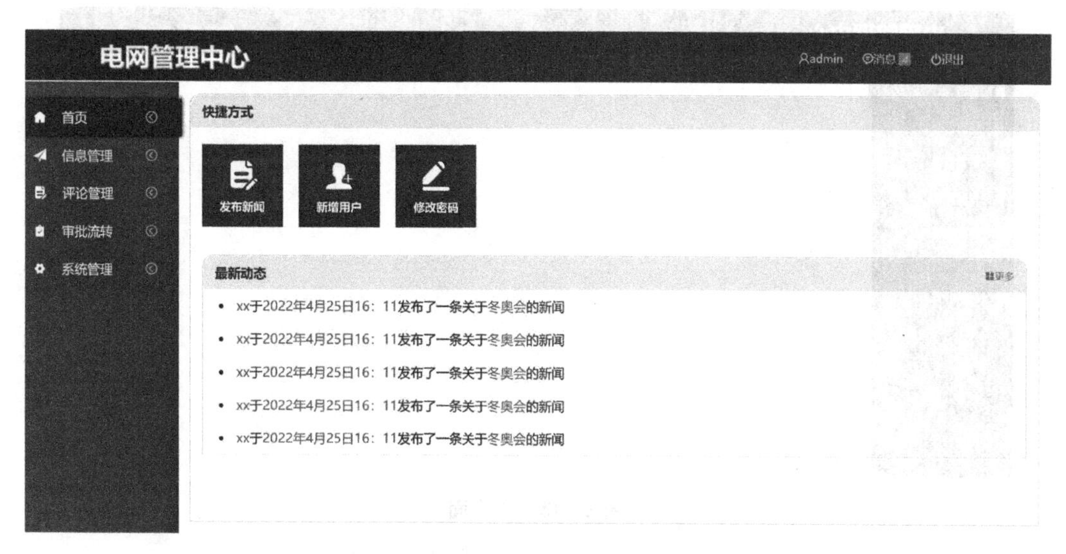

图 3-13 后台首页

其他的二级菜单都要隐藏，只展示当前的菜单。

当单击二级菜单时，会在右侧内容区动态展示相应内容。我们拿一个后台页面来说，比如"新闻列表"页，该页面的效果如图 3-14 所示。

电网管理中心　admin　消息　退出

首页　信息管理　新闻列表　图片列表　视频列表　评论管理　审批流转　系统管理

信息管理> 新闻列表

类型：--请选择--　新闻标题：　查询　添加　删除

全选	编号	新闻标题	分类	发布日期	发布人	编辑
☐	001	【寻找身边的感动】王仲吉：行走的坚守	要闻	2022-3-31	张三	
☐	002	关乎青年的重大课题 总书记这样作答	最新动态	2022-3-31	李四	
☐	003	【大国工匠】张舸：匠心守护"神舟"	要闻	2022-3-31	王五	
☐	004	以青春点亮万家灯火	要闻	2022-3-31	张三	
☐	005	公司发布蓝色预警抵御强暴雨天气	要闻	2022-3-31	张三	
☐	006	公司发布暴雨洪涝蓝强降雨	要闻	2022-3-31	张三	

首页　上一页　1　2　3　……　15　16　下一页　尾页

图 3-14 新闻列表

此时会发现首页和新闻列表页顶部和左侧的效果是一样的，这里并不是制作了两个独立的都包含顶部和左侧的页面然后通过超链接进行页面跳转，而是由三个页面组成：主界面(见图 3-15，内容区为空)、首页(单独的页面见图 3-16)、新闻列表页(单独的页面见图 3-17)。当单击"首页"菜单时右侧内容区就变成了首页，也就是图 3-13 的效果，该效果就是通过 iframe 框架来实现的。

图 3－15　主界面

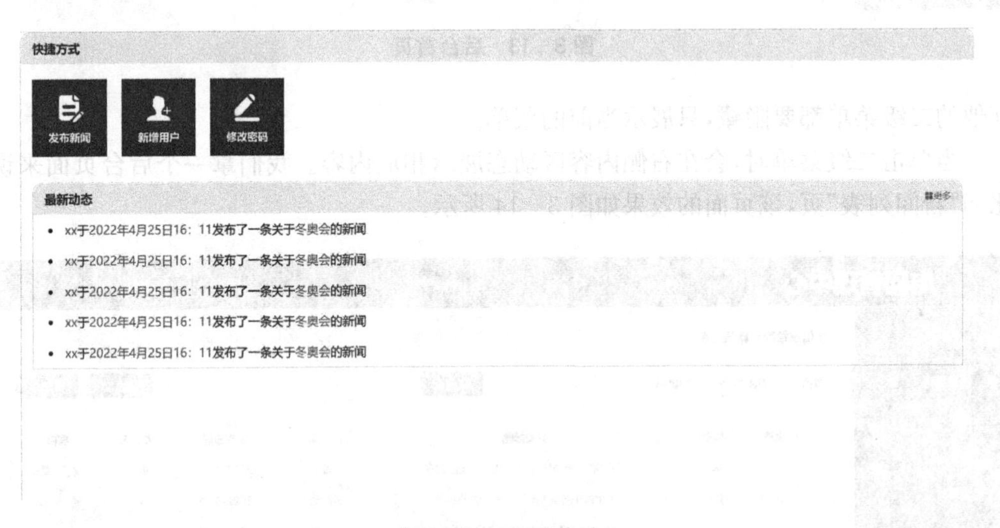

图 3－16　首页效果

信息管理> 新闻列表

类型：--请选择--　新闻标题：　查询　添加　删除

全选	编号	新闻标题	分类	发布日期	发布人	编辑
☐	001	【寻找身边的感动】王仲吉：行走的坚守	要闻	2022-3-31	张三	
☐	002	关乎青年的重大课题 总书记这样作答	最新动态	2022-3-31	李四	
☐	003	【大国工匠】张桐：匠心守护“神舟”	要闻	2022-3-31	王五	
☐	004	以青春点亮万家灯火	要闻	2022-3-31	张三	
☐	005	公司发布蓝色预警抵御强暴雨天气	要闻	2022-3-31	张三	
☐	006	公司发布暴雨洪涝蓝强降雨	要闻	2022-3-31	张三	

首页　上一页　1　2　3　……　15　16　下一页　尾页

图 3－17　新闻列表页效果

本任务涉及的知识点如下所示。

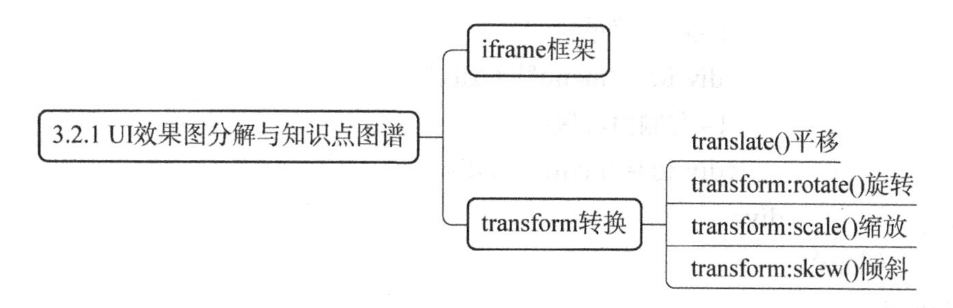

3.2.2 顶部区域效果实现

1. 准备工作

(1) 在目录“ManageSystem”下新建一个 html 文件，命名为“main.html”。

(2) 在 CSS 目录下新建一个 CSS 文件，命名为“main.css”，用来写后台系统界面的 CSS 代码。

(3) 在 main.html 文档的头部通过 link 标签引入 reset.css、main.css、iconfont.css 这三个 CSS 外部文件。

2. 主界面结构布局

同制作门户首页一样，我们先切分管理系统主界面的结构。它的结构是这样的，首先整体上分为上下两个区域，上下两个区域的宽自适应屏幕的宽，高度总和为浏览器可浏览区的高。其中上部为顶部，下部又分为左右两个模块，左模块为导航菜单栏，右模块为内容区。

所以该主界面的整体结构应该如【代码 3－11】所示。

【代码 3－11】后台系统主界面结构-main.html

```
<!DOCTYPE html>
<html>
    <head>
        <meta charset="UTF-8">
        <title>电网后台管理系统主界面</title>
        <link href="../css/reset.css" rel="stylesheet" type="text/css" />
        <link href="../css/main.css" rel="stylesheet" type="text/css" />
        <link href="../font/iconfont.css" rel="stylesheet" type="text/css" />
    </head>
    <body>
        <div class="bodys">
            <!--顶部-->
            <div id="top"></div>
```

```
            <div class="content">
                <!--左侧菜单栏-->
                <div id="menu"></div>
                <!--右侧内容区-->
                <div id="main"></div>
            </div>
        </div>
    </body>
</html>
```

该主界面的整体结构布局如【代码 3－12】所示。

【代码 3－12】后台系统主界面结构布局-main. css

```
html,body{
    width:100%;
    height:100%;
}
.bodys{
    width:100%;
    min-width:1200px;
    height:100%;
    min-height:600px;
    overflow:hidden;
}
/*top 区*/
#top{
    width:100%;
    height:10%;
    min-height:60px;
    background-color:#093469;
    padding-top:20px;
    box-sizing:border-box;
}
/*下部区域*/
.content{
    width:100%;
    height:90%;
```

```
    box-sizing:border-box;
    border-top:1px solid white;
    position:relative;
}
/*左侧菜单栏*/
#menu{
    width:15%;
    height:100%;
    background-color:#3246c4;
    position:absolute;
    left:0;
    top:0;
}
/*右侧内容区*/
#main{
    position:absolute;
    left:15%;
    top:0;
    height:100%;
    width:85%;
    padding:14 px;
    box-sizing:border-box;
}
```

由于要做自适应，所以主界面整体需要用一个 div(.bodys)来包裹，从 html 到 body 再到该 div 层设置其宽高为 100%，并为其又设置了最小宽高，那么当浏览区变小时，就会以最小的尺寸撑起盒子来显示。对于内部区域的元素，宽高都设置成百分比的形式，比如顶部我们设置其高度为 10%，最小高度为 60 px，那么它就会占据父容器高度的 10%，当父容器高度的 10%小于 60 px 时，顶部就会以自身最小的 60 px 来撑起顶部的高度。

顶部占 10%，那么下部分的高度就占 90%，由于其父容器(.bodys)和顶部都设置了最小高度，所以下部分即使不设置也会有一个最小高度。

上下两部分的宽为 100%，那么就会继承其父容器(.bodys)的宽，并且也会有一个最小宽度 1 200 px。

下部分又分为左右两个模块，这两个模块的宽度各占父容器(.content)的 15%和 85%。这里我们是通过绝对定位来布局的，左侧导航栏在父容器中居左显示，右侧内容区在父容器中距离左侧 15%(也就是菜单栏的宽度)的距离。当然除了使用定位来布局外，还可以通过浮动来布局，大家可以尝试一下。

另外左侧的整个菜单内容部分距离最外层容器（＃menu）的顶部有一定的间距，所以需要为＃menu 的 div 设置 padding-top 值。

右侧的内容区域我们为其设置了上下左右的内边距 padding，让内部的元素与其容器的四周边缘有一定的间距，并且都让元素大小作用到边框。

将整体结构布局完以后，接下来就可以细化每一个模块的内容了。

3. 顶部效果的实现

如图 3－18 所示为顶部效果，顶部内容整体上居中显示，所以需要在通栏盒子中再嵌套一个内层居中的盒子，居中显示的部分又分为左右两个模块：左侧为 Logo 图片，采用背景图片的形式引入。右侧为三个横向排列的字体图标，可使用行内元素 span 或 i 引入，“退出”为超链接标签，会链接到登录页面。

电网管理中心　　admin　消息　退出

图 3－18　顶部效果

顶部的结构写在【代码 3－10】的 top 中，如图 3－19 方框所示的位置。

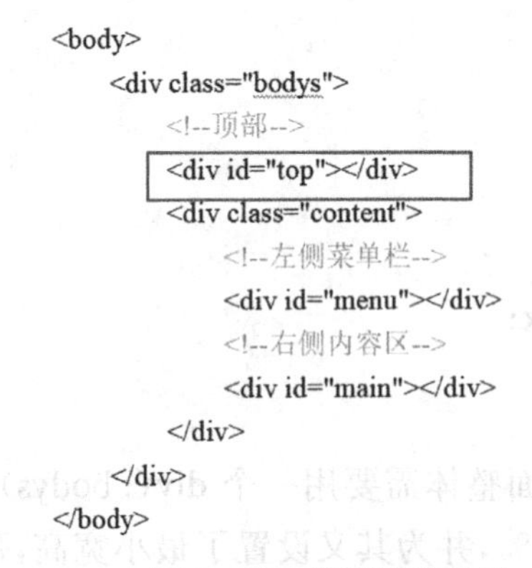

```
<body>
    <div class="bodys">
        <!--顶部-->
        <div id="top"></div>
        <div class="content">
            <!--左侧菜单栏-->
            <div id="menu"></div>
            <!--右侧内容区-->
            <div id="main"></div>
        </div>
    </div>
</body>
```

图 3－19　顶部结构位置

【代码 3－13】后台系统顶部结构-main. html

```
〈div id="top"〉
    〈div class="center"〉
        〈div class="logo fl"〉〈/div〉
        〈div class="right fr"〉
            〈i class="iconfont icon-200yonghu_yonghu"〉 admin 〈/i〉
            〈span class="iconfont icon-message"〉消息〈i〉 4 〈/i〉〈/span〉
            〈a href="login. html" class="iconfont icon-tuichu"〉退出〈/a〉
        〈/div〉
```

```
    </div>
</div>
```

左右两部分可采用浮动布局，左侧的Logo左浮动显示，右侧的图标整体右浮动显示。三个图标之间的间距通过margin-right属性来设置。对于消息图标后小方框是通过i标签引入的，而i是行内元素，需要将其转换为行内块元素才能设置背景颜色。“退出”链接当鼠标悬停时改变其字体颜色。顶部的样式和布局如【代码3-14】所示。

【代码3-14】后台系统顶部布局-main.css

```
/*左浮动*/
.fl{
    float:left;
}
/*右浮动*/
.fr{
    float:right;
}
/*居中显示模块*/
#top .center{
    width:1100px;
    height:100%;
    margin:0 auto;
}
/*居左盒子*/
#top .logo{
    width:200px;
    height:100%;
    /*图片居左、上下居中显示,大小为200 px、40 px,不重复*/
    background:url(../img/logoS.png) left center/200px 40px no-repeat;
}
/*居右盒子*/
#top .right{
    line-height:60px;
}
/*设置顶部的所有图标的大小、颜色和间距*/
#top .iconfont{
    font-size:14px !important;
```

```
        color:rgba(255,255,255,0.7);
        margin-right:20px;
    }
    /*设置消息后的小方框的样式*/
    #top .icon-message i{
        display:inline-block;
        width:16 px;
        height:16 px;
        border-radius:2px;  /*设置圆角边框*/
        background-color:red;
        font-size:12px;
        line-height:18px;
        text-align:center;
        margin-left:3px;
        cursor:pointer;  /*鼠标悬停时指针为小手形状*/
    }
    #top .icon-tuichu:hover{
        color:red;
    }
```

这里我们定义了两个 class 选择器. fl 和. fr,专门用来设置元素的左浮动和右浮动,在之后的代码中,如果元素需要浮动,只用为元素添加相应的 class 值即可。

3.2.3 单击左侧导航栏展开或隐藏二级导航效果

1. 菜单栏效果的实现

菜单栏的效果如图 3-20 所示,包含一级菜单和二级菜单,其中“首页”没有二级菜单,单击“首页”会链接到后台系统的首页面,其余的都有二级菜单。单击某个一级菜单展开对应的二级菜单,其余的二级菜单都隐藏。

当鼠标单击某个一级菜单时,其背景样式也会发生改变。我们为这个背景样式添加一个过渡效果,通过添加 animation 动画让它在 1 s 的时间里透明度由 0 变成 1 并逐渐显示出来。另外居右的字体图标开始时箭头向左,当单击该一级菜单时让它也在 1 s 的时间里逆时针旋转 90°变成箭头向下,这个旋转的实现就需要用到 CSS3 的 transform 转换功能。

在布局上,一级菜单可采用 ul+li 来布局,它包含了三部分:左侧的图标、中间的文字及右侧的图标,图标可用行内元素 i 引入,文字部分可用超链接 a 标签,这三部分整体再用一个 div 标签包裹。

二级菜单也是列表,所以可以在每个 li 下再嵌套一个 ul 列表的形式来实现。二级菜单需要链接到对应的页面,所以文字部分用 a 标签引入。

图片列表

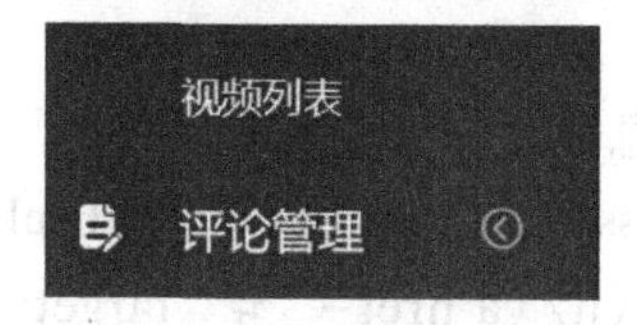

图 3－20 导航菜单栏效果图

菜单栏的结构写在【代码 3－10】的 menu 中，如图 3－21 方框所示的位置。

```
<body>
    <div class="bodys">
        <!--顶部-->
        <div id="top"></div>
        <div class="content">
            <!--左侧菜单栏-->
            <div id="menu"></div>
            <!--右侧内容区-->
            <div id="main"></div>
        </div>
    </div>
</body>
```

图 3－21 菜单栏结构位置

菜单栏的整体结构如【代码 3－15】所示。

【代码 3－15】菜单栏结构-main. html

```
〈div id="menu"〉
    〈ul〉
        〈!--首页--〉
        〈li〉
            〈div class="menuBg"〉
                〈i class="iconfont icon-homefill"〉〈/i〉
                〈a href="#" target=""〉首页〈/a〉
                〈i class="iconfont icon-xiangzuo"〉〈/i〉
            〈/div〉
```

```
            </li>
            <!--信息管理-->
            <li>
                <div class="menuBg">
                    <i class="iconfont icon-fabu"></i>
                    <a href="#">信息管理</a>
                    <i class="iconfont icon-xiangzuo"></i>
                </div>
                <!--信息管理的二级菜单-->
                <ul class="hidden" style="display:none;">
                    <li><a href="#" target="">新闻列表</a></li>
                    <li><a href="#" target="">图片列表</a></li>
                    <li><a href="#" target="">视频列表</a></li>
                </ul>
            </li>
                ……
        </ul>
</div>
```

1) CSS 实现一级菜单效果

在一级菜单中,左侧的字体图标与左右两边都有间距,可为其设置 margin-left 值和 margin-right 值。至于右侧的图标,我们设置其为绝对定位,让它距离父容器(.menuBg)左边有一定的距离,这样定位的原因是:当鼠标单击某个一级菜单时,当前菜单的背景样式发生了改变,其宽度大于整个菜单栏的宽度,为保证所有居右的字体图标的排列在垂直方向上是对齐的,所以设置绝对定位搭配 left 属性,这样即使背景宽度不一样,但它们距离容器左侧的位置始终是一样的。如果搭配的是 right 属性,或者使用右浮动来布局都不能保证所有的右侧图标都是对齐的。

既然子元素设置为绝对定位,那么其父容器(.menuBg)就需要设置为相对定位。

一级菜单的 CSS 样式和布局如【代码 3-16】所示。

【代码 3-16】 一级菜单布局实现-main.css

```
#menu a{
    color:white;   /*设置所有的a标签的字体颜色为白色*/
}
#menu .menuBg{
    width:100%;
    height:46px;
```

```
        line-height:46px;
        color:white;  /* 设置所有的图标颜色为白色 */
        position:relative;
    }
    /* 设置左侧图标的左右两边的边距 */
    #menu .menuBg i:first-child{
        margin-left:10px;
        margin-right:15px;
    }
    #menu .icon-xiangzuo{
        position:absolute;
        left:150px;
        opacity:0.6;  /* 设置图标的透明度 */
    }
```

:first-child 伪类选择器：匹配的是父元素的第一个子元素，也就是长子。这里的 i:first-child 匹配的是父元素.menuBg 的第一个 i，即居左的图标。

2) CSS 实现二级菜单效果

当鼠标划过二级菜单时，其 li 的背景颜色变成白色，对应的字体颜色变成黑色。该部分的样式如【代码 3-17】所示。

【代码 3-17】二级菜单布局实现-main.css

```
    #menu .hidden li{
        width:100%;
        height:46px;
        line-height:46px;
        color:white;
        padding-left:47px;
        box-sizing:border-box;
    }
    #menu .hidden a{
        font-size:14px;
    }
    /* 鼠标悬停改变背景颜色 */
    #menu .hidden li:hover{
        background:white;
    }
```

```
/*鼠标悬停改变文本字体颜色*/
#menu .hidden li:hover a{
        color:black;
}
```

上面 li 的宽高、字体颜色等样式同 class 值为 menuBg 的 div 元素一样，所以对于相同的代码可使用群组选择器来定义，对代码进行优化，不同的部分再单独定义。

菜单栏的布局已经完成，接下来我们实现单击一级菜单后图标旋转和添加背景色的效果。

3）当前背景效果和 transform 属性

前面说到当单击该一级菜单时向左的图标要让它也在 1 s 的时间里逆时针旋转 90°变成箭头向下，这个功能的实现需要用到 CSS3 的 transform 转换功能。transform 转换是指对元素进行移动、旋转、缩放和倾斜的操作，使元素在位置、大小或形状上达到变形的效果。

（1）移动。

移动指使元素从一个位置移动到另一个位置，CSS3 中通过 translate()方法实现平移。包含 translateX()（元素沿 X 轴移动元素）、translateY()（元素沿 Y 轴移动元素）、translate()（元素沿 X 轴和 Y 轴移动）。其参数可为负值，正值表示向右或向下，负值表示向左或向上。比如 transform:translate(100 px,-50 px)指元素向右平移 100 px，向上平移 50 px，如果参数只写了一个表示在垂直方向移动为 0 px。

（2）旋转。

2D 平面旋转是指元素绕其中心旋转一定的角度，CSS3 通过 rotate()方法实现旋转。其参数正值表示顺时针（默认为顺时针），负值表示逆时针，旋转角度单位是“deg”。比如 transform:rotate(-90deg)指元素绕中心逆时针旋转 90°。

（3）缩放。

缩放是指元素大小的缩小或扩大，CSS3 通过 scale()方法实现缩放。其包含 scaleX()（改变元素的宽）、scaleY()（改变元素的高）、scale()（改变元素的宽和高）。其参数在 0—1 之间表示缩小，大于 1 表示扩大。比如 transform:scale(0.4,2)表示宽缩小到 0.4，高扩大到原来的 2 倍，如果参数只写了一个，则表示宽和高的变化是一样的。注意无论是缩小还是扩大都是以元素的中心点来变化的。

（4）倾斜。

倾斜是指元素在 X 轴或 Y 轴倾斜一定的角度，CSS3 通过 skew()方法实现倾斜。包含 skewX()（元素在 X 轴倾斜）、skewY()（元素在 Y 轴倾斜）、skew()（元素在 X 轴和 Y 轴倾斜）。其参数可为负数表示向相反方向倾斜，倾斜角度单位为“deg”。比如 transform:skew(20deg,40deg)表示元素在 X 轴和 Y 轴上分别倾斜 20°、40°，如果参数只写一个，表示在 Y 轴上的倾斜角度为 0°。

目前 IE9＋、Firefox、Opera、Google Chrome 和 Safari 等主流浏览器都能支持 transform 属性，可以同 animation 动画那样做兼容性处理。

回到项目中，我们通过 class 选择器为当前背景添加样式和颜色过渡动画，为向左的图标添加动画使其旋转 90°向下。其 CSS 样式如【代码 3-18】所示。

【代码 3-18】背景和向左的图标动画效果-main.css

```
/*当前背景样式*/
.currentBg{
    background-color: #093469;
    width:102% !important;
    box-shadow:0 0 4px black;/*外阴影四周发散，模糊程度为 4 px，阴影颜色为
黑色*/
    /*动画名称为 opacitys，周期为 1 s，动画结束后停留在箭头向下的状态*/
    animation:opacitys 1s forwards;
}
@keyframes opacitys{
    from{opacity:0;}
    to{opacity:1;}
}
/*为向左的图标添加动画*/
.transform{
    animation:rotate 1s forwards;
}
@keyframes rotate{
    from{
        transform:rotate(0deg);
        opacity:0.6;
        }
    to{
        transform:rotate(-90deg);
        opacity:1;
        }
}
```

这里的选择器.currentBg 和.transform 并没有对应到 main.html 中的哪个元素上，是因为接下来我们将通过 JavaScript 操作来为元素动态的添加或删除 class 属性值。

2. JavaScript 实现展开或隐藏二级菜单效果

描述：单击某个菜单栏为当前菜单栏添加 class 属性值 currentBg，为该向左的图标添加 class 属性值 transform，并展开对应的二级菜单。其余的二级菜单都隐藏。

该模块的实现思路和门户首页的要闻、综合新闻切换是一样的。

首先获取需要的元素：一级菜单所在的容器.menuBg、二级菜单所在的容器.hidden、向左的图标.icon-xiangzuo。并在页面初始化的时候为第一个一级菜单（“首页”）添加class值currentBg。

然后遍历所有的一级菜单容器，将索引保存下来。在外层循环中为当前的一级菜单添加class值currentBg、为向左的图标添加class值transform、设置当前的二级菜单的display属性为block。内层循环遍历所有的二级菜单容器，并删除所有一级菜单的currentBg值、删除所有向左图标的transform值、设置所有二级菜单的display属性为none。

由于第一个“首页”没有二级菜单，一级菜单和二级菜单的length长度不一样，为避免写JavaScript时的一些麻烦，可在main.html中的一级菜单后添加一个空的二级菜单标签：〈ul class="hidden" style="display:none;"〉〈/ul〉。

下面用JavaScript来实现该功能，先在js目录下新建一个.js文件并命名为“menuTab.js”，打开该文档，在文档中添加代码，如【代码3-19】所示。

【代码3-19】js实现二级菜单展开或隐藏效果-menuTab.js

```
1. window.onload=function(){
2.   //1、获取一级菜单容器、二级菜单容器、向左的图标
3.   var menuBg=document.getElementsByClassName("menuBg");
4.   var ulList=document.getElementsByClassName("hidden");
5.   var iconXZ=document.getElementsByClassName("icon-xiangzuo");
6.   //为第一个一级菜单添加class值currentBg
7.   menuBg[0].classList.add("currentBg");
8.   //2、遍历所有的一级菜单menuBg
9.   for(var i=0;i〈menuBg.length;i++){
10.      //保存当前索引
11.      menuBg[i].index=i;
12.      //为一级菜单添加鼠标单击事件
13.      menuBg[i].onclick=function(){
14.          //3、遍历所有的二级菜单
15.          for(var j=0;j〈ulList.length;j++){
16.              //删除所有的一级菜单的class值currentBg
17.              menuBg[j].classList.remove("currentBg");
18.              //设置所有的二级菜单隐藏
19.              ulList[j].style.display="none";
20.              //删除所有的向左图标的class值transform
21.              iconXZ[j].classList.remove("transform");
```

```
22.     }
23.     //为当前单击的一级菜单添加 class 值 currentBg
24.     this.classList.add("currentBg");
25.     //设置当前单击的二级菜单显示
26.         ulList[this.index].style.display="block";
27.         //为当前单击的向左图标添加 class 值 transform
28.         iconXZ[this.index].classList.add("transform");
29.     }
30. }
31.}
```

重点来说一说 classList 属性，该属性会返回元素的类名，用于在元素中添加、移除 CSS 类。classList 属性是只读的，可以使用 add()和 remove()方法来修改。比如上面的 menuBg[j].classList.remove("currentBg")和 this.classList.add("currentBg")。

注意它和 className 属性的区别，className 属性用来设置或返回元素的 class 值，用法为“元素.className="class 值"”，但是它有添加或修改的意思，就是说元素没有任何 class 值时它是添加的，元素有 class 值时它会将元素本来存在的 class 值修改成设置的 class 值。而.classList.add()是为元素再添加一个 class 值。

3.2.4　右侧内容区域首页页面效果实现

本小节我们来制作一个后台管理系统的首页，即用户登录成功后默认进入的界面。该页面的效果如图 3-22 所示。

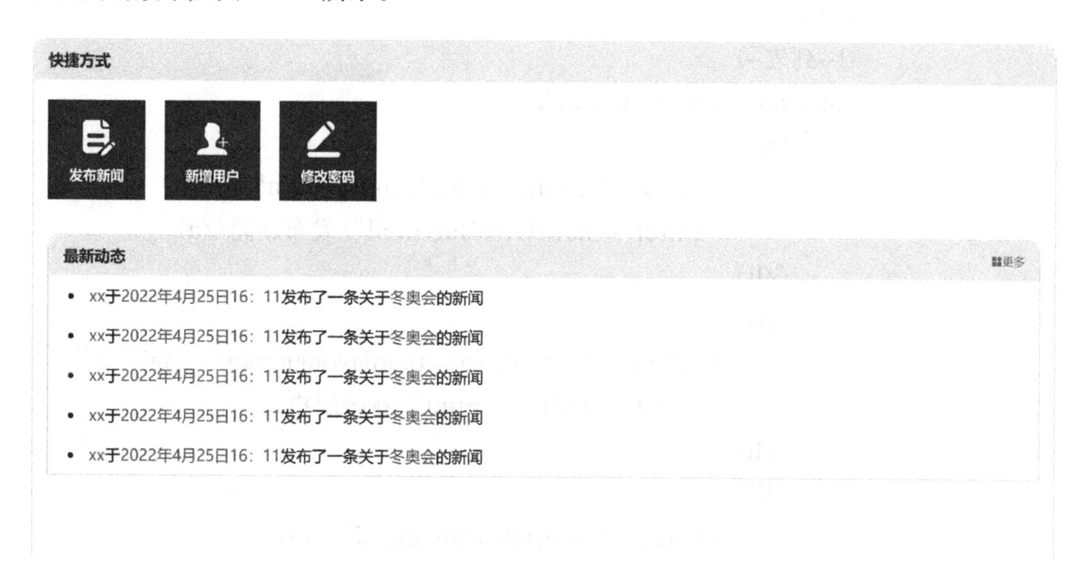

图 3-22　后台首页效果

先在目录“ManageSystem”下新建一个 html 文件，命名为“home. html”。并在 home. html 文档的头部通过 link 标签引入 reset. css、main. css、iconfont. css 这三个 CSS 外部文件。

1. 首页结构的分析和实现

这个首页从外到内，首先是一个大盒子，该父盒子定义了左上角和右上角的圆角边框。盒子内部包含“快捷方式”和“最新动态”两部分。

“快捷方式”包含了标题和列表两部分。标题和“最新动态”的标题样式是一样的，边框都定义了左上角和右上角的圆角边框，并且像这样的标题效果在后续的页面还会用到，所以在写代码的时候注意做到代码的复用。对于“快捷列表”和“动态列表”部分可使用 ul＋li 来布局。

“最新动态”整体内容距离左右两侧都有一定的边距，所以“最新动态”这块可通过通栏盒子嵌套内层盒子来布局，并为通栏盒子设置左右的 padding 属性值。内层盒子设置圆角边框，内部再分为两个模块：标题和列表。

那么首页的 HTML 部分就如【代码 3－20】所示。

【代码 3－20】后台首页效果-home. html

```
<div id="home" class="comBg">
    <!--快捷方式模块-->
    <div class="shortcut">
        <!--标题-->
        <div class="titleStyle">
            <span>快捷方式</span>
        </div>
        <!--列表-->
        <ul class="shortcut_icon">
            <li>
                <i class="iconfont icon-bianjiwenjian"></i>
                <a href="newsGiveOut.html">发布新闻</a>
            </li>
            <li>
                <i class="iconfont icon-tianjiayonghutianchong"></i>
                <a href="addUser.html">新增用户</a>
            </li>
            <li>
                <i class="iconfont icon-xiugai"></i>
                <a href="update.html">修改密码</a>
```

```
                </li>
            </ul>
        </div>
        <!--最新动态模块-->
        <div class="dynamic">
            <!--居中盒子-->
            <div class="comBg">
                <!--标题-->
                <div class="titleStyle">
                    <span>最新动态</span>
                    <a href="#" class="iconfont icon-gengduo1">更多
</a>
                </div>
                <!--列表-->
                <ul>
                    <li><span>xx</span>于<span>2022年4月25日16:11
</span>发布了一条关于<span>冬奥会</span>的新闻</li>
                    ……
                </ul>
            </div>
        </div>
    </div>
```

2. CSS实现“快捷方式”模块

先来看首页的父盒子和“快捷方式”部分。圆角边框是通过border-radius属性来设置的，它是圆角属性的简写形式，当只写一个值时，则会将四个角都设置为圆角。如果想要设置四个角的圆角不同，则写四个值即可。比如border-radius：10px 20px 12px 4px；这四个值的顺序是：左上角、右上角、右下角、左下角。

当有三个值时，比如border-radius：10px 20px 12px；表示的是左上10px，右上和左下20 px，右下12 px。

当有两个值时，比如border-radius：10px 20px；表示的是左上和右下10px，右上和左下20 px。

总结来说，当值有缺少时，对角线上的两个圆角是相同的。

除了简写形式外，CSS还提供了专门设置某一个角为圆角的属性，如border-top-left-radius（左上角）、border-top-right-radius（右上角）、border-bottom-right-radius（右下角）、border-bottom-left-radius（左下角）。

该部分的实现如【代码3－21】所示。

【代码 3-21】CSS 实现“快捷方式”模块效果-main.css

```
/*子页面的背景边框*/
.comBg{
    width:100%;
    height:100%;
    border:1px solid #e0e0e0;
    box-sizing:border-box;
    border-top-left-radius:14px;
    border-top-right-radius:14px;
}
/*标题样式*/
.titleStyle{
    width:100%;
    height:40px;
    line-height:40px;
    border-top-left-radius:14px;
    border-top-right-radius:14px;
    background-color:#f3f3f3;
    padding:0 15px;
    font-weight:bold;  /*显示为粗体*/
    box-sizing:border-box;
    color:#444;
}
/*home 页的快捷列表模块*/
#home .shortcut_icon{
    height:100px;
    /*设置该列表与标题的间距为 20 px,与下方最新动态的边距为 35 px,与左
侧的间距为 15 px*/
    margin:20px 0 35px 15px;
}
#home .shortcut_icon li{
    width:100px;
    height:100px;
    padding:20px 15px;/*设置 li 与内部元素之间上下间距 20 px,左右间距
15 px*/
```

```
        box-sizing:border-box;
        text-align:center;
        background-color:blue;
        float:left;
        margin-right:20px;/*设置每个li之间的间距为20 px*/
    }
    #home .shortcut_icon i{
        display:block;
        color:white;
        font-size:36px;
        margin-bottom:8px;
    }
    #home .shortcut_icon a{
        color:white;
        font-weight:bold;
        font-size:14px;
    }
    #home .shortcut_icon li:hover{
        /*鼠标悬停时为li添加阴影效果,四周发散,阴影模糊程度为7 px,阴影向外
延展扩大1 px*/
        box-shadow:0 0 7px 1px black;
    }
```

“快捷方式”所在的盒子(.shortcut)没有设置任何样式,它的宽默认为父容器(.comBg)的宽100%。标题部分(.titleStyle)设置宽为100%(是父容器.shortcut的100%),那么也就相当于标题的宽和最外层大盒子(.comBg)的宽相等,这样它的背景就会和大盒子的上、左、右边缘相贴了。

“快捷列表”模块设置每个li左浮动,让列表在一行显示。并让该列表整体与上方标题、下方“最新动态”、左侧容器都有一定的间距,这个间距可以通过内边距或外边距来设置。li内部的图标和文字在两行显示,而i标签和a标签都是行内元素,所以需要将其中一个转换为块元素,当然也可以用块标签来引入,比如段落p。

当鼠标悬停到某个li上时,我们为其添加了阴影效果,让页面看起来更有“动感”。

3. CSS实现“最新动态”模块

为“最新动态”的父容器(.dynamic)设置左右的padding属性值,让其与大盒子两边有一定的间距。标题的背景样式已经有了,对于更多图标我们设置其右浮动即可(也可以使用绝对定位)。该模块的实现如【代码3-22】所示。

【代码 3 - 22】CSS 实现“最新动态”模块效果-main. css

```
/ * home 页的最新动态模块 * /
#home .dynamic{
    padding:0 15px;
}
#home .dynamic ul{
    margin-left:20px;
    list-style-type:disc;   / * 标记类型为实心圆 * /
    list-style-position:inside;   / * 标记位置在文本内 * /
}
#home .dynamic ul li{
    line-height:40px;
}
#home .dynamic ul span{
    color:#2196f3;
}
/ * 更多图标 * /
.icon-gengduo1{
    float:right;
    font-size:12px !important;
    color:#9a9a9a !important;
    font-weight:normal;
}
```

至此后台首页的效果已经实现了，但是该页面是一个独立的，那么如何让它显示在主界面的右侧内容区呢？

3.2.5 单击左侧导航实现右侧内容区动态切换

大家会发现在主界面中的右侧区域只有一个空的 div，并没有放任何内容，那么如何在页面加载完成后让 home. html 页面在主界面的右侧区域中显示呢？并且单击左侧菜单栏的二级菜单让右侧内容区动态加载相应的页面呢？这就是本节要讲的内容：iframe 元素。

iframe 是一个内联框架，用来在当前 HTML 文档中嵌入另一个文档。框架可以将浏览器分割成若干个小窗口，每个小窗口分别用来显示不同的页面。

iframe 元素是单独使用的，会在页面中定义一个矩形区域。其常用属性有：

(1) width：定义框架窗口的宽度，可以是像素值，也可以是百分数；

(2) height：定义框架窗口的高度，可以是像素值，也可以是百分数；

(3) src：定义被嵌套页面的 URL 地址；

(4) name：定义框架名，对应 a 标签的 target 值。

回到后台主界面，在右侧内容区也就是图 3－23 所示方框中编写相应代码。

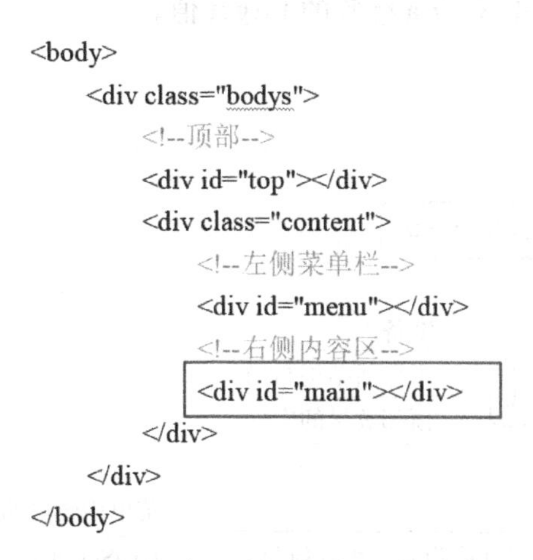

图 3－23　右侧内容区结构位置

iframe 框架代码如【代码 3－23】所示。

【代码 3－23】 iframe 框架代码

```
〈div id="main"〉
        〈iframe src="home.html" name="mainIframe" width="100%" height="100%"〉〈/iframe〉
〈/div〉
```

【代码 3－23】表示初次加载时该框架会链接到 home.html 页面，框架名称为 mainIframe，框架窗口大小 100%为父容器＃main 的大小。那么如何在切换菜单时动态改变该框架内容呢？只需将菜单栏中的“首页”和二级菜单的 a 标签的 target 属性值写成 mainIframe，href 路径写成对应的.html 文档即可。如〈a href="home.html" target="mainIframe"〉首页〈/a〉、〈a href="newsList.html" target="mainIframe"〉新闻列表〈/a〉；target 的意思就是在何处打开目标 URL，此时这些链接打开的目标窗口就会指向该框架。

知识小结

(1) 做屏幕自适应要从 html 层、body 层设置宽高为 100%。

(2) ：first-child 匹配长子元素。

(3) transform：translate(100px，20px)平移、transform：rotate(90deg)旋转、transform：scale(0.4，2)缩放、transform：skew(20deg，40deg)倾斜。

(4) 元素.classList.add()为元素添加 class 值、元素.classList.remove()删除某个 class 值、元素.className="class 值"修改元素的 class 值。

(5) iframe 框架用来在 HTML 文档中嵌入另一个文档,属性 src 定义被嵌套页面的 URL 地址,name 定义框架名,对应 a 标签的 target 值。

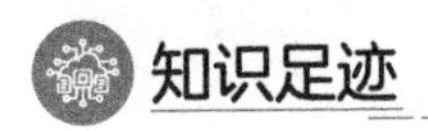

知识足迹

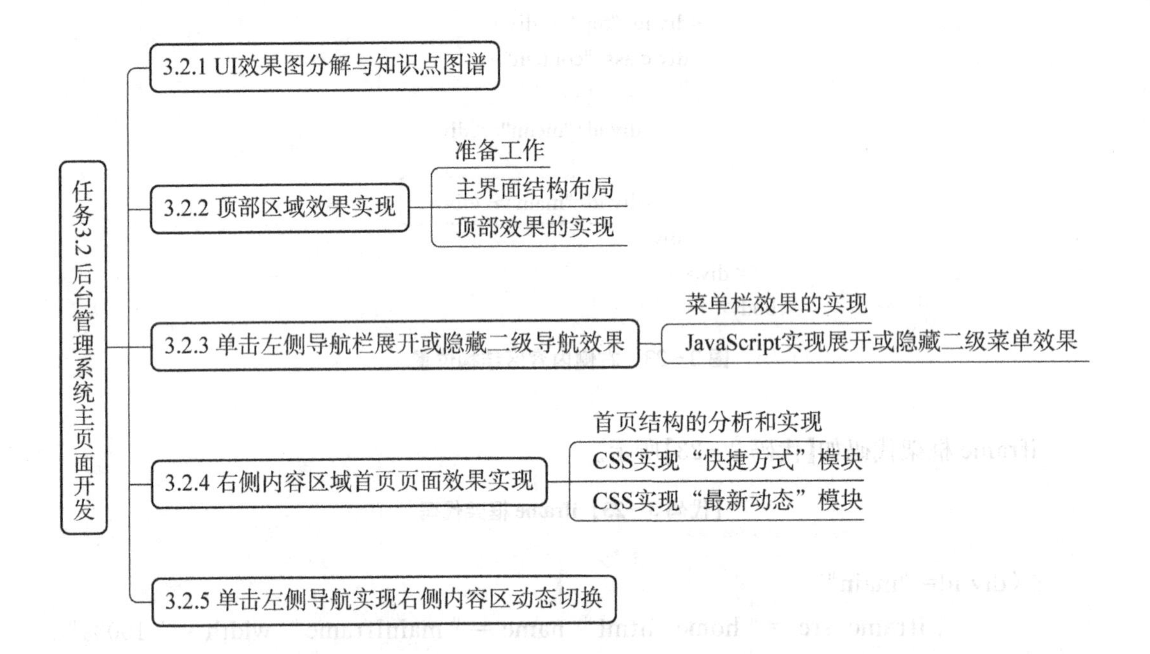

任务3.3 新闻发布与管理页面开发

本任务学习制作新闻列表页和新闻发布页,学到如何在网页中制作表格、插入富文本编辑器,以及 JavaScript 如何实现全选、全不选和删除操作。

3.3.1 UI 效果图分解与知识点图谱

“新闻列表”的效果如图 3-24 所示。

新闻列表用来展示新闻信息,并且可供用户进行增、删、改、查询操作。用户可通过新闻标题和新闻类型进行模糊查询,该内容属于表单。当用户单击添加,可跳转到添加新闻界面(也就是新闻发布页)如图 3-25 所示,当用户添加完一条信息后该条信息就会在列表中展示出来。

图3-24 新闻列表页

图3-25 新闻发布页

新闻展示的部分是一个表格，在HTML中通过table元素来定义。在表格中的最后一列提供了编辑和删除当前新闻的操作，而表格外的删除按钮则当用户选择多条时会进行批量删除操作。

在新闻列表页除了页面效果实现外，JavaScript部分会带领大家实现全选/全不选、删除本行信息功能。

对于"新闻发布"页，该页面也可以通过首页的快捷方式进入，新闻内容部分是一个富文本编辑器，是本次任务的另一个重点，在后续的内容中会详细讲解。

本任务涉及的知识点如下所示：

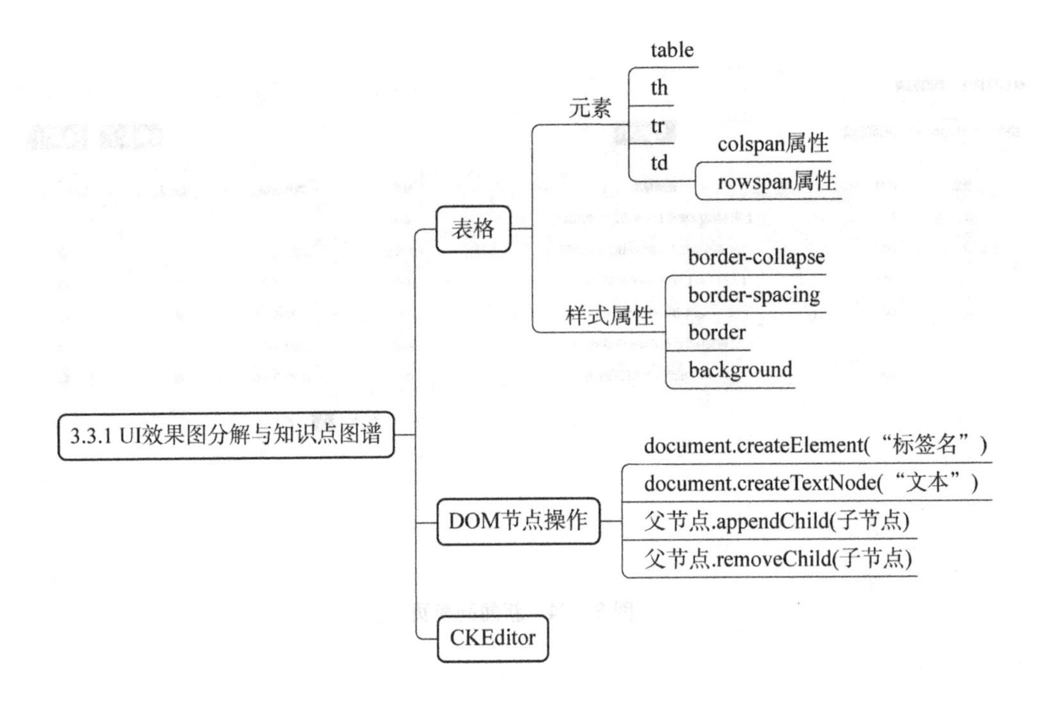

3.3.2 使用table实现新闻列表的展示

1. 页面分析

新闻列表页面分为两个模块：标题和内容区。

标题部分是一个导航的效果，提示用户的当前位置，当用户单击时可以链接到对应的页面，方便操作。

内容区域从上往下分为三大块，上方区域包含表单查询和居右的添加删除按钮，中间区域为表格，下方区域为分页效果。

表单查询部分，用户在操作时可根据新闻类型来查询，也可以根据新闻标题来查询。单击右侧的“添加”按钮会跳转到新闻发布页面。

表格用来展示新闻信息，是通过 table 标签实现的。表格的第一列为复选框按钮，当全选按钮选中时，下方的复选框都会被选中，当下方的某个复选框没有选中时，全选按钮也不会选中，此时单击“删除”按钮会进行数据的批量删除操作。表格的最后一列为编辑和删除操作，单击“编辑”进入信息编辑页面，单击“删除”只会删除当前行数据。

分页部分的样式效果可通过 ul+li 配合浮动来实现。

下面先在目录“ManageSystem”下新建一个 html 文件，命名为“newsList. html”。并在该文档的头部通过 link 标签引入 reset. css、main. css、iconfont. css 这三个 css 外部文件。

2. 标题模块的实现

该页面的背景边框和标题的效果同“home. html”页面。通过上面的分析，该页面的结构和标题如【代码 3－24】所示。

【代码 3-24】“标题”区域-newsList.html

```
<div id="news" class="comBg">
    <div class="titleStyle">
        <span><i class="iconfont icon-fabu"></i>信息管理&gt;</span>
        <a href="newsList.html">新闻列表</a>
    </div>
    <!--内容区-->
    <div class="contentBox"></div>
</div>
```

“标题”部分的CSS实现如【代码 3-25】所示。

【代码 3-25】“标题”页内容区域-main.css

```
.titleStyle span i{
    margin-right:4px;
}
.titleStyle a{
    color:#444;
}
.titleStyle a:hover{
    color:#3246c4;
}
```

3. 内容区域的实现

下面我们在.contentBox区域内编写“新闻列表”内容区的代码，如【代码 3-26】所示。

【代码 3-26】“新闻列表”页内容区域-newsList.html

```
<div class="contentBox">
        <!--左侧表单和右侧按钮模块-->
        <div class="clear">
            <!--表单-->
            <form action="#" method="post" class="fl">
                <label>类型:</label>
                <select>
                    <option>--请选择--</option>
                    <option>要闻</option>
                    <option>重点新闻</option>
                    <option>最新动态</option>
```

```
                        〈option〉视频〈/option〉
                    〈/select〉
                    〈label〉新闻标题:〈/label〉〈input type="text" name=
"newsTitle" value="" /〉
                    〈a href="#" class="iconfont icon-sousuo"〉查询〈/a〉
                〈/form〉
                〈!--添加、删除按钮--〉
                〈div class="fr"〉
                    〈a href="newsGiveOut.html" class="iconfont icon-jia"〉
添加〈/a〉
                    〈a class="iconfont icon-shanchutianchong" id="delete"〉
删除〈/a〉
                〈/div〉
            〈/div〉
            〈!--表格--〉
            〈table class="list"〉
                ......
            〈/table〉
            〈!--分页--〉
            〈ul class="page fr"〉
                〈li〉首页〈/li〉
                〈li〉上一页〈/li〉
                〈li class="pageCurrent"〉1〈/li〉
                〈li〉2〈/li〉
                〈li〉3〈/li〉
                〈li class="none"〉......〈/li〉
                〈li〉15〈/li〉
                〈li〉16〈/li〉
                〈li〉下一页〈/li〉
                〈li〉尾页〈/li〉
            〈/ul〉
    〈/div〉
```

首先,内容区整体与左右边框和上方的标题都有一定的距离,可通过为 class 值为 contentBox 的 div 元素添加内边距来实现。

表单部分,在布局上,表单的内容左浮动,添加删除按钮右浮动,同时父容器要清除浮动的影响。三个按钮用的是 a 标签,要设置背景样式就需要将其转换为行内块元素。

跳过中间的 table 部分，接下来看第三个模块分页。分页是通过 ul+li 来布局，我们为 ul 设置右浮动让其整体位于页面的右侧，每一项 li 设置左浮动使其在一行显示，并为当前页面设置不同的背景颜色效果。

这两个模块的 CSS 部分如【代码 3-27】所示。

【代码 3-27】"新闻列表"页内容区域-main.css

```
/*设置内容区与边框和标题之间的间距*/
.contentBox{
    padding:20px 25px 0;
}
/*清除浮动*/
.clear:after{
    content:"";
    display:block;
    clear:both;
}
/*搜索模块输入框、下拉框样式*/
form input,form select{
    height:26px;
    border-radius:5px;
    border:1px solid grey;
    margin-right:15px;
}
form select{
    height:30px !important;
}
/*搜索、添加、删除按钮样式*/
.icon-sousuo,.icon-jia,.icon-shanchutianchong{
    display:inline-block;
    line-height:30px;
    padding:0 15px;
    color:white;
    border-radius:5px;
}
.icon-sousuo{
    background-color:#5a5a5a;
}
```

```
.icon-jia{
        background-color:#3246c4;
        margin-right:10px;
}
.icon-shanchutianchong{
        background-color:#f44336;
}
/*分页*/
.page li{
        float:left;
        line-height:24px;
        padding:0 10px;
        border:1px solid #b9b9b9;
        border-radius:5px;
        margin-right:10px;
        font-size:12px;
        cursor:pointer;
}
.page .none{
        border:none !important;
}
.pageCurrent{
        background-color:#3246c4;
        color:white;
}
```

4. table表格

这里来重点说一说表格元素，表格是由 table 元素定义的，包含了行、列、单元格、表头等元素。其中 th 元素定义表头、tr 元素定义行、td 元素定义列。若干行和若干列交错形成一个个的单元格，用来存放表格具体的信息，我们可以将任意的网页元素如文字、图片、动画等存放在单元格中。

表格的基本语法格式如【代码 3－28】所示。

【代码 3－28】表格基本语法格式

```
<table>
    <tr>
        <th>表头</th>
```

```
        ……
    </tr>
    <tr>
        <td>单元格内容</td>
        ……
    </tr>
</table>
```

从结构上来讲，表格分为〈thead〉表头、〈tbody〉主体、〈tfoot〉表尾三部分，在这三部分中都可以放〈tr〉……〈/tr〉内容，但是这三个元素都是可选的，它们并不会影响表格的布局。即使不添加这三个元素，在浏览器中运行后打开开发者视图"Elements"下，会发现浏览器自动将这些 tr 放在了〈tbody〉的开始和结束标签中间，也就是说表格中 tr 的父元素并不是 table，而是 tbody。

除了上述的元素外，还可以通过〈caption〉元素来定义表格的标题，它是双标签。

默认情况下表格是没有外边框、行列分隔线这些样式的，需要通过表格属性或 CSS 样式来设置。

1) table 元素属性和 CSS 替代样式

table 元素的很多属性目前已经废弃了，可使用 CSS 代替，如以下几种：

(1) align：已废弃，该属性用来定义表格在文档中的对齐方式，left 左对齐、right 右对齐、center 居中对齐。在 CSS 中可通过 margin：auto 使其居中显示，或通过左浮动、右浮动等方式来替代。

(2) bgcolor：已废弃，bgcolor 属性用来设置表格的背景颜色，在 CSS 中用 background-color 属性代替。

(3) border 和 bordercolor：已废弃，border 属性用来设置表格边框的大小，0 表示无边框，1 表示具有 1 px 大小的边框，在 CSS 中用 border、border-width 等属性代替。bordercolor 属性用来设置表格的边框颜色，在 CSS 中用 border、border-color 等属性代替。

(4) cellspacing：已废弃，该属性用来设置表格内单元格与单元格之间的空白间距，0 表示无空白间距，1 表示单元格四周都有 1 px 的空白间距。在 CSS 中用 border-collapse：collapse；来消除单元格之间的空白。

(5) cellpadding：已废弃，该属性用来设置表格单元格与其内容之间的空白，0 表示无空白间距，1 表示内容与单元格四周都有 1 px 的空白间距。在 CSS 中用 border-spacing：0；来消除单元格与内容之间的空白。通过给 td 元素添加 padding 来设置单元格与内容之间的空白间距。

(6) width 和 height：定义表格的大小，可用 CSS 属性 width 和 height 来设置。

2) th 和 td 元素属性

主要来说一说 colspan、rowspan 属性，这两个属性用来实现单元格的合并，colspan 合并列，rowspan 合并行。比如〈td rowspan="3" colspan="2"〉表示将表格的 3 行 2 列合并在一起。

下面我们对表格元素做一个综合应用,制作一个如图 3-26 所示的表格。

<table>
<caption>大一上学期课表</caption>
<tr><th rowspan="2" colspan="2">星期/时间</th><th colspan="2">星期一</th><th colspan="2">星期二</th></tr>
<tr><td>科目</td><td>老师</td><td>科目</td><td>老师</td></tr>
<tr><td rowspan="2">上午</td><td>第一节</td><td>高等数学</td><td>张三</td><td>线性代数</td><td>李四</td></tr>
<tr><td>第二节</td><td>英语</td><td>张三</td><td>体育</td><td>尼古拉斯赵四</td></tr>
</table>

图 3-26 表格效果

这是一个 4 行 6 列的表格,表头"星期/时间"合并了 2 行 2 列的单元格,"星期一、星期二"都合并了 1 行 2 列的单元格,"上午"合并了 2 行 1 列的单元格,其余的内容都是各占 1 个单元格,所以该表格的实现如【代码 3-29】所示。

【代码 3-29】表格应用

```
<!DOCTYPE html>
<html>
    <head>
        <meta charset="UTF-8">
        <title>表格应用</title>
        <style type="text/css">
            table{
                width:500px;
                border-collapse:collapse;
                border-spacing:0;
            }
            th, td{
                border:1px solid black;
            }
        </style>
    </head>
    <body>
        <table>
            <caption>大一上学期课表</caption>
            <tr>
                <th rowspan="2" colspan="2">星期/时间</th>
                <th colspan="2">星期一</th>
                <th colspan="2">星期二</th>
            </tr>
```

```
                <tr>
                    <td>科目</td>
                    <td>老师</td>
                    <td>科目</td>
                    <td>老师</td>
                </tr>
                <tr>
                    <td rowspan="2">上午</td>
                    <td>第一节</td>
                    <td>高等数学</td>
                    <td>张三</td>
                    <td>线性代数</td>
                    <td>李四</td>
                </tr>
                <tr>
                    <td>第二节</td>
                    <td>英语</td>
                    <td>张三</td>
                    <td>体育</td>
                    <td>尼古拉斯赵四</td>
                </tr>
            </table>
        </body>
    </html>
```

th 标签定义的表头字体默认为粗体，且在单元格中水平垂直居中显示。td 单元格的字体默认都是正常的，只在垂直方向上居中，水平方向为左对齐，可通过 text-align：center；来设置水平居中。对于表格的列宽，默认是 auto 自适应，由单元格内容多少决定，也可以通过设置 table-layout：fixed；来固定宽度，比如在上面的代码中再为 table 添加 table-layout：fixed；那么每一列的宽都是 500÷6≈83 px。

5．table 实现新闻列表展示

回到项目中来完善<table class="list"></table>中的内容，显示的部分是一个 7 行 8 列的表格，没有需要合并单元格的部分要相对简单很多。HTML 部分如【代码 3－30】所示。

【代码 3－30】table 实现新闻列表展示-newsList.html

```
<table class="list">
    <tr>
```

```
                <th><input type="checkbox" id="checkAll" />全选</th>
                <th>编号</th>
                <th>新闻标题</th>
                <th>分类</th>
                <th>发布日期</th>
                <th>发布人</th>
                <th>编辑</th>
            </tr>
            <tr>
                <td><input type="checkbox" name="check" /></th>
                <td> 001 </td>
                <td>【寻找身边的感动】王仲吉:行走的坚守</td>
                <td>要闻</td>
                <td> 2022-3-31 </td>
                <td>张三</td>
                <td>
                    <a href="#" class="iconfont icon-xiugai" title="编辑">
</a>
                    <a href="#" class="iconfont icon-jian" title="删除">
</a>
                </td>
            </tr>
            ......
    </table>
```

CSS 实现新闻列表展示效果,如【代码 3-31】所示。

【代码 3-31】 table 实现新闻列表展示-main.css

```
    /*表格*/
    table.list{
        width:100%;
        margin-top:30px;
        margin-bottom:20px;
        color:#444;
        font-size:14px;
    }
    table.list td,table.list th{
```

```
        padding:0 10px;   /*设置单元格内容左右两边的空白间距*/
        height:36px;
        text-align:center;
        line-height:36px;
        border:1px solid rgba(196,196,196,0.2);
}
/*设置单行的背景颜色*/
table.list tr:nth-of-type(odd){
        background-color:#f3f3f3;
}
/*修改图标*/
table.list .icon-xiugai{
        color:#4caf50;
        margin-right:15px;
}
/*删除图标*/
table.list .icon-jian{
        color:#f44336;
}
```

table.list选择器选择的是class值为list的table元素，相对于.list来说缩小了选择的范围。

3.3.3 JavaScript实现全选/全不选和删除操作

1. 全选/全不选

1) 功能描述

当全选按钮选中时，列表中的复选框按钮都要选中，实现全选功能。相反的，当列表中的复选框按钮都选中时，全选按钮也要选中；全选按钮选中状态下，再次单击实现全不选功能；在全选状态下，列表中只要有一个复选框没有被选中，则全选按钮也不能选中。

通过上面的描述大家会发现这个功能的事件主体是分为两个的，一个是全选按钮单击时的全选和全不选；另一个是复选框列表项按钮都选中时的全选按钮选中状态，和有一个复选框列表项按钮没选中时的全选按钮不选中状态。所以也就是说在JavaScript实现时也是要分为这两个事件主体的。

2) 实现步骤

(1) 全选按钮的事件。

第1步：获取全选按钮和复选框列表。

第 2 步：为全选按钮绑定鼠标单击事件。

第 3 步：遍历所有的复选框列表项。

第 4 步：判断全选按钮的状态。当全选按钮选中，复选框列表的每一项都选中；当全选按钮不选中，复选框列表的每一项都不选中。

(2) 复选框列表项的事件。

第 1 步：获取全选按钮和复选框项目。

第 2 步：遍历所有的复选框项目，外层循环为每个复选框项目绑定鼠标单击事件。

第 3 步：初始化全选按钮为 true，即选中状态。

第 4 步：内层循环遍历所有的复选框项目，判断项目的选中状态，只要有一个没选中，就将全选按钮设置为 false，并结束循环。

3) 代码实现

在 js 目录下新建一个. js 文件并命名为"checkAll. js"，并在"newsList. html"页通过 script 标签引入该文件。

(1) 在 checkAll. js 中先写全选按钮的事件，如【代码 3 - 32】所示。

【代码 3 - 32】全选按钮的全选/全不选功能-checkAll. js

```
1. window.onload=function(){
2.   //全选
3.   //1、获取全选和复选框列表项
4.   var checkAllBox=document.getElementById("checkAll");
5.   var items=document.getElementsByName("check");
6.   //2、为全选按钮绑定单击事件
7.   checkAllBox.onclick=function(){
8.       //3、遍历所有的复选框列表项
9.       for(var i=0;i<items.length;i++){
10.          //4、判断全选按钮的状态
11.          if(checkAllBox.checked){
12.              //全选按钮选中，复选框列表的每一项都选中
13.              items[i].checked=true;
14.          }
15.          else{
16.              //全选按钮不选中，复选框列表都不选中
17.              items[i].checked=false;
18.          }
19.      }
20.  }
21. }
```

getElementsByName()方法获取到的是 HTML 元素中带有指定 name 属性的所有元素，并返回一个对象数组。常用于获取单选按钮 radio、复选框 checkbox 等元素。语法为：

```
var 变量名=document.getElementsByName("name 属性值");
```

【代码 3-32】中第 11 行代码 if(checkAllBox.checked)，其中“元素.checked”可以设置或返回元素的状态，如果选中则返回布尔值 true，如果没选中则返回布尔值 false。这里的 if(checkAllBox.checked)等同于 if(checkAllBox.checked==true)，“==”为比较运算符中的“等于”，这两句的意思都是说“如果全选按钮被选中”，则执行第 13 行代码 items[i].checked=true;，一个“=”是赋值运算符，将布尔值 true 赋给 items 的每一项，使每一项的 checked 属性都是选中状态。

如果全选按钮没有选中，就执行 else 中第 17 行的代码 items[i].checked=false;将布尔值 false 赋给 items 的每一项，使每一项的 checked 属性都是未选中状态。

知识拓展

JS 中的运算符之比较运算符：

比较运算符在逻辑语句中使用，以测定变量或值是否相等。比如下面示例中 x=3。

(1) ==：表示等于，值相等。如 x=="3"，返回值为 true；

(2) ===：表示全等，值和类型都相等。如 x==="3"，返回值为 false；

(3) ！=：表示不等于。如 x!=4，返回值为 true；

(4) >：表示大于。如 x>2，返回值为 true；

(5) <：表示小于。如 x<2，返回值为 false；

(6) >=：表示大于等于。如 x>=4，返回值为 false；

(7) <=：表示小于等于。如 x<=4，返回值为 true。

(2) 继续在 window.onload 方法中编写复选框列表项的事件，如【代码 3-33】所示。由于在上面已经获取了全选按钮 checkAllBox 和复选框列表项 items，所以这里就直接使用。

【代码 3-33】复选框列表项的事件-checkAll.js

```
1. //items 中只要有一个没选中，则全选按钮不选中，如果 items 都选中，则全选按钮选中
2. //外层循环遍历所有的复选框列表项
3. for(var i=0;i<items.length;i++){
4.   //为复选框列表项添加单击事件
5.   items[i].onclick=function(){
6.       //初始化全选按钮为选中状态
7.       checkAllBox.checked=true;
```

```
8. //内层循环遍历所有的复选框列表项
9. for(var j=0;j<items.length;j++){
10.     //判断复选框列表项状态
11.         if(!items[j].checked){
12.             //有一个没选中就设置全选按钮为false
13.             checkAllBox.checked=false;
14.             //跳出循环
15.             break;
16.         }
17.     }
18. }
19. }
```

① 逻辑非运算符“!”

逻辑“非”的运算符是“!”，当原值为 true 时，则结果为 false；原值为 false，则结果为 true。由于 items[j].checked 的值为 true，所以!items[j].checked 的值就是 false。if(!items[j].checked)的意思就是“如果第 j 个列表项没选中”，那么就执行第 13 行的代码 checkAllBox.checked=false;，将全选按钮状态设置为 false。

知识拓展

JavaScript 中的运算符之逻辑运算符：

逻辑运算符用于测定变量或值之间的逻辑，返回 true 或 false。比如下面示例中 x=3，y=7。

(1) &&：逻辑“与”，同时为 true 时结果才为 true。如 x<5&&y>5，返回值为 true；

(2) ||：逻辑“或”，只要有一个为 true，结果为 true。如 x>5||y>5，返回值为 true；

(3) !：逻辑“非”，原值为 true，则结果为 false；原值为 false，则结果为 true。如!(x<y)，返回值为 false。

② break 语句

break 语句用于跳出当前循环，因为只要遍历到有一个列表项没选中，就需要设置全选按钮没选中，就可以结束循环了，没必要浪费时间遍历完所有。

知识拓展

JavaScript 中的 3 个跳转语句：

(1) break 语句用于跳出当前循环；

(2) continue 如果出现了指定的条件，则跳出当次循环；

(3) return 终止当前函数继续向下执行，并返回当前函数的值。

2. 删除操作

在开发中，有时我们需要实现鼠标悬停改变元素的背景颜色，或者是动态添加、删除元素，那么这些功能都是如何实现的呢？其实这些效果都是通过DOM提供的方法来操作页面的某个元素而实现的。比如document.getElementsByClassName()方法获取元素，元素.style.color="red"改变元素的字体颜色等，都是DOM操作。

1) DOM介绍

那么到底什么是DOM呢？DOM(Document Object Model)是文档对象模型，它会将HTML文档整体看作是一个对象，而文档中的每一个部分都可以称为一个节点(Node)，这些节点又被看作是一个个对象。DOM会把HTML文档解析为一棵“树结构”。比如【代码3-34】所示。

【代码3-34】DOM“树结构”

```
<!DOCTYPE html>
<html>
    <head>
        <meta charset="UTF-8" />
        <title></title>
    </head>
    <body>
        <p>段落</p>
        <h3>标题</h3>
    </body>
</html>
```

该文档的“树结构”如图3-27所示。

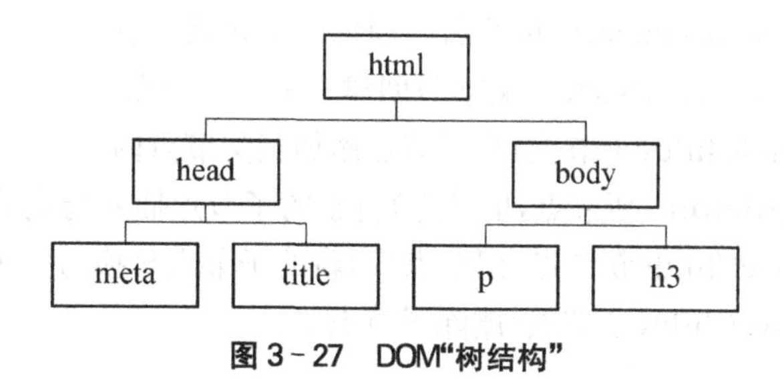

图3-27 DOM“树结构”

在这里html是根节点，其下的子节点是head和body。同时head和body又属于兄弟节点，拥有共同的父节点。节点又分为元素节点(如html、p、h3)、属性节点(如charset属性)、文本节点(如段落、标题等文字)等。

DOM操作包含：DOM元素的获取、DOM元素内容的操作、DOM元素样式的操作、DOM节点访问属性和操作方法等。

(1) DOM 元素的获取。

① document.getElementsByClassName()返回文档中所有指定类名的元素集合；

② document.getElementById()返回拥有指定 id 的对象；

③ document.getElementsByName()返回带有指定名称的对象集合；

④ document.getElementsByTagName()返回带有指定标签名的对象集合；

⑤ document.querySelector()返回文档中匹配指定的 CSS 选择器的第一元素；

⑥ document.querySelectorAll()返回文档中匹配指定的 CSS 选择器的所有元素。

(2) DOM 元素内容的操作。

① 元素.innerText 获取元素的纯文本内容；

② 元素.innerHTML 获取元素开始标签和结束标签之间的所有内容(包括标签)；

③ 元素.value 获取表单元素的内容(input 类型)。

(3) DOM 元素样式操作。

① 元素.style.属性名="值",设置样式；

② 元素.className="值",设置 class 类名。

(4) DOM 节点访问属性和操作方法。

① 获取元素节点

- 元素.children 获取所有的子节点,返回的是数组对象。不包含空白文本节点(DOM 会把标签与标签之间的空格或回车也当作一个子节点)。
- 元素.childNodes 获取所有的子节点,包含空白文本节点。
- 元素.firstChild 获取 childNodes 数组中的第一个子节点。
- 元素.lastChild 获取 childNodes 数组中的最后一个子节点。
- 元素.parentNode 获取父元素。
- 元素.nextSibling 获取下一个兄弟节点。
- 元素.previousSibling 获取上一个兄弟节点。

② DOM 节点操作

- document.createElement("标签名")创建一个元素节点。
- document.createTextNode("文本")创建一个文本节点。
- 父节点.appendChild(子节点)将子节点添加到父节点内。
- 父节点.insertBefore(新节点,旧节点)将新的子节点插入指定子节点之前。
- 父节点.replaceChild(新节点,旧节点)用新的子节点替换另一个指定的子节点。
- 父节点.removeChild(子节点)删除子节点。

2) 删除操作

回到项目中,“新闻列表”页表格中的最后一列每一行都有一个删除按钮,单击后会删除当前行的数据,我们要实现的就是该功能。

(1) 实现步骤。

第 1 步:获取表格中的所有删除按钮。

第 2 步:循环遍历所有的删除按钮。

第3步:为按钮添加单击事件,并获取当前按钮所在的行的tr节点和当前行的第3列的新闻标题文本内容。

第4步:当单击删除按钮时弹出一个带有“确定”和“取消”的框,提示用户是否要删除。单击“确定”则删除当前行。

这里我们需要做一个界面友好操作界面,删除前先询问用户是否真的要删除,然后再进行删除操作。

(2) 代码实现。

继续在window.onload方法中编写删除当前行的代码,如【代码3-35】所示。

【代码3-35】删除当前行操作-checkAll.js

```
1.//删除当前行
2.//1、获取表格中所有的删除按钮
3.var deleteTr=document.querySelectorAll("table.list .icon-jian");
4.//2、遍历所有的删除按钮
5.for(var n=0;n<deleteTr.length;n++){
6.   //保存索引值
7.   deleteTr[n].index=n;
8.   //3、添加鼠标单击事件
9.   deleteTr[n].onclick=function(){
10.      //获取当前的tr节点
11.      var tr=this.parentNode.parentNode;
12.      //获取第3列的文本内容,也就是新闻标题
13.      var tName=tr.children[2].innerText;
14.      //4、创建一个对话框
15.      var flag=confirm("是否要删除\""+tName+"\"这条数据?");
16.      if(flag){  //true
17.          //如果单击"确定"则删除当前行
18.          tr.parentNode.removeChild(tr);
19.      }
20.   }
21.}
```

① confirm()方法

confirm(message)弹出一个带有“确定”和“取消”的框,用户需要单击“确定”或者“取消”按钮才能继续进行操作。如果用户单击确认,那么返回值为true。如果用户单击取消,那么返回值为false。比如单击第二个删除按钮弹出框效果如图3-28所示。

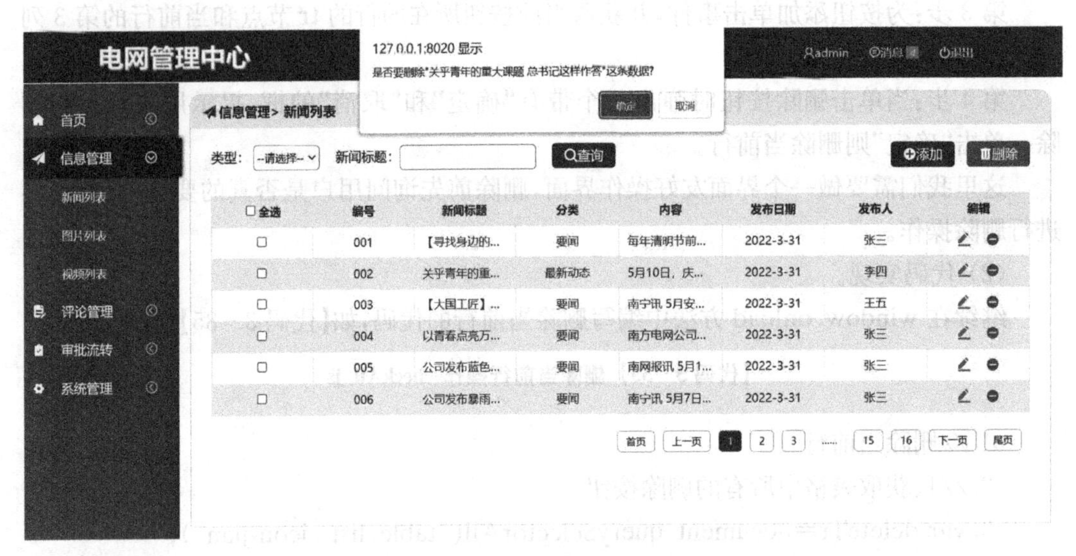

图 3-28 点击删除按钮弹框效果

② \字符转义

如果想要在双引号中使用双引号，或者单引号中使用单引号，可以通过“\”来进行字符转义，\"表示的就是双引号，\'表示单引号。

在讲表格的时候我们说过 tr 的父元素是 tbody 并不是 table，想要删除行就需要获取其父节点，通过父节点. removeChild(子节点)的方法来删除。

第 11 行代码 var tr=this. parentNode. parentNode；获取到当前行(this 指当前单击的删除按钮，它的 parentNode 是 td，td 的 parentNode 是 tr)，然后通过第 18 行 tr. parentNode. removeChild(tr)；来删除。

删除当前行的功能已经实现了，在页面中还有一个删除按钮，可以批量删除用户选中的数据。由于 removeChild()方法只能一次删除一个子节点，所以要想实现单击这个删除按钮让选中的行“消失”，可以从元素的显示和隐藏这个角度考虑。

“删除多行”的思路：

第 1 步：获取该“删除”按钮，并为其添加鼠标单击事件。

第 2 步：遍历所有的复选框列表项。

第 3 步：判断复选框列表项的状态，如果选中，则获取到当前的 tr 节点，并使其隐藏。

请根据这个思路实现该“删除”功能。

3.3.4 使用 CKEditor 富文本编辑器发布新闻

本小节学习编写新闻发布页，在新闻列表页单击“添加”，或在首页的快捷方式中单击“新闻发布”都可链接到该页面，新闻发布页的效果如图 3-29 所示。

这里标题栏与新闻列表不同的是，加了一个居右显示的返回按钮，单击“返回”可回到新闻列表页。内容区域大家可以看到有一个新闻内容的编辑框，该框是一个富文本编辑

信息管理 > 新闻列表 > 新闻发布 返回

新闻标题：请输入标题 新闻分类：--请选择类型--

段落

新闻内容：

清除 发布

图3-29 新闻发布页效果

器，也是本节内容的重点部分。

富文本编辑器(Rich Text Editor)简称RTE，是一种可内嵌于浏览器，所见即所得的文本编辑器。主要提供了文字、图片等的排版操作，可让用户在网站上获得所见即所得的编辑效果。常见的像邮箱网页版里面编辑内容的就是富文本编辑器。

作为一个网站的开发者，当我们需要一个发布文章的功能时，用户可能不知道html代码，此时我们可以使用一些别人写好的富文本编辑器嵌入我们的程序中即可解决这一问题。网页上的富文本编辑器的大致原理是使用JavaScript技术将用户输入的内容和设置的样式转换为html、css等浏览器可以认识的代码，其核心的实现技术就是JavaScript、html、css等前端技术。

较好的文本编辑器有KindEditor、FCKeditor等。CKEditor是FCKeditor编辑器的一个升级版本，由于FCKeditor打开速度慢，将其作为在线编辑器并不是明智的选择，CKEditor正好弥补了这一缺陷，相比FCKeditor，其加载速度更快、功能更强大、更丰富的插件和API、更友好的界面、生成的html更标准化。目前的版本号是CKEditor5，官方地址为：https://ckeditor.com/ckeditor-5/。

1. ckeditor.js插件使用

1）下载已有压缩包

在页面中使用CKEditor5编辑器，需要在.html文档中引入ckeditor.js，该文件可在官网上下载。在浏览器中打开上面的地址进入如图3-30所示的界面。

单击图3-30中的“Download”，进入下载界面。向下滚动页面在“Choose your build”中选择一个编辑器类型，如图3-31所示。我们选择第一个标准版。

继续将页面向下滚动，会看到图3-32进入第二步操作，选择下载方式，第一种采用的是npm的方式安装插件；第二种是下载的压缩包；第三种是在.html文档中引入在线地址。这里我们选择第二种方式。

下载完成后，将解压文件放在项目根目录下，该文件的目录结构如图3-33所示。

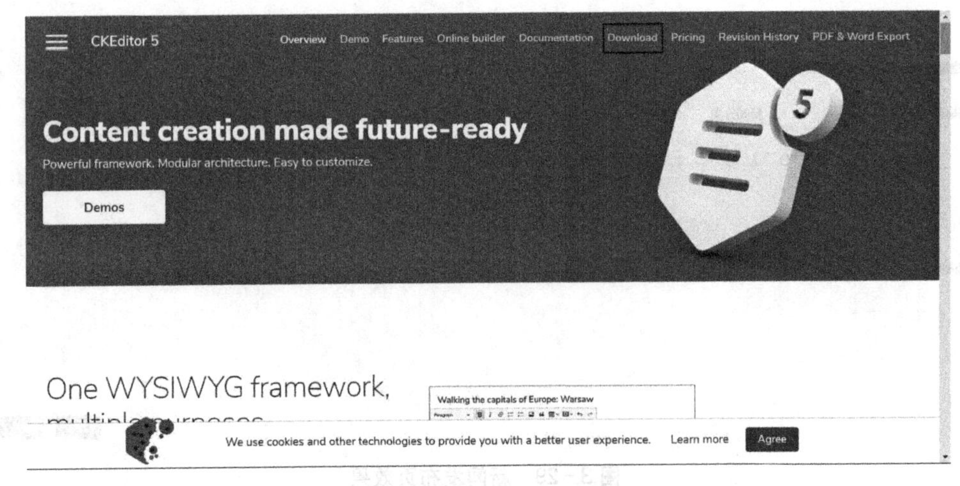

图 3-30　CKEditor5 界面

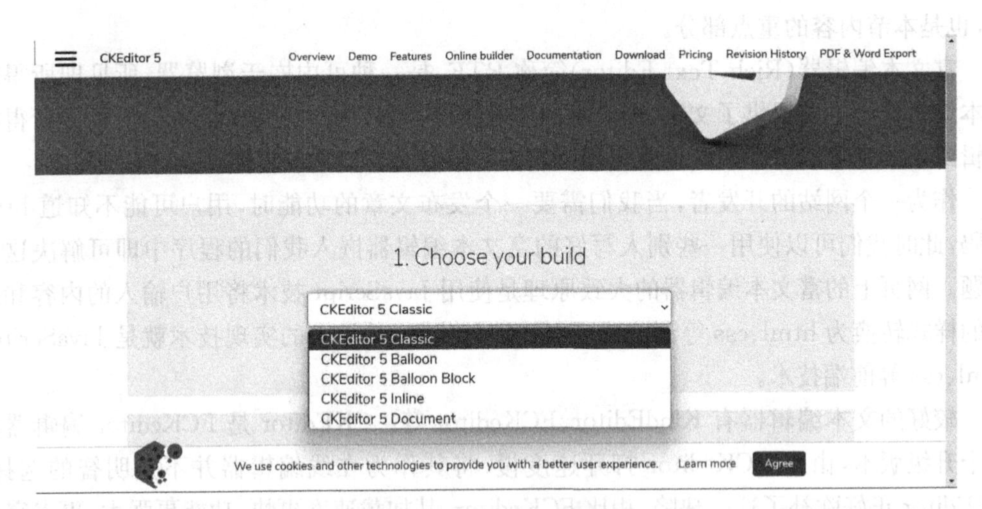

图 3-31　选择编辑器类型

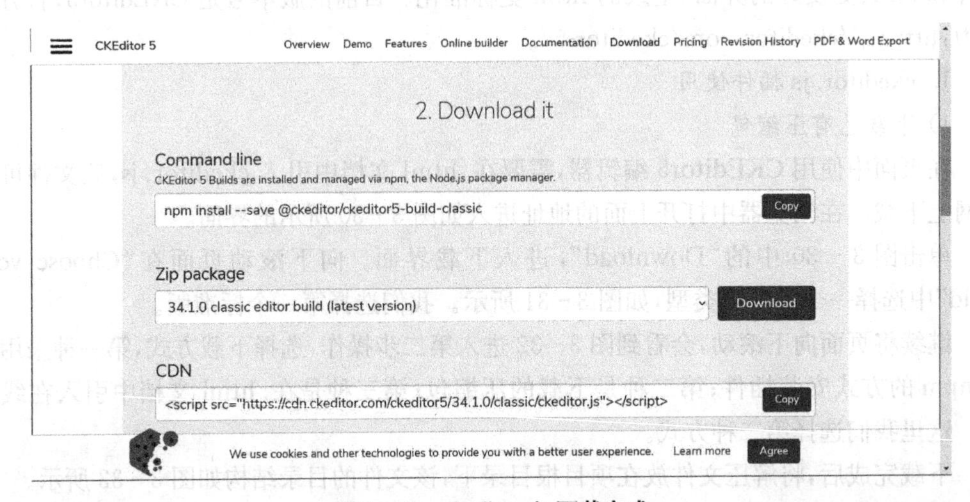

图 3-32　ckeditor.js 下载方式

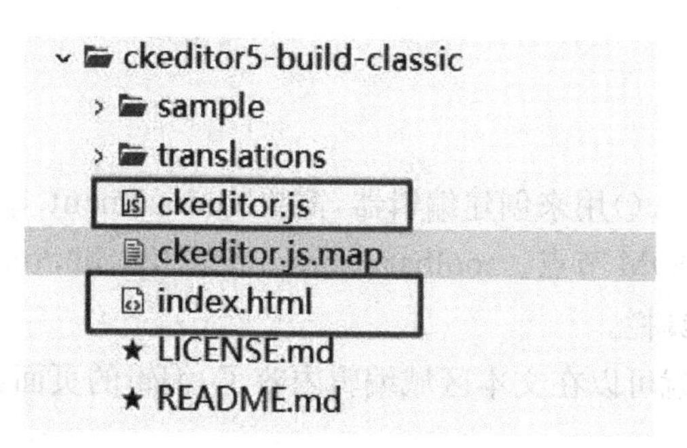

图 3-33 ckeditor5-build-classic 文件结构

接下来就是使用了，我们在该目录下新建一个.html 文档。在 head 中通过 script 标签引入 ckeditor.js 文件，并在 body 中添加一个 div 标签用来引入富文本。然后打开目录下的 index.html 文件，将里面的<script>标签中的 js 代码复制到 html 文档中。具体如【代码 3-36】所示。

【代码 3-36】 ckeditor.js 使用

```
<!DOCTYPE html>
<html>
    <head>
        <meta charset="UTF-8">
        <title></title>
        <script src="ckeditor.js"></script>
    </head>
    <body>
        <div id="editor"></div>
        <script>
            ClassicEditor
            .create(document.querySelector('#editor'), {
                //toolbar: ['heading', '|', 'bold', 'italic', 'link']
            })
            .then( editor=> {
                window.editor=editor;
            })
            .catch(err=> {
                console.error(err.stack);
            });
        </script>
```

```
    </body>
</html>
```

ClassicEditor.create()用来创建编辑器，需要将 document.querySelector('#editor')括号里面的内容换成 DOM 节点。toolbar:['heading','|','bold','italic','link']为工具栏的定义，也可以自己定义工具栏。

打开浏览器，此时就可以在文本区域编辑内容了，编辑的页面如图 3-34 所示。

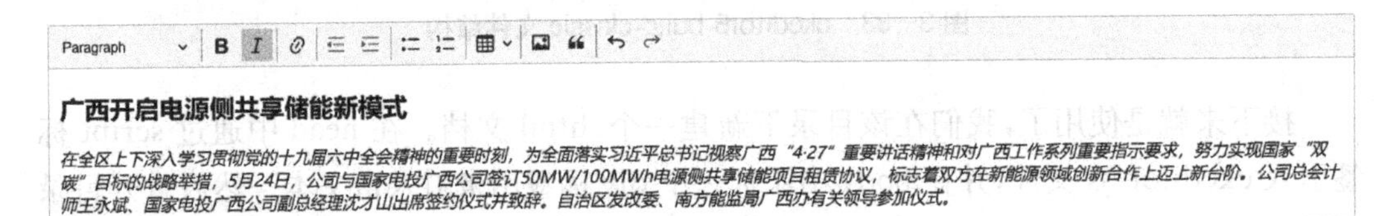

图 3-34　富文本编辑界面

上面我们下载的是标准版的，它的工具栏有段落标题、加粗、斜体、序号等样式。将鼠标放在大标题处右键“检查”进入开发者模式，在“Element”中会发现，浏览器自动将文字添加了对应的标签和样式。如图 3-35 所示。

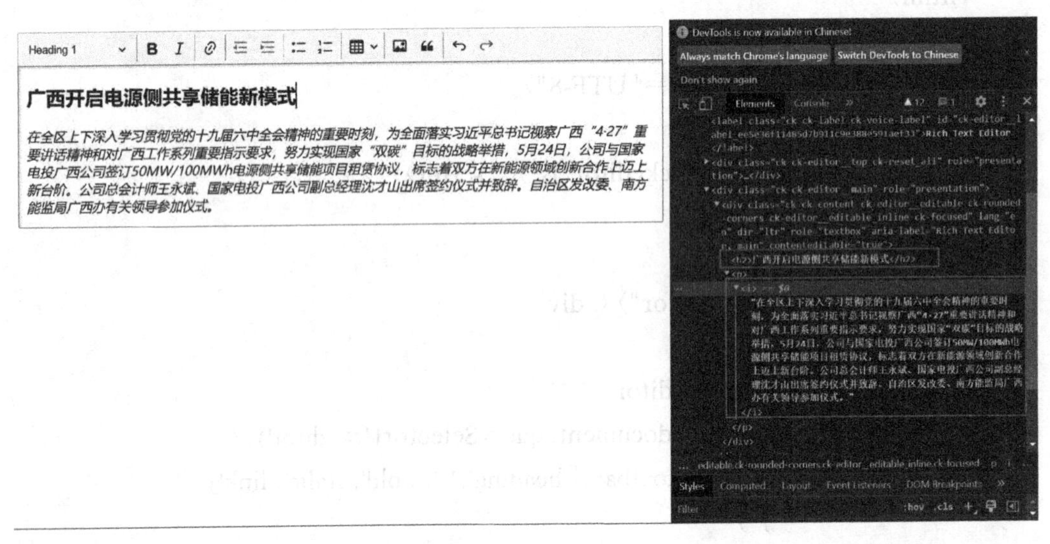

图 3-35　开发者模式

通过上面的形式下载的插件中的组件（也就是工具栏）是已经定义好的，如果还需要其他的组件，就需要通过 js 代码去添加。在最开始下载插件的时候我们也可以自己去定义需要的组件。

2）自定义组件

在浏览器中打开 https://ckeditor.com/ckeditor-5/online-builder/，或者是在 CKEditor5 界面的菜单栏中单击“online builder”，进入如图 3-36 所示的界面。

第一步：选择一个编辑器类型，这里我们还选择 Classic。

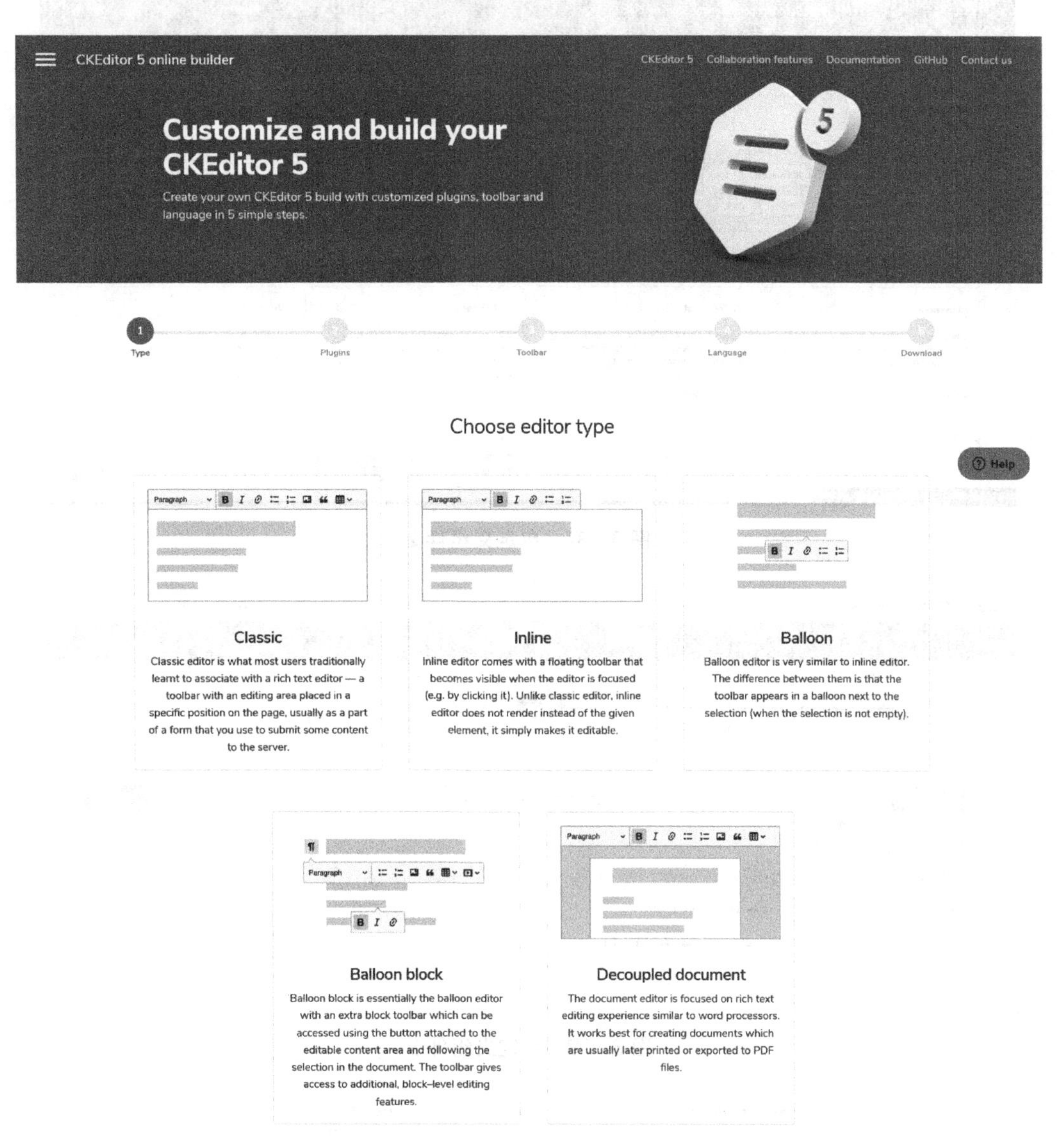

图 3-36 自定义组件 1

第二步：根据需求增删组件。如图 3-37 所示，单击“Picked plugins”中的减号“－”图标或者是下面的“Remove”按钮可以删除不需要的组件，其中黄色带五角星的为付费项。单击下面的“Add”可以添加组件。然后单击“Next step”按钮进入下一步，如图 3-38 所示。

第三步：调整组件位置，把上面亮着的组件拖到下面合适的位置。单击“Next step”按钮进入下一步。

第四步：选择语言。单击“Next step”按钮进入下一步，如图 3-39 所示。

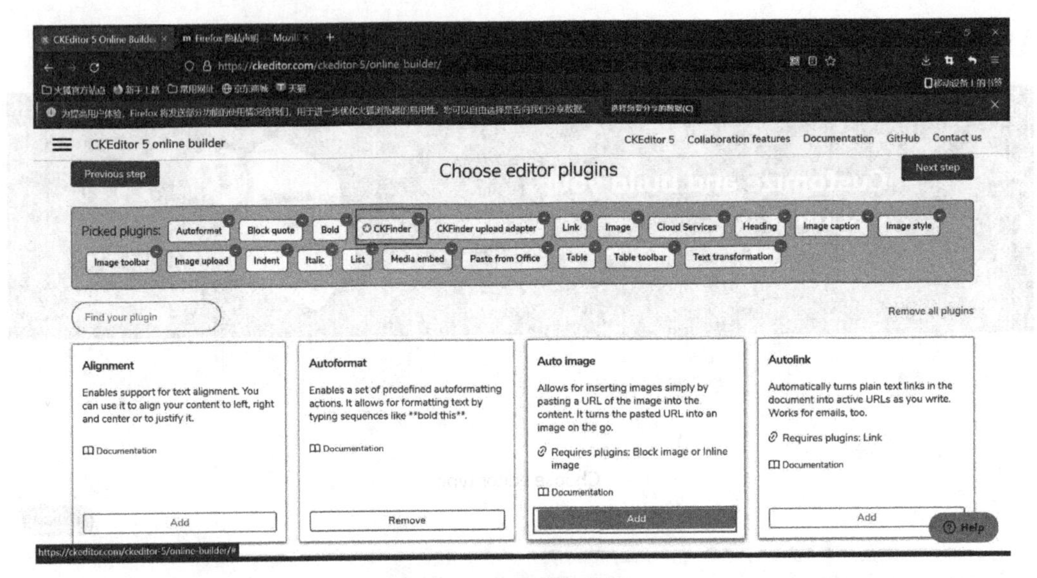

图 3-37　自定义组件 2

图 3-38　自定义组件 3

图 3-39　自定义组件 4

第五步：单击"start"开始生成插件，完成后再单击"Download your custom CKEditor 5 build"进行下载，如图 3 - 40 所示。

图 3 - 40　自定义组件 5

下载完成后，将解压文件放在相应的项目下，该文件的目录结构如图 3 - 41 所示。

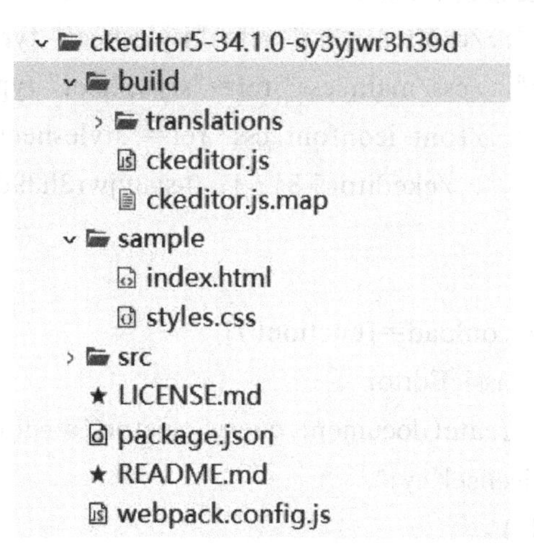

图 3 - 41　ckeditor5-build-classic 文件结构

接下来在页面中的应用和直接下载压缩包的应用是一样的，在 html 文档中引入 bulid 下的 ckeditor.js，并将 sample/index.html 的 script 中的代码复制到文档中，修改 document.querySelector('#editor')括号里面的内容换成 DOM 节点。

在浏览器中运行后，添加的组件就会在工具栏中显示出来了。如图 3 - 42 所示。

图 3 - 42　自定义组件

2. 新闻发布页的实现

回到项目中,我们来简单地实现一个新闻发布页,其整体结构与新闻列表页一样,都包含标题和内容区。在标题区域再添加一个居右的a标签,设置返回链接。

内容区域为表单部分,表单内容用三个上下排列的块div包裹,第一个div为标题、分类,第二个div为富文本,第三个div为清除、发布按钮。下面我们来实现这部分的效果。

先在目录“ManageSystem”下新建一个html文件,命名为“newsGiveOut.html”。并在该文档的头部通过link标签引入reset.css、main.css、iconfont.css这三个css外部文件。通过script标签引入ckeditor.js文件。其html部分如【代码3-37】所示。

【代码3-37】新闻发布页-newsGiveOut.html

```
<!DOCTYPE html>
<html>
    <head>
        <meta charset="UTF-8">
        <title>新闻发布页</title>
        <link href="../css/reset.css" rel="stylesheet" type="text/css" />
        <link href="../css/main.css" rel="stylesheet" type="text/css" />
        <link href="../font/iconfont.css" rel="stylesheet" type="text/css" />
        <script src = "../ckeditor5-34.1.0-sy3yjwr3h39d/build/ckeditor.js" >
</script>
        <script>
            window.onload=function(){
                ClassicEditor
                .create(document.querySelector('#editor'),{
                licenseKey:'',
                })
                .then(editor=>{
                window.editor=editor;
                })
                .catch(error=>{
                console.error('Oops,something went wrong!');
                console.error('Please, report the following error on https://
github.com/ckeditor/ckeditor5/issues with the build id and the error stack);
trace:'
                 console.warn('Build id:sy3yjwr3h39d-xeb1qs2735ga');
                console.error(error);
```

```
            });
        }
    </script>
</head>
<body>
    <div id="giveOut" class="comBg">
        <div class="titleStyle">
            <span><i class="iconfont icon-fabu"></i>信息管理 &gt;
</span>
            <a href="newsList.html">新闻列表</a> &gt;
            <a href="newsGiveOut.html">新闻发布</a>
            <a href="newsList.html" class="fr">返回</a>
        </div>
        <div class="contentBox">
            <form action="#" method="post" class="clear">
                <div>
                    <label>新闻标题:</label>
                    <input type=" text " name=" title " value=""
placeholder="输入标题" />
                    <label>新闻分类:</lable>
                    <select>
                        <option>--请选择--</option>
                        <option>要闻</option>
                        <option>重点新闻</option>
                        <option>最新动态</option>
                        <option>视频</option>
                    </select>
                </div>
                <div class="editorBox">
                    <label class="fl labelFl">新闻内容:</label>
                    <div id="editor" class="fl"></div>
                </div>
                <div class="fr">
                    <button type="reset">清除</button>
                    <button type="submit">发布</button>
                </div>
```

```
                〈/form〉
            〈/div〉
        〈/div〉
    〈/body〉
〈/html〉
```

标题、分类的样式同新闻列表查询模块可共用一套样式。富文本部分默认情况下，富文本输入框的高度是随用户输入内容的多少而变化的，但在我们的页面中为了使其不溢出整个右侧内容区域的下边框，所以需要固定它的高度。

对于富文本它包含了两部分：工具栏和可编辑区，要固定的高度显然是可编辑区的视图。打开页面鼠标聚焦在可编辑区，右键“检查”定位到该元素。那么要设置高度的就是图 3－43 中的 div 元素。

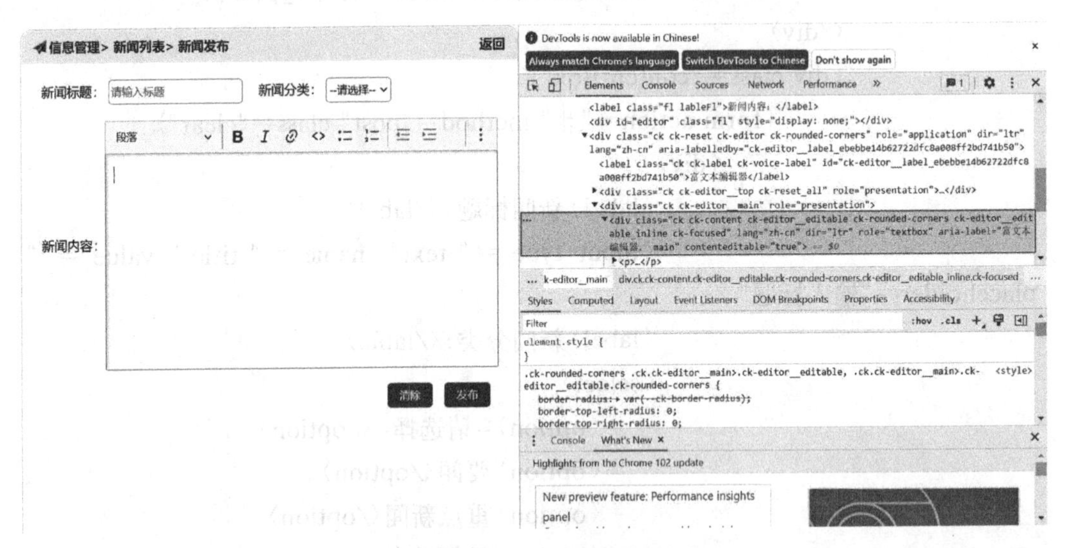

图 3－43　富文本编辑区高度设置

比如要固定编辑区的高度为 260 px。通过开发者视图模式查看到的标题区的高度为 40 px，那么该“新闻内容”所在的父容器(class 为 editorBox 的 div)的高就是 300 px 了。所以需要设置“新闻内容”所在的 lable 标签行高为 300 px，即可实现在垂直方向的居中。

“清除”和“发布”按钮是通过 button 按钮引入的，该样式可共用新闻列表页添加按钮的样式，需要额外清除 button 按钮的边框(默认情况下 button 是带有边框样式的)。

该页面的 CSS 实现如【代码 3－38】所示。

【代码 3－38】新闻发布页- main. css

```
#giveOut .editorBox{
    height:300px;
```

```
        margin:20px 0;
    }
    #giveOut .labelFl{
        line-height:300px;
    }
    #giveOut .ck-content{
        height:260px;
    }
    /*群组选择器设置搜索、添加、删除、清除、发布按钮样式*/
    .icon-sousuo,.icon-jia,.icon-shanchutianchong,button[type=reset],button
[type=submit]{
        display:inline-block;
        line-height:30px;
        padding:0 15px;
        color:white;
        border-radius:5px;
    }
    .icon-jia,button[type=reset],button[type=submit]{
        background-color:#3246c4;
        margin-right:10px;
    }
    button[type=reset],button[type=submit]{
        border-style:none;
    }
```

button[type=reset]为属性选择器，根据完整属性值选择器，意思是选择 type 属性值为 reset 的 button 按钮。属性选择器的类型有很多种，其他的属性选择器应用可查看本书 4.5CSS3 选择器参考手册。

知识小结

(1) table 标签用来定义表格，th 定义表头、tr 定义行、td 定义列。

(2) 合并单元格：colspan 合并列，rowspan 合并行。

(3) document.getElementsByName()方法获取 HTML 元素中带有指定 name 属性的所有元素。

(4) break 语句用于跳出当前循环。

(5) DOM 节点操作。

① 创建元素节点：document.createElement("标签名")；

② 创建文本节点：document.createTextNode("文本")；

③ 添加：父节点.appendChild(子节点)；

④ 插入：父节点.insertBefore(新节点,旧节点)；

⑤ 替换：父节点.replaceChild(新节点,旧节点)；

⑥ 删除：父节点.removeChild(子节点)。

(6) 富文本编辑器是一种所见即所得的文本编辑器，提供了字体、字号、颜色、加粗等常规的文字排版操作。原理是使用 JavaScript 技术将用户输入的内容和设置的样式转换为 html、css 等浏览器可以认识的代码。

知识足迹

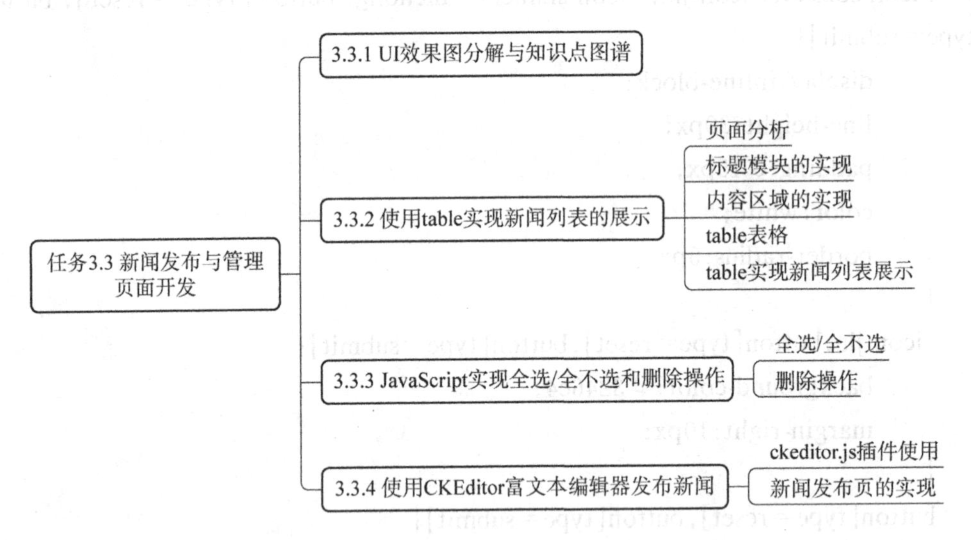

项目总结

本项目共分为 3 个任务。

任务一主要是实现登录页的制作，包含背景渐变样式和 form 表单的使用，其中 input 的 type 类型有很多种，如文本、密码输入框、单选、复选框、按钮等。

任务二主要是实现后台主界面，包含 iframe 框架使用，CSS 转换属性 transform 的平移、旋转、缩放、倾斜，js 通过 classList 或 className 属性为元素添加类名的方法和区别，并使用 JavaScript 实现二级菜单展示和隐藏效果。

任务三主要是实现新闻列表和新闻发布页，包含 table 表格元素和样式属性的应用，认识了 DOM 树及 DOM 获取元素、获取修改内容、操作节点的方法，并使用 JS 实现全选/全不选、删除操作，以及 CKEditor 富文本编辑器的使用。

综合练习

1. 单选题

(1) 如果要设置边框右上角为圆角，语法正确的是(　　)。

A. border-top-right-radius

B. border-right-top-radius

C. border-radius

D. border-right-radius

(2) 查看如下 JavaScript 代码：

```
var a="10";
var b=10;
if (a==b) {
alert("equal"); }
if (a===b) {
alert("same"); }
```

此代码运行后，效果为(　　)。

A. 只弹出“equal”

B. 只弹出“same”

C. 先弹出“equal”，再弹出“same”

D. 没有弹出显示

2. 判断题

(1) input 和 button 元素定义按钮时都是通过 type 属性定义按钮的类型，通过 value 属性来定义按钮上显示的文本。(　　)

(2) iframe 框架用来在当前 HTML 文档中嵌入另一个文档。(　　)

(3) 代码〈td rowspan="3"〉姓名〈/td〉表示将水平方向的三个单元格合并为一个单元格。(　　)

3. 填空题

(1) 表单由________标签来定义，提交方法由________属性指定，如果设置 novalidate 属性，则提交表单时________验证(填“需要”或“不需要”)。

(2) 表单中单选框为________，复选框为________，单行文本框为________，文件上传按钮为________，多行文本框为________。

(3) 在表格的属性中________属性用来设定表格边框的粗细，单元格跨行通过________属性来实现，单元格跨列通过________属性来实现。

项目 4　参考手册附录

场景导入

本项目是对前端所学知识的总结、归纳和拓展，为学习提供知识的参考和查阅，主要包含了标签、CSS 属性、多列布局、弹性布局、CSS 选择器等前端技术。通过对本项目的学习让学生在学习的过程中养成积累知识的习惯，形成自己的知识体系。并培养其自主学习、终身学习的意识。

知识路径

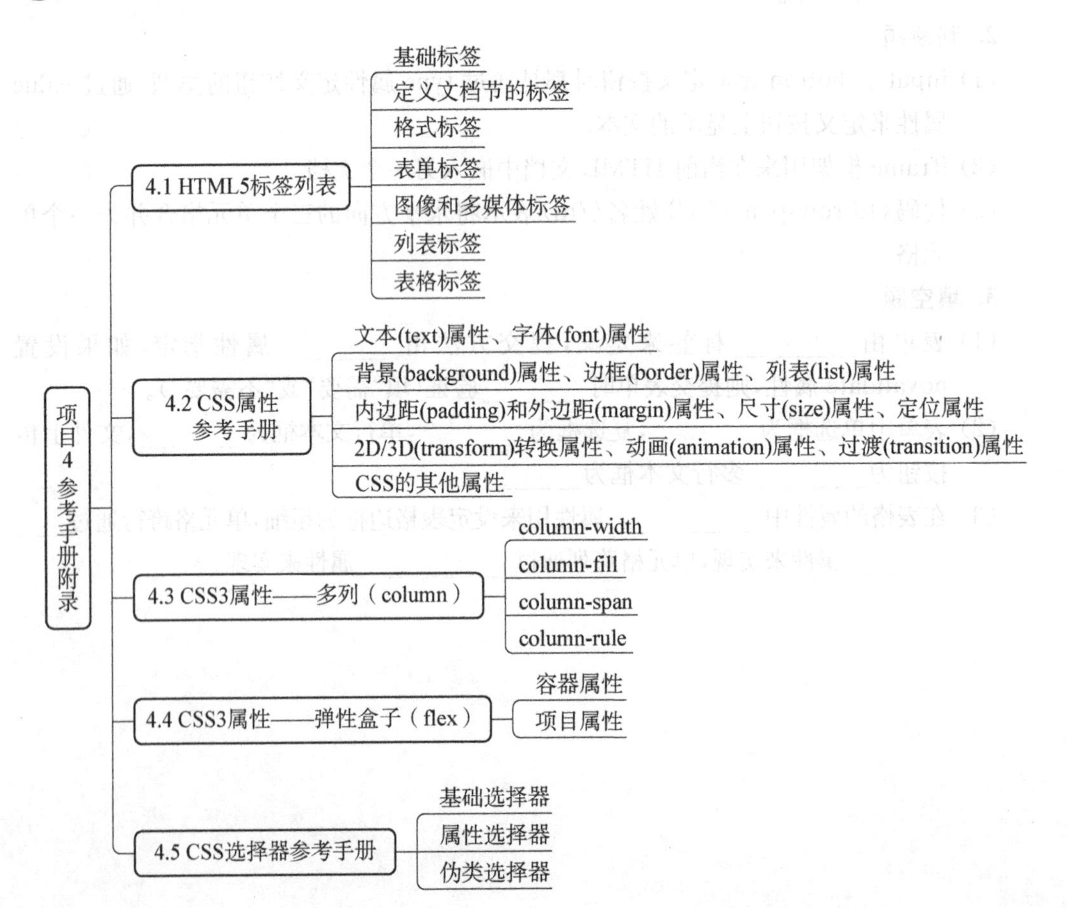

任务4.1 HTML5 标签列表

我们将 HTML 标签分为这几类:基础标签、定义文档节的标签、格式标签、表单标签、图像和多媒体标签、列表标签、表格标签。

下面我们通过表格的形式将这些属性进行一一汇总,并对本书中没有讲到的进行示例讲解。

1) 基础标签

基础标签主要是文档结构标签,具体标签和说明如表 4-1 所示。

表 4-1 基础标签

标签名	说 明
〈html〉	定义 HTML 文档,说明该文件是由 HTML 语言描述的
〈head〉	定义关于文档的头部信息
〈meta〉	定义关于 HTML 文档的元信息
〈title〉	为文档定义标题
〈body〉	标识网页的主体部分
〈p〉	定义段落
〈h1〉-〈h6〉	定义标题,〈h1〉定义最大标题,〈h6〉定义最小标题
〈a〉	定义一个链接
〈iframe〉	内联框架
〈br〉	定义换行
〈hr〉	定义一条水平分割线
〈link〉	定义外部 CSS 文档
〈style〉	定义文档的样式信息
〈script〉	定义客户端脚本
〈! --·······--〉	定义注释文本

2) 定义文档节的标签

在电网的项目中,我们是通过〈div id="topBar"〉这种形式来定义头部区域,但在 HTML5 中专门提供了用于定义不同区域的标签,比如〈header〉。这些用来定义文档节的标签如表 4-2 所示。

表 4-2 定义文档节的标签

标签名	说明
〈div〉	定义文档中一个分隔区块或者一个区域部分
〈span〉	对文档中的行内元素进行组合
〈header〉	定义文档的头部部分,HTML5
〈nav〉	定义导航链接部分,HTML5
〈footer〉	定义一个文档底部,HTML5
〈section〉	定义文档的某个区域,HTML5
〈article〉	定义一个文章内容,HTML5
〈aside〉	定义页面的侧边栏区域,HTML5
〈details〉	定义用户可见或者隐藏的需求的补充细节,默认为隐藏,可通过设置 open 属性使其可见,HTML5
〈summary〉	定义〈details〉的可见标题,当用户单击标题时会显示出详细信息,HTML5
〈dialog〉	定义一个对话框或者窗口,可通过设置 open 属性使其可见,HTML5

像〈header〉、〈nav〉、〈footer〉这些标签和 div 标签在用法上没什么区别,标签本身都没有任何显示样式,都需要通过 CSS 选择器来设置。和 div 不同的是这些标签更具有语义化,定义的文档结构也更清晰,比如〈header〉就是用来定义头部的,〈nav〉就是用来定义导航链接的。

〈details〉标签提供了用户开启关闭的交互式控件,任何内容都能被放在〈details〉标签里边。默认情况下〈details〉元素的内容对用户是不可见的,除非设置了 open 属性。〈summary〉标签用来定义〈details〉的可见标题,当用户单击标题时会显示出详细信息。

比如页面中有一个名为"web 前端课程大纲"标题,用户单击标题显示对应的大纲。这两个标签的应用如【代码 4-1】所示。

【代码 4-1】〈details〉和〈summary〉标签应用

```
〈body〉
    〈details〉
        〈summary〉web 前端课程大纲〈/summary〉
        〈p〉第一章:HTML 基础〈/p〉
        〈p〉第二章:CSS 基础〈/p〉
        〈p〉第三章:JavaScript 基础〈/p〉
    〈/details〉
〈/body〉
```

浏览器中运行效果如图4-1、4-2所示。

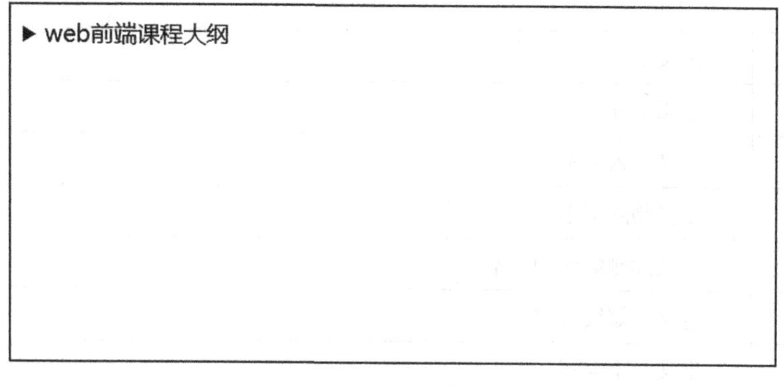

图4-1 隐藏状态

▼ web前端课程大纲

第一章：HTML基础

第二章：CSS基础

第三章：JavaScript基础

图4-2 单击标题显示状态

如果需要在页面加载后就显示细节内容，可以把〈details〉改为〈details open="open"〉，这里open的属性值可以不写。

3）格式标签

格式标签主要用来标识部分文本字符的语义，并带有一定的显示样式，如加粗、斜体、上标、下标等，具体标签和说明如表4-3所示。

表4-3 格式标签

标签名	说　明
〈b〉	定义粗体文本
〈strong〉	定义粗体文本，strong的语气要更为强烈，突出强调
〈i〉	定义斜体文本
〈em〉	定义斜体文本，em的语气要更为强烈，突出强调
〈big〉	定义大字号，HTML5不支持
〈small〉	定义小字号

续 表

标签名	说　明
〈sup〉	定义上标
〈sub〉	定义下标
〈ins〉	定义插入文本
〈del〉	定义删除文本
〈s〉	定义加删除线的文本
〈u〉	定义下划线文本
〈abbr〉	定义一个缩写
〈cite〉	定义作品(比如书籍、歌曲、电影等)的标题
〈address〉	定义文档作者或拥有者的联系信息,显示为斜体,大多数浏览器会在该元素的前后添加换行
〈blockquote〉	定义摘自另一个源的块引用,属性 cite 值为 URL,规定引用的来源
〈mark〉	定义带有记号的文本,HTML5
〈code〉	定义计算机代码文本
〈dfn〉	定义术语或短语的意义
〈meter〉	定义度量衡,仅用于已知最大值和最小值的度量,HTML5
〈progress〉	定义运行中的任务进度(进程),HTML5
〈q〉	定义短的引用
〈time〉	定义一个日期/时间,HTML5
〈bdo〉	定义文本的方向,其属性 dir 的值:ltr 文字从左往右显示,rtl 文字从右往左显示
〈pre〉	定义预格式化的文本
〈rp〉	定义不支持 ruby 元素的浏览器所显示的内容,HTML5
〈rt〉	定义字符(中文注音或字符)的解释或发音,HTML5
〈ruby〉	定义 ruby 注释(中文注音或字符),HTML5

(1) 〈pre〉

预格式化的文本,一般来说 HTML 文档在输出时会把文本上的空格、回车等字符忽略掉,但是位于〈pre〉中的文本会按照原文件中的排版格式展现出来,浏览器中执行后的效果几乎和文档中的格式效果是完全一样的。比如〈pre〉中的内容如【代码 4-2】所示。

【代码 4-2】

```
〈pre〉
        小红
```

```
    小强
</pre>
```

浏览器中运行后的效果如图 4-3 所示。

小红
小强

图 4-3　预格式文本

(2) <ruby>

<ruby>标签用来定义一个注释或音标，<rt>用来定义字符的解释或发音，当浏览器不支持 ruby 元素时用<rp>来定义浏览器中要显示的内容。这几个标签的用法如【代码 4-3】所示。

【代码 4-3】<ruby>标签应用

```
<ruby>
    前 <rp>(</rp><rt> qian </rt><rp>)</rp>
    端 <rp>(</rp><rt> duan </rt><rp>)</rp>
</ruby>
```

浏览器中运行的效果如图 4-4 所示。

qianduan
前 端

图 4-4　<ruby>标签效果

当浏览器不支持时显示两个小括号()。

(3) 其他

对于剩下的标签，我们通过一个综合的小案例进行演示，如【代码 4-4】所示。

【代码 4-4】格式标签综合应用

```
<body>
    <strong>加粗文本 strong </strong><br>
    <em>强调文本 em </em><br>
    <small>小号文本 small </small><br>
    上标:x <sup> 2 </sup><br>
    下标:H <sub> 2 </sub>O <br>
    删除<del>小红</del>,插入<ins>小强</ins><br>
    <s>删除文本 s </s><u>下划线文本 u </u><br>
```

```
        〈!--鼠标悬停到缩写上显示 title 中的内容-->
        〈p〉人乳头瘤病毒简称〈abbr title="一种球形 DNA 病毒"〉HPV〈/abbr〉
〈/p〉〈br〉
        〈cite〉《万事尽头,终将如意》〈/cite〉〈address〉作者:白岩松〈/address〉
〈/cite〉
        〈blockquote〉嫉妒衣服很漂亮的国家,有些国家就冲他们的服装就该给他
们颁块奥运品牌。〈/blockquote〉
        〈p〉带有记号的文本〈mark〉mark〈/mark〉〈/p〉〈br〉
        度量〈meter value="2" min="0" max="10"〉〈/meter〉〈br〉
        进度条〈progress value="20" max="100"〉〈/progress〉〈br〉
        〈p〉现在是北京时间〈time〉17:50〈/time〉〈/p〉
        〈bdo dir="rtl"〉从右往左显示〈/bdo〉
    〈/body〉
```

浏览器运行效果如图 4-5 所示。

加粗文本strong
强调文本em
小号文本small
上标：x^2
下标：H_2O
删除~~小红~~，插入<u>小强</u>
~~删除文本s~~<u>下划线文本u</u>

人乳头瘤病毒HPV

《万事尽头,终将如意》
作者：白岩松

> 嫉妒衣服很漂亮的国家，有些国家就冲他们的服装就该给他们颁块奥运品牌。

带有记号的文本mark

度量
进度条

现在是北京时间17:50

示显左往右从

图 4-5 格式标签应用

4) 表单标签

表单标签主要搜集不同类型的用户输入,包含输入框、按钮等。其具体标签和说明如

表4－4所示。

表4－4　表单标签

标签名	说　明
〈form〉	定义用户输入的表单范围
〈fieldset〉	定义一组使用外框包括起来的表单元素，如果使用fieldset元素，则表单中的其他元素都要放在fieldset的开始标签和结束标签之间
〈legend〉	定义〈fieldset〉元素的标题
〈label〉	定义〈input〉的输入标题
〈input〉	定义用户输入框
〈textarea〉	定义一个多行的文本框
〈select〉	定义下拉选项框
〈datalist〉	定义下拉选项框，HTML5
〈option〉	定义下拉选项框中的选项
〈button〉	定义点击按钮

5）图像和多媒体标签

图像标签用来定义图片，或在网页中绘制图像。多媒体标签主要是在网页中插入音视频文件。具体标签和说明如表4－5所示。

表4－5　图像标签

标签名	说明
〈img〉	定义图像
〈map〉	定义图像映射
〈area〉	定义图像地图内部的区域
〈canvas〉	通过脚本来绘制图形，HTML5
〈video〉	定义一个视频文件，HTML5
〈audio〉	定义一个音频文件，HTML5
〈source〉	定义video和audio的媒体资源，HTML5

（1）定义热点区域。

所谓的热点区域就是说将一张图片上的某个部分定义成超链接，当单击这个区域就会触发超链接进行目标跳转。定义一个热点区域需要用到img、map、area三个元素。

在项目中我们已经介绍了img标签的几个基础属性，这里再介绍一个usermap属性，该属性与 map 元素的 name 属性相关联，下面来创建图像与映射之间的关系。

〈area〉标签要嵌套在 map 元素内部，用来定义图像地图内部的区域。它的属性主要有：

① alt：定义区域的替代文本。

② href：定义此区域的目标 URL。

③ target：规定在何处打开目标 URL。

④ shape：热点区域的形状，有 rect（矩形区域）、circle（圆形区域）、poly（多边形区域）。

⑤ coords：定义热点区域的坐标，以图像左上角为(0,0)点定位。需要与 shape 属性结合使用。

- 当 shape 值为 rect，则 coords：x1，y1，x2，y2 规定矩形的左上角和右下角坐标。
- 当 shape 值为 circle，则 coords：x，y，radius 规定圆心的坐标和半径。
- 当 shape 值为 poly，则 coords：x1，y1，x2，y2……xn，yn 规定多边形各顶点的值。

比如如图 4-6 所示的一张图片，图中有两个图标，将这两个图标设置成热点。实现方法如【代码 4-5】所示。

图 4-6 图像映射

【代码 4-5】设置热点区域

```
〈body〉
    〈img src="../img/img1.png" usemap="#myMap"/〉
    〈map name="myMap"〉
    〈!--热点区域为长方形，左上角坐标为 80，80。右下角坐标为 235，185。链接到
rect.html--〉
            〈area shape="rect" coords="80,80,235,185" href="rect.html" /〉
            〈!--热点区域为圆形，圆心坐标为 420，150. 半径为 70，链接到 circle.
html--〉
            〈area shape="circle" coords="420,150,70" href="circle.html" /〉
    〈/map〉
〈/body〉
```

(2) audio 音频。

audio 用来播放音频，同样需要设置〈source〉元素来指定多种播放格式。

audio的属性controls、autoplay、src、muted、loop用法都与video相同，不同的是audio元素没有poster、width、height属性。

(3) canvas绘图。

〈canvas〉标签用于在页面中绘制图像，其元素本身只是图形的容器没有绘图能力，需要使用脚本来完成实际的绘图任务。语法格式如【代码4-6】所示。

【代码4-6】canvas绘图

```
<canvas id="canvasId" width="" height="">
    当前浏览器不支持canvas
</canvas>
```

width属性和height属性用来定义画布的大小，默认大小为300 px×150 px。当浏览器不支持canvas时，会显示标签之间的文本内容。

在canvas中绘制图形的步骤如下：

第1步：创建画布并指定id属性。

第2步：JavaScript通过getElementById("canvasID")获取画布对象。

第3步：调用画布对象的getContext("2d")方法，返回一个用于在画布上绘图的环境。其中“2d”为唯一的值，指定二维绘图。

第4步：绘制图形。

这里主要是教大家如何在画布中绘制线段、角、三角形、长方形、圆这些基本图形。在画布中绘图需要建立路径，然后对路径进行样式填充(如线条粗细、颜色等)。canvas提供的绘制路径的方法如表4-6所示。

表4-6 路径方法

方法	说明
fill()	填充当前绘图(路径)
stroke()	绘制已定义的路径，描边
beginPath()	起始一条路径，或重置当前路径
moveTo(x,y)	把路径移动到画布中的指定点，不创建线条
closePath()	创建从当前点回到起始点的路径
lineTo(x,y)	添加一个新点，然后在画布中创建从该点到最后指定点的线条
arc()	创建弧/曲线(用于创建圆形或部分圆)

在绘制图形时可以设置线段的粗细、边框颜色、图形的填充颜色、阴影等效果。canvas提供的图形样式的属性如表4-7所示。

表 4-7 图形样式属性

属性	说明
lineWidth	设置或返回当前的线条宽度
lineCap	设置或返回线条端点样式 butt 平直边缘，默认值、round 圆形线帽、square 正方形线帽
lineJoin	设置或返回两条线相交时，所创建的拐角类型 bevel 斜角、round 圆角、miter 尖角，默认值
miterLimit	设置或返回最大斜接长度，只有当 lineJoin 属性为"miter"时，miterLimit 才有效
strokeStyle	设置或返回用于笔触的颜色、渐变或模式
fillStyle	设置或返回用于填充绘画的颜色、渐变或模式
shadowOffsetX	设置或返回阴影距形状的水平距离
shadowOffsetY	设置或返回阴影距形状的垂直距离
shadowColor	设置或返回用于阴影的颜色
shadowBlur	设置或返回用于阴影的模糊系数

① 线段

线段是两点之间的连线，所以在绘制线段时需要确定两个端点的坐标（规定画布左上角为坐标原点），然后描边。在画布中绘制线段的方法如【代码 4-7】所示。

【代码 4-7】 绘制线段

```
〈body〉
    〈!--第 1 步:创建画布--〉
    〈canvas id="myCanvas" width="500" height="500" style="border:1px
solid cadetblue;"〉〈/canvas〉
    〈script〉
        //第 2 步:获取画布对象
        var cv=document.getElementById("myCanvas");
        //第 3 步:获取 canvas 的绘图环境
        var ctx=cv.getContext("2d");
        //第 4 步:绘图
        //绘制线段
        //①设置线段的起点
        ctx.moveTo(100,100);
        //②设置线段的终点
        ctx.lineTo(300,100);
        //设置线段的粗细
```

```
            ctx.lineWidth=10;
            //设置线段的端点样式为圆形线帽
            ctx.lineCap="round";
            //设置线段颜色
            ctx.strokeStyle="black";
            //③绘制路径,进行描边
            ctx.stroke();
        </script>
    </body>
```

代码运行效果如图 4－7 所示。

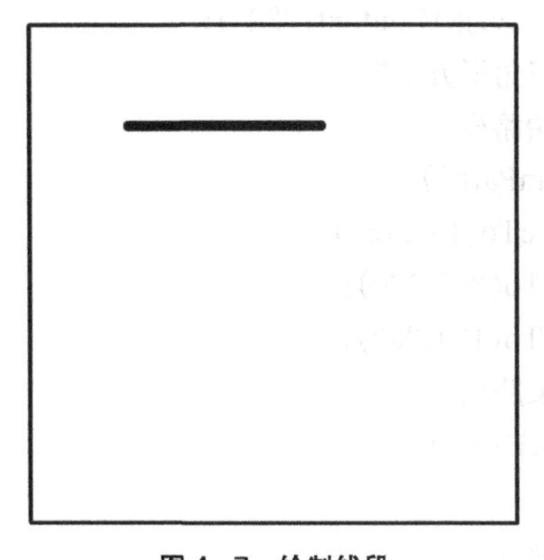

图 4－7　绘制线段

线段的两个端点设置完后,最后一定要使用 stroke()方法来进行描边,否则线段是显示不出来的。另外属性的设置必须放在描边路径的方法之前。

角是由两条线段首尾相连得到的,所以绘制一个角需要 3 个点,能根据绘制线条的方法绘制一个角吗?

② 三角形

与线段、角不同,三角形是一个闭合图形,所以在绘制时要闭合路径。一种方法就是像绘制线段、角那样设置 4 个点,即开始点、2 个新点、结束点(与开始点重合)。比如【代码 4－8】所示。

【代码 4－8】绘制三角形方法一

```
    ctx.moveTo(100,150);   /*开始点*/
    ctx.lineTo(240,170);
    ctx.lineTo(120,250);
    ctx.lineTo(100,150);   /*结束点*/
```

```
ctx.stroke();
```

另一种方法就是使用 beginPath()和 closePath()来闭合路径。实现方法如【代码 4-9】所示。

【代码 4-9】 绘制三角形方法二

```
<body>
    <canvas id="myCanvas" width="500" height="500" style="border:1px solid cadetblue;"></canvas>
    <script>
        var cv=document.getElementById("myCanvas");
        var ctx=cv.getContext("2d");
        //绘制三角形方法二
        //①开始路径
        ctx.beginPath()
        ctx.moveTo(100,150);
        ctx.lineTo(240,170);
        ctx.lineTo(120,250);
        //②结束路径
        ctx.closePath();
        //③描边
        ctx.stroke();
    </script>
</body>
```

运行效果如图 4-8 所示。

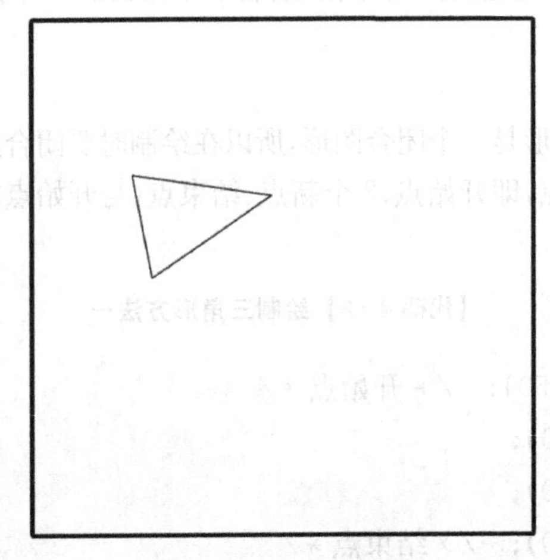

图 4-8 绘制三角形

我们还可以调用属性为图形添加填充色和阴影效果，在上面代码的 stroke()方法后继续添加填充和阴影，如【代码 4－10】所示。

【代码 4－10】添加填充和阴影

```
//设置图形填充色
ctx.fillStyle="red";
//设置阴影在水平方向的偏移量，正值向右，负值向左
ctx.shadowOffsetX=0;
//设置阴影在垂直方向的偏移量，正值向下，负值向上
ctx.shadowOffsetY=10;
//设置阴影颜色
ctx.shadowColor="black";
//设置阴影的模糊程度
ctx.shadowBlur=9;
//填充当前绘图
ctx.fill();
```

需要注意的是，设置填充色之后必须再调用 fill()方法才能进行颜色填充。此时的效果如图 4－9 所示。

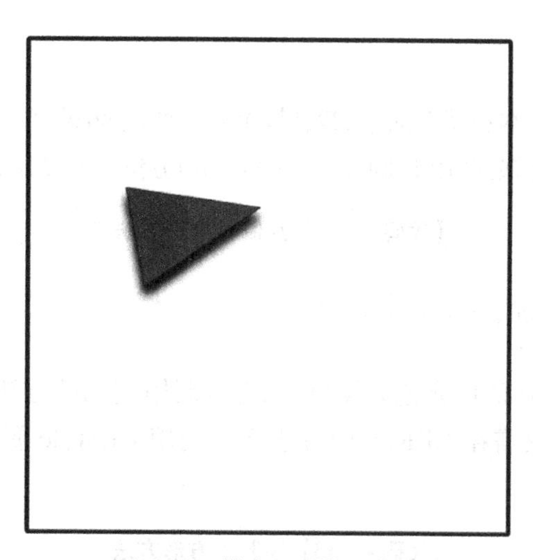

图 4－9　带有阴影的三角形

③ 长方形

绘制长方形的方法和绘制三角形一样，只是需要设置 4 个点。但在 canvas 绘图中还专门提供了绘制长方形的方法。如表 4－8 所示。

表 4-8 绘制长方形的方法

方法	说明
rect()	创建矩形
strokeRect()	绘制矩形(无填充)
fillRect()	绘制“被填充”的矩形

这三种方法都需要 4 个参数：

- x：代表矩形左上角的 x 坐标；
- y：代表矩形左上角的 y 坐标；
- width：代表矩形的宽度；
- height：代表矩形的高度。

方法一：rect()方法之后还需要调用 stroke()方法来描边，绘制的长方形无填充效果，如果需要填充颜色还需要调用 fillStyle 属性和 fill()方法。其使用方法如【代码 4-11】所示。

【代码 4-11】 绘制长方形方法一

```
ctx.rect(100,100,200,150);  //矩形的左上角坐标为(100,100),宽 200 px,高
150 px
ctx.stroke();
```

方法二：strokeRect()本身就有描边的效果，无需再调用 stroke()。绘制的长方形无填充效果，如果需要填充颜色还需要调用 fillStyle 属性和 fill()方法。其使用方法如【代码 4-12】所示。

【代码 4-12】 绘制长方形方法二

```
ctx.strokeRect(100,100,200,150);
```

方法三：fillRect()默认填充色为黑色，无需再调用其他的方法如 stroke()、fill()。如果需要改变填充颜色，只需在 fillRect()方法之前调用 fillStyle 属性即可。其使用方法如【代码 4-13】所示。

【代码 4-13】 绘制长方形方法三

```
ctx.fillRect(100,100,200,150);
```

方法一和方法二的效果如图 4-10 所示，方法三的效果如图 4-11 所示。

④ 圆

绘制圆弧或圆需要用到 arc()方法，它有 6 个参数：

- x：圆心的 x 坐标。

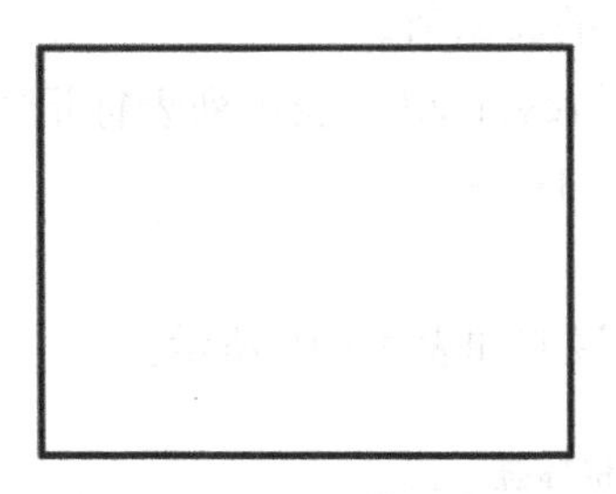

图4-10 无填充效果　　　　图4-11 有填充效果

- y:圆心的y坐标。
- r:圆的半径。
- startDeg:起始角,以弧度计,弧所在圆形的三点钟位置是0°。
- endDeg:结束角,以弧度计。
- true或false:可选,规定应该逆时针绘图还是顺时针绘图。true逆时针、false顺时针。

弧度计算公式:角度*Math.PI/180。比如1/4的圆弧,其弧度为0.5*Math.PI。

Math为JavaScript对象中的算术对象,PI为Math对象的属性,返回圆周率,约等于3.14159。所以圆的弧度为2*Math.PI,也可以写成6.28。

绘制圆的方法如【代码4-14】所示。

【代码4-14】绘制圆的方法

```
ctx.arc(100,100,50,0,2*Math.PI);  //圆心坐标(100,100),半径50px
ctx.stroke();
```

6) 列表标签

列表标签包含有序、无序、自定义列表,标签和说明如表4-9所示。

表4-9 列表标签

标签名	说明
〈ul〉	定义一个无序列表
〈ol〉	定义一个有序列表
〈li〉	定义一个列表项
〈dl〉	定义一个定义列表
〈dt〉	定义一个定义列表中的项目
〈dd〉	定义定义列表中项目的描述

有序列表〈ol〉标签的属性除了标记类型type外,还有两个:reversed和start。

- reversed:属性值为reversed,它定义列表标记倒序显示。

● start:属性值为 number 数字,它定义列表的起始值。

例如〈ol type="1" start="2" reversed="reversed"〉表示列表标记类型为数字编号,从 2 开始倒序排列,那么序号依次为 2、1、0、-1……

7) 表格标签

表格标签用于在网页中插入表格,其标签和说明如表 4-10 所示。

表 4-10 表格标签

标签名	说明
〈table〉	定义一个表格
〈caption〉	定义表格标题
〈th〉	定义表格中的表头单元格
〈tr〉	定义表格中的行
〈td〉	定义表格中的单元
〈thead〉	定义表格中的表头内容
〈tbody〉	定义表格中的主体内容
〈tfoot〉	定义表格中的标注内容(脚注)

任务4.2 CSS 属性参考手册

我们将 CSS 属性分为这几类:文本、字体、背景、边框、列表、外边距和内边距、尺寸、定位、2D/3D 转换、animation 动画、过渡及其他。

1) 文本(text)属性

文本属性用来设置文本的颜色、对齐方式、行高等样式的,具体属性说明如表 4-11 所示。

表 4-11 文本属性及其说明

属性	说明	CSS
color	设置文本颜色	1
line-height	设置行高	1
text-align	设置文本的水平对齐方式,值有 left、right、center	1
vertical-align	设置元素的垂直对齐方式: ➤ baseline 默认,元素放置在父元素的基线上 ➤ sub 垂直对齐文本的下标	1

续 表

属性	说明	CSS
	➢ super 垂直对齐文本的上标 ➢ top 把元素的顶端与行中最高元素的顶端对齐 ➢ text-top 把元素的顶端与父元素字体的顶端对齐 ➢ middle 把此元素放置在父元素的中部 ➢ bottom 使元素及其后代元素的底部与整行的底部对齐 ➢ text-bottom 把元素的底端与父元素字体的底端对齐	
text-decoration	规定添加到文本的修饰： ➢ none 默认值无修饰 ➢ underline 下划线 ➢ overline 上划线 ➢ line-through 删除线 ➢ blink 闪烁文本	1
text-shadow	给文本设置阴影，允许为负值	3
text-transform	控制文本的大小写： ➢ none 默认值，不转换 ➢ capitalize 文本中的每个单词以大写字母开头 ➢ uppercase 全部转换为大写 ➢ lowercase 全部转换为小写	1
text-indent	设置文本的首行缩进，允许为负值	1
direction	规定文本的方向或书写方向： ➢ ltr 默认值，文本方向从左往右 ➢ rtl 文本方向从右往左，同时设置 unicode-bidi：bidi-override；则文本的书写方向会变成从右往左	2
word-spacing	设置单词间距，允许为负值	1
letter-spacing	设置字符间距，允许为负值	1
white-space	设置空白的处理方式： ➢ normal 默认值，空白会被浏览器忽略 ➢ nowrap 文本不换行	1
text-overflow	当文本溢出包含的元素，应该发生什么： ➢ clip 不显示溢出文本 ➢ ellipsis 用省略号代替溢出文本	3

下面通过一个综合的案例来说明，如【代码 4－15】所示。

【代码 4－15】文本属性综合案例讲解

```
<!DOCTYPE html>
<html>
    <head>
        <meta charset="UTF-8">
```

```
    〈title〉〈/title〉
  〈style type="text/css"〉
        p{
        line-height:30px;
        }
        .shadow{
        /*水平向左5px,垂直向下6px,阴影模糊程度2px,颜色红色*/
        text-shadow:-5px 6px 2px red;
        }
        .uppercase{
        text-transform:uppercase;  /*所有字母全部转换为大写*/
        text-indent:15px;  /*首行缩进15px*/
        }
        .lowercase{
        text-transform:lowercase;  /*所有字母全部转换为小写*/
        word-spacing:30px; /*增大单词间距*/
        letter-spacing:-2px;  /*缩小字符间距*/
        }
        .capitalize{
        text-transform:capitalize;  /*每个单词都以大写字母开始*/
        }
        .direction{
        direction:rtl ;
        unicode-bidi:bidi-override;
        }
        div{
        width:150px;
        height:20px;
        overflow:hidden;
        white-space:nowrap;
        text-overflow:ellipsis;
        }
    〈/style〉
〈/head〉
〈body〉
    〈p class="shadow"〉这是一段带阴影的文本〈/p〉
```

```
        〈p class="uppercase"〉This is a monkey〈/p〉
        〈p class="lowercase"〉This is a monkey〈/p〉
        〈p class="capitalize"〉This is a monkey〈/p〉
        〈p class="direction "〉这是一行从右往左的文字〈/p〉
        〈div〉这是一个 div,设置 div 溢出的文本用省略号显示〈/div〉
    〈/body〉
〈/html〉
```

浏览器中运行效果如图 4－12 所示。

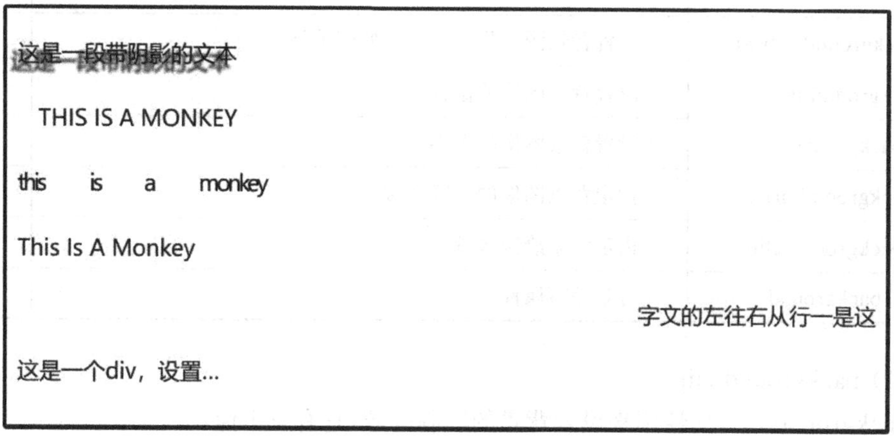

这是一段带阴影的文本

THIS IS A MONKEY

this　is　a　monkey

This Is A Monkey

字文的左往右从行一是这

这是一个div，设置...

图 4－12　文本属性效果

text-overflow:ellipsis 需搭配 white-space:nowrap 和 overflow:hidden 才能实现:超出容器宽度的文本不换行,溢出的文本应隐藏并用省略号代替。前提是要设置容器的宽度,否则会自适应内容,就不存在溢出之说。

2）字体(font)属性

字体属性用来设置字体的大小、风格、粗细等样式。其属性说明如表 4－12 所示。

表 4－12　字体属性及其说明

属性	说明	CSS
font-family	规定文本的字体系列	1
font-size	规定文本的字号大小,常用像素 px	1
font-style	规定文本的字体风格,normal 正常;italic 斜体;oblique 倾斜	1
font-weight	规定文本的字体粗细,normal 正常;lighter 细体;bold 粗体;bolder 特粗体	1
font	字体缩写属性,可以在一个声明中设置所有的字体属性	1
@font-face	一个规则,允许使用在线字体或字体图标	3

3）背景(background)属性

背景属性主要用来设置背景的颜色、图片等样式，其属性说明如表 4－13 所示。

表 4－13 背景属性及其说明

属性	说 明	CSS
background-color	设置背景颜色	1
background-image	设置背景图像	1
background-attachment	设置背景图像是随内容滚动还是固定的 ➢ scroll 默认值，背景图片随着页面的滚动而滚动 ➢ fixed 背景图片不会随着页面的滚动而滚动	1
background-repeat	设置背景图片是否重复及如何重复	1
background-position	设置背景图像的位置	1
background-size	设置背景图像的大小	3
background-origin	指定背景图像的位置区域	3
background-clip	指定背景绘制区域	3
background	背景缩写属性	1

(1) background-clip

background-clip 属性用来设置背景的绘制区域，它有三个值：

① border-box：背景图像会延伸到边框区域的外边缘；

② padding-box：背景图像会绘制裁剪到内边距的外边缘；

③ content-box：背景绘制在内容区。

比如有三个 div，分别为这三个 div 设置三种 background-clip 属性，如【代码 4－16】所示。

【代码 4－16】 background-clip 属性讲解

```
<!DOCTYPE html>
<html>
    <head>
        <meta charset="UTF-8">
        <title></title>
        <style type="text/css">
            div{
                border:8px dashed green;
                margin-bottom:30px;
                background-color:yellow;
```

```
            padding:20px 40px;
        }
        .border{background-clip:border-box;}
        .padding{background-clip:padding-box;}
        .content{background-clip:content-box;}
    </style>
</head>
<body>
    <div class="border">背景绘制区域从边框开始</div>
    <div class="padding">背景绘制区域从内边距开始</div>
    <div class="content">背景绘制区域为内容区</div>
</body>
</html>
```

浏览器中的运行效果如图 4－13 所示。

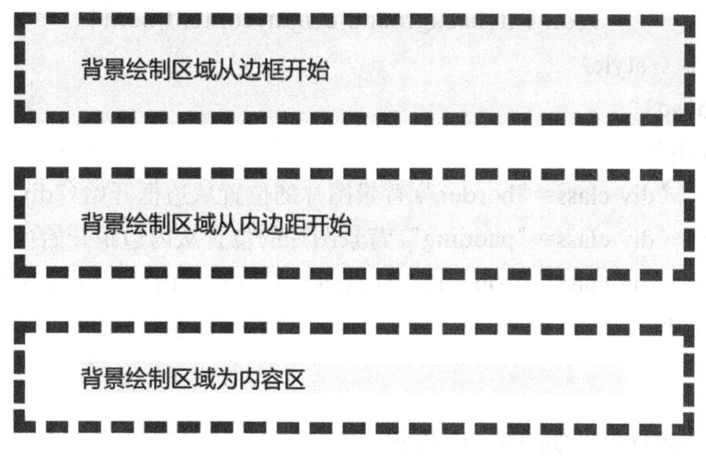

图 4－13　background-clip 属性效果图

（2）background-origin

当我们通过 background-image 属性为元素添加背景图片时，图片的 background-position 默认以元素的左上角来定位，但我们可以通过 background-origin 属性来改变图片的起始位置坐标。它的属性值有三个：

① border-box 背景图像以边框的左上角定位；

② padding-box 背景图像以内边距框的左上角定位；

③ content-box 背景图像以内容区的左上角定位。

比如有三个 div，分别为这三个 div 设置三种 background-origin 属性，如【代码 4－17】所示。

【代码 4-17】background-origin 属性讲解

```
<!DOCTYPE html>
<html>
    <head>
        <meta charset="UTF-8">
        <title></title>
        <style type="text/css">
            div{
                border:8px dashed green;
                margin-bottom:30px;
                background:url(../img/img1.jpg) no-repeat;
                padding:20px 40px;
            }
            .border{background-origin:border-box;}
            .padding{background-origin:padding-box;}
            .content{background-origin:content-box;}
        </style>
    </head>
    <body>
        <div class="border">背景图片的位置从边框开始</div>
        <div class="padding">背景图片的位置从内边距开始</div>
        <div class="content">背景图片的位置从内容区开始</div>
    </body>
</html>
```

浏览器中的运行效果如图 4-14 所示。

图 4-14 background-origin 属性效果图

4）边框(border)属性

边框属性主要用来定义元素某个边的边框宽度、颜色等样式，其属性说明如表 4 - 14 所示。

表 4 - 14　边框属性及其说明

属性	说明	CSS
border-color	设置四条边框的颜色	1
border-style	设置四条边框的样式	1
border-width	设置四条边框的宽度	1
border	在一个声明中设置所有的边框属性	1
border-left-color	设置左边框的颜色	1
border-left-style	设置左边框的样式	1
border-left-width	设置左边框的宽度	1
border-left	在一个声明中设置所有的左边框属性	1
border-right-color	设置右边框的颜色	1
border-right-style	设置右边框的样式	1
border-right-width	设置右边框的宽度	1
border-right	在一个声明中设置所有的右边框属性	1
border-top-color	设置上边框的颜色	1
border-top-style	设置上边框的样式	1
border-top-width	设置上边框的宽度	1
border-top	在一个声明中设置所有的上边框属性	1
border-bottom-color	设置下边框的颜色	1
border-bottom-style	设置下边框的样式	1
border-bottom-width	设置下边框的宽度	1
border-bottom	在一个声明中设置所有的下边框属性	1
border-top-left-radius	定义边框左上角的形状	3
border-top-right-radius	定义边框右上角的形状	3
border-bottom-left-radius	定义边框左下角的形状	3
border-bottom-right-radius	定义边框右下角的形状	3
border-radius	简写属性，设置 4 个角的圆角边框	3
box-shadow	向方框添加一个或多个阴影	3

续 表

属性	说明	CSS
outline-color	设置轮廓的颜色	1
outline-style	设置轮廓的样式	1
outline-width	设置轮廓的宽度	1
outline	在一个声明中设置所有的轮廓属性	1

利用边框属性还可以制作各种不规则图形。比如图 4－15 中的图形。

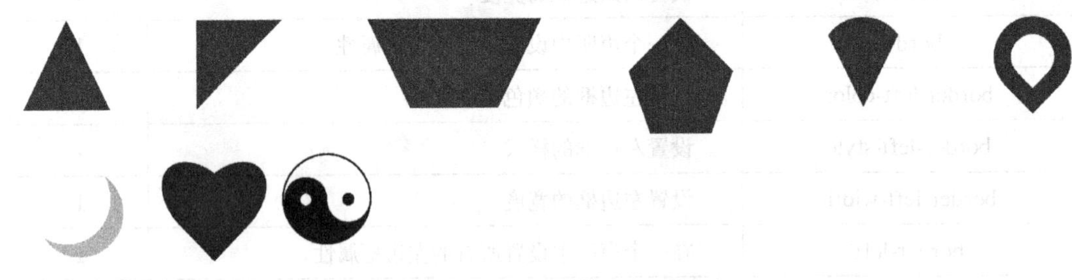

图 4－15 border 制作不规则图形

这些图形的实现方法如【代码 4－18】所示。

【代码 4－18】 border 属性制作不规则图形

```
<!DOCTYPE html>
<html>
    <head>
        <meta charset="UTF-8">
        <title></title>
        <style type="text/css">
            div{
                float:left;
                margin-right:100px;
                margin-bottom:50px;
            }
            /*等腰三角*/
            .triangle-up{
                width:0;
                height:0;
                border-left:50px solid transparent;
                border-right:50px solid transparent;
```

```
    border-bottom:100px solid #03a9f4;
}
/*左上直角三角形*/
.triangle-topleft{
    width:0;
    height:0;
    border-top:100px solid #03a9f4;
    border-right:100px solid transparent;
}
/*梯形*/
.trapezoid {
    width:100px;
    height:0;
    border-left:50px solid transparent;
    border-right:50px solid transparent;
    border-top:100px solid #03a9f4;
}
/*五边形:三角形和梯形的结合*/
.pentagon {
    width:0;
    height:0;
    position:relative;
    border-bottom:60px solid #03a9f4;
    border-left:60px solid transparent;
    border-right:60px solid transparent;
}
.pentagon:after{
    content:"";
    width:70px;
    height:0;
    position:absolute;
    top:60px;
    left:-60px;
    border-top:70px solid #03a9f4;
    border-left:25px solid transparent;
    border-right:25px solid transparent;
```

```
}
/*扇形*/
.sector{
    width:0;
    height:0;
    border-left:50px solid transparent;
    border-right:50px solid transparent;
    border-top:100px solid #03a9f4;
    border-top-left-radius:50%;
    border-top-right-radius:50%;
}
/*水滴*/
.drip{
    width:50px;
    height:50px;
    border:20px solid #03a9f4;
    border-radius:50% 50% 0 50%;
    transform:rotate(45deg);
}
/*月牙*/
.crescent{
    width:100px;
    height:100px;
    border-radius:50%;
    box-shadow:15px 15px 0 #ffca00;
}
/*爱心*/
.love {
    position:relative;
}
.love:before {
    content:"";
    width:70px;
    height:110px;
    background:#f00;
    position:absolute;
```

```
        border-top-left-radius:50%;
        border-top-right-radius:50%;
        transform:rotate(45deg);
    }
    .love:after {
        content:"";
        width:70px;
        height:110px;
        background:#f00;
        position:absolute;
        border-top-left-radius:50%;
        border-top-right-radius:50%;
        transform:rotate(-45deg);
        left:-30px;
    }
    /*八卦*/
    .eightDiagrams {
        width:100px;
        height:50px;
        border:2px solid #000;
        border-bottom-width:50 px;
        border-radius:50%;
        position:relative;
    }
    .eightDiagrams:before {
        content:"";
        position:absolute;
        width:12px;
        height:12px;
        background:#fff;
        border:19px solid #000;
        border-radius:50%;
        top:50%;
        left:0;
    }
    .eightDiagrams:after {
```

```
                content:"";
                position:absolute;
                width:12px;
                height:12px;
                background:#000;
                border-radius:50%;
                top:50%;
                left:50%;
                border:19px solid #fff;
            }
        </style>
    </head>
    <body>
        <div class="triangle-up"></div>
        <div class="triangle-topleft"></div>
        <div class="trapezoid"></div>
        <div class="pentagon"></div>
        <div class="sector"></div>
        <div class="drip"></div>
        <div class="crescent"></div>
        <div class="love"></div>
        <div class="eightDiagrams"></div>
    </body>
</html>
```

示例中的属性值 transparent 代表全透明，比如 background:transparent，意思就是背景透明。

5）列表(list)属性

列表属性主要定义列表元素的标记类型等样式，其属性说明如表 4－15 所示。

表 4－15　列表属性及其说明

属性	说明	CSS
list-style-type	设置列表项标记的类型	1
list-style-position	设置列表项标记的放置位置	1
list-style-image	将图像设置为列表项标记	1
list-style	在一个声明中设置所有的列表属性	1

6）内边距(padding)和外边距(margin)属性

内边距和外边距为盒子模型的两个属性，其属性说明如表 4－16 所示。

表 4－16　列表属性及其说明

属性	说明	CSS
padding-top	设置元素的上内边距	1
padding-right	设置元素的右内边距	1
padding-bottom	设置元素的下内边距	1
padding-left	设置元素的左内边距	1
padding	在一个声明中设置所有内边距属性	1
margin-top	设置元素的上外边距	1
margin-right	设置元素的右外边距	1
margin-bottom	设置元素的下外边距	1
margin-left	设置元素的左外边距	1
margin	在一个声明中设置所有外边距属性	1

7）尺寸(size)属性

尺寸属性用来定义块元素的宽高、最大最小宽高，其属性说明如表 4－17 所示。

表 4－17　尺寸属性及其说明

属性	说明	CSS
height	设置元素高度	1
width	设置元素的宽度	1
max-height	设置元素的最大高度	2
max-width	设置元素的最大宽度	2
min-height	设置元素的最小高度	2
min-width	设置元素的最小宽度	2

8）定位属性

定位属性主要是用来对页面元素进行布局，包含浮动布局、定位布局和元素的显示隐藏。其属性说明如表 4－18 所示。

表 4－18　定位属性及其说明

属性	说明	CSS
position	规定元素的定位类型。absolute 绝对定位、relative 相对定位、fixed 固定定位	2

续 表

属性	说明	CSS
left	设置定位元素左外边距边界与其包含块左边界之间的偏移	2
right	设置定位元素右外边距边界与其包含块右边界之间的偏移	2
top	设置定位元素上外边距边界与其包含块上边界之间的偏移	2
bottom	设置定位元素下外边距边界与其包含块下边界之间的偏移	2
float	规定元素是否应浮动。left 左浮动、right 右浮动、none 默认值不浮动	1
clear	规定元素的哪一侧不允许其他浮动元素 ➢ left 在左侧不允许浮动元素 ➢ right 在右侧不允许浮动元素 ➢ both 在左右两侧均不允许浮动元素 ➢ none 默认值。允许浮动元素出现在两侧	1
cursor	定义要显示的光标的形状	2
display	规定元素的类型。none 隐藏元素、block 块级元素、inline 行内元素(也叫作内联元素)、inline-block 行内块元素	1
visibility	规定元素是否可见 ➢ visible 默认值,元素可见 ➢ hidden 元素是不可见的	2
overflow	规定当内容溢出元素框时发生的事情 ➢ visible 默认值,溢出内容呈现在元素框之外 ➢ hidden 溢出内容隐藏 ➢ scroll 内容会被修剪,但是浏览器会显示滚动条以便查看其余的内容 ➢ auto 如果内容被修剪,则浏览器会显示滚动条以便查看其余的内容	2
z-index	设置元素的堆叠顺序	2

visibility 属性也可以设置元素的显示和隐藏,它和 display 设置元素显示和隐藏最大的区别就是,visibility 设置元素隐藏后,元素原来的位置不会被占据,而 display 元素隐藏后原来的位置会被占据,该元素不再占据空间。

9) 2D、3D(transform)转换属性

2D、3D 转换属性是通过 transform 属性对元素进行平移、缩放、旋转、倾斜操作。其属性说明如表 4-19 所示。

表 4-19 transform 属性及其说明

属性	说明	CSS
transform	向元素应用 2D 或 3D 转换 ➢ translate(x,y)定义 2D 平移 ➢ translate3d(x,y,z)定义 3D 平移 ➢ translateX(x)定义 X 轴的平移	3

续 表

属性	说明	CSS
	➢ translateY(y)定义 Y 轴的平移 ➢ translateZ(z)定义 Z 轴的平移 ➢ scale(x,y)定义 2D 缩放 ➢ scale3d(x,y,z)定义 3D 缩放 ➢ scaleX(x)通过设置 X 轴的值来定义缩放转换 ➢ scaleY(y)通过设置 Y 轴的值来定义缩放转换 ➢ scaleZ(z)通过设置 Z 轴的值来定义 3D 缩放转换 ➢ rotate(angle)定义 2D 旋转,在参数中规定角度 ➢ rotate3d(x,y,z,angle)定义 3D 旋转 ➢ rotateX(angle)定义沿着 X 轴的 3D 旋转 ➢ rotateY(angle)定义沿着 Y 轴的 3D 旋转 ➢ rotateZ(angle)定义沿着 Z 轴的 3D 旋转 ➢ skew(x-angle,y-angle)定义沿着 X 轴和 Y 轴的 2D 倾斜转换 ➢ skewX(angle)定义沿着 X 轴的 2D 倾斜转换 ➢ skewY(angle)定义沿着 Y 轴的 2D 倾斜转换	

10) 动画(animation)属性

animation 属性用来为元素添加复杂的动画效果,先通过@keyframes 定义动画,然后通过 animation-name 属性调用动画,其详细的属性和说明如表 4-20 所示。

表 4-20 动画属性及其说明

属性	说明	CSS
@keyframes	规定动画	3
animation-name	规定@keyframes 动画的名称	3
animation-duration	规定动画完成一个周期所花费的秒或毫秒	3
animation-timing-function	规定动画的速度曲线 ➢ ease 默认值,动画低速开始—加快—结束前变慢 ➢ linear 匀速 ➢ ease-in 动画以低速开始 ➢ ease-out 动画以低速结束 ➢ ease-in-out 动画以低速开始和结束	3
animation-delay	规定动画何时开始	3
animation-iteration-count	规定动画被播放的次数	3
animation-direction	规定动画是否在下一周期逆向地播放 ➢ normal 默认值,按照正常顺序播放 ➢ reverse 反向播放 ➢ alternate 动画在奇数次(1、3、5……)正向播放,在偶数次(2、4、6……)反向播放 ➢ alternate-reverse 动画在奇数次(1、3、5……)反向播放,在偶数次(2、4、6……)正向播放	3

续 表

属性	说明	CSS
animation-fill-mode	规定对象动画时间之外的状态 ➢ none 表示动画结束后停留在开始的状态 ➢ forwards 表示动画结束后停留在最后的状态	3
animation	动画属性的简写，除了 animation-play-state 属性	3
animation-play-state	控制动画是否正在运行或暂停	3

11）过渡（transition）属性

transition 是一个简单的动画属性，与 animation 动画不同的是，transition 需用事件触发，比如为元素添加 hover 伪类。transition 的动画不能在网页加载时自动发生，它是一次性的，不能重复发生，除非重复触发，否则只有两个状态：开始和结束。其属性说明如表 4-21 所示。

表 4-21　过渡属性及其说明

属性	说明	CSS
transition-property	规定应用过渡的 CSS 属性的名称	3
transition-duration	定义过渡效果花费的时间	3
transition-timing-function	规定过渡效果的速度曲线。ease、linear、ease-in、ease-out、ease-in-out	3
transition-delay	过渡延迟时间	3
transition	简写属性，语法为： transition：property duration timing-function delay；	3

比如有一个宽 100 px、高 50 px 的 div，当鼠标悬停到该 div 上时，使它的宽在 1.5 s 的时间里变成 500 px。实现如【代码 4-19】所示。

【代码 4-19】过渡属性

```
div{
        transition-property:width;    /*应用过渡的 CSS 属性*/
        transition-duration:1.5s;   /*过渡所需的时间*/
        transition-timing-function:linear;   /*过渡速度 */
   }
div:hover{
        width:500px;
}
```

当鼠标悬停时宽以匀速增加到 500 px，当鼠标移出时会回到最初的 100 px 状态。如果要使高在宽变化之后也增加到500 px，可以在transition简写属性中这样写如【代码4-20】所示。

【代码4-20】过渡简写属性

```
div{
        transition:width 1.5s linear,height 2s ease 1.5s;
}
div:hover{
        width:500px;
        height:500px;
}
```

意思是当鼠标悬停到div上时，宽在1.5 s时间里匀速增加至500 px。而高延迟1.5 s执行(刚好在宽变化之后开始)，在2 s时间里以ease的速度增加至500 px。

12) CSS的其他属性

除了以上的属性外还有表格属性和元素透明度属性等，其具体的属性说明如表4-22所示。

表4-22 CSS的其他属性说明

属性	说明	CSS
border-collapse	规定是否合并表格边框	2
border-spacing	规定相邻单元格边框之间的距离	2
table-layout	设置用于表格的布局算法 ➢ auto 默认值。列宽度由单元格内容设定 ➢ fixed 列宽由表格宽度和列宽设定	2
opacity	设置一个元素的透明度级别	3
content	与:before以及:after伪元素配合使用，来插入生成内容	2
box-sizing	允许为了适应区域以某种方式定义某些元素 ➢ content-box 默认值。元素宽高作用于内容区域 ➢ border-box 元素宽高作用于边框	3

任务4.3 CSS3属性——多列(column)

网页布局中除了使用浮动、定位以外，还有现在比较流行的多列布局、flex弹性盒子布局等。

所谓多列布局就是将文本内容分成多块，然后让这些块并列显示，类似于报纸、杂志那样的排版形式。多列布局适合纯文档版式设计，当页面中有大量的文本时，如果每段的文本都很长，阅读起来就会非常麻烦。为了提高阅读的舒适性，CSS3 引入了多列布局模块，用于以简单有效的方式创建多列布局。

灵活使用多列布局特性，可以实现在多列中显示文字和图片，从而节省大量的网页空间。如果网页上的文本很长，多列布局特性就能够发挥它的用武之地。

下面我们就来详细地介绍多列布局中的属性和样式设置，其主要属性如表 4-23 所示。

表 4-23 多列布局属性及其说明

属性	说明
column-width	指定列的宽度
column-count	指定元素应该分为几列
columns	column-width 与 column-count 的简写属性
column-fill	指定如何填充列
column-gap	指定列与列之间的间隙
column-span	指定元素应该横跨多少列
column-rule-color	指定列与列之间边框的颜色
column-rule-width	指定列与列之间边框的宽度
column-rule-style	指定列与列之间边框的样式
column-rule	所有 column-rule-* 属性的简写形式

1) column-width

column-width 属性用来定义单列显示的宽度，当文本超出宽度时则会自动以多列进行显示。该属性可以与其他多列布局属性配合使用，也可以单独使用。

column-width 属性默认值为 auto，根据浏览器窗口宽度自动调整。也可以设置为具体的像素值，固定列的宽度，固定宽度后浏览器会根据窗口的宽度自动分配列数。

目前 Google Chrome、Safari、Opera 浏览器的写法为-webkit-column-width，Firefox 浏览器的写法为-moz-column-width。上面几个属性在使用上都需要做浏览器的兼容性处理。

2) column-fill

column-fill 属性用来指定如何填充列，它有两个值，默认为 balance 表示列长短平衡，根据其他列属性值使列的高度尽可能平衡；auto 表示列顺序填充，它们将有不同的长度。

3) column-span

在纸质报刊杂志中，经常会看到文章标题跨列居中显示。column-span 属性可以定义跨列显示，也可以设置单列显示。Firefox 浏览器不支持该属性。

column-span 属性默认值为 1，表示只在本栏中显示；all 表示将横跨所有列。

比如将一段新闻分成 3 列，并设置标题跨列居中显示。实现如【代码 4 - 21】所示。

【代码 4 - 21】多列布局

```
<!DOCTYPE html>
<html>
    <head>
        <meta charset="UTF-8">
        <title></title>
        <style type="text/css">
            p{
                text-indent:36px;
            }
            h1{
                text-align:center;
                /*定义标题横跨所有列*/
                -webkit-column-span:all;   /*Chrome,Safari,Opera*/
                column-span:all;
            }
            body{
                /*定义列数*/
                -webkit-column-count:3;
                -moz-column-count:3;   /*Firefox*/
                column-count:3;
                /*列宽和列数的简写属性*/
                /*columns:300 px 4;*/
                /*定义列之间的间隙*/
                -webkit-column-gap:50px;
                -moz-column-gap:50px;
                column-gap:50px;
            }
        </style>
    </head>
    <body>
        <h1>广西开启电源侧共享储能新模式</h1>
        <p>在全区上下深入学习贯彻党的十九届六中全会精神的重要时刻，
```

```
为全面落实习近平总书记视察广西“4·27”重要讲话精神和对广西工作系列重要指示要求,努力实现国家“双碳”目标的战略举措,5月24日,公司与国家电投广西公司签订50 MW/100 MWh电源侧共享储能项目租赁协议,标志着双方在新能源领域创新合作上迈上新台阶。公司总会计师王永斌、国家电投广西公司副总经理沈才山出席签约仪式并致辞。自治区发改委、南方能监局广西办有关领导参加仪式。</p>
            <p>此次签约是双方发挥各自优势、加强全方位合作、形成优势互补,共促广西经济发展的重要举措,体现了两家能源央企凝心聚力建设新时代中国特色社会主义壮美广西的责任担当。</p>
            <p>“十四五”期间是贯彻落实国家“双碳”目标的战略关键期,是我国能源清洁低碳转型、高质量发展的重要窗口期,也是储能技术和产业发展的难得机遇期。广西电网公司武鸣电源侧共享储能电站项目将按照南方电网公司打造成国家级示范标杆项目的目标要求建设,项目建成后容量租赁给国家电投公司,并会进一步提升南宁市新能源消纳能力,增强电网调峰调频能力,提高电网安全稳定运行水平,为当地经济快速发展提供安全可靠的电力能源。</p>
    </body>
</html>
```

运行后的效果如图 4 - 16 所示。

广西开启电源侧共享储能新模式

在全区上下深入学习贯彻党的十九届六中全会精神的重要时刻，为全面落实习近平总书记视察广西“4·27”重要讲话精神和对广西工作系列重要指示要求，努力实现国家“双碳”目标的战略举措，5月24日，公司与国家电投广西公司签订50MW/100MWh电源侧共享储能项目租赁协议，标志着双方在新能源领域创 新合作上迈上新台阶。公司总会计师王永斌、国家电投广西公司副总经理沈才山出席签约仪式并致辞。自治区发改委、南方能监局广西办有关领导参加仪式。

此次签约是双方发挥各自优势、加强全方位合作、形成优势互补，共促广西经济发展的重要举措，体现了两家能源央企凝心聚力建设新时代中国特色社会主义壮美 广西的责任担当。

“十四五”期间是贯彻落实国家“双碳”目标的战略关键期，是我国能源清洁低碳转型、高质量发展的重要窗口期，也是储能技术和产业发展的难得机遇期。广西电网 公司武鸣电源侧共享储能电站项目将按照南方电网公司打造成国家级示范标杆项目的目标要求建设，项目建成后容量租赁给国家电投公司，并会进一步提升南宁市新能 源消纳能力，增强电网调峰调频能力，提高电网安全稳定运行水平，为当地经济快速发展提供安全可靠的电力能源。

图 4 - 16　定义多列

4）column-rule

column-rule 属性可以定义每列之间边框的宽度、样式和颜色。为列边框设计样式，能够有效区分各个栏目列之间的关系，阅读时比较清晰。其语法格式如【代码 4 - 22】所示。

【代码 4 - 22】column-rule 语法

```
column-rule:column-rule-width column-rule-style column-rule-color;
```

其分别为列宽、列边框样式、列边框的颜色。

其中 column-rule-style 属性值与 border-style 属性值相同，包括 none(无边框)、solid(默认值，实线边框)、double(双实线边框)、dotted(点线边框)、dashed(虚线边框)、hidden(隐藏边框)，等等。

比如为上面的三列新闻之间添加边框，可以为 body 添加如下属性，如【代码 4－23】所示。

【代码 4－23】 添加 body 属性

```
body{
        /*定义列之间样式*/
        -webkit-column-rule:3px dotted #0056b6;
        -moz-column-rule:3px dotted #0056b6;
        column-rule:3px dotted #0056b6;
}
```

此时运行后的效果如图 4－17 所示。

广西开启电源侧共享储能新模式

在全区上下深入学习贯彻党的十九届六中全会精神的重要时刻，为全面落实习近平总书记视察广西“4·27”重要讲话精神和对广西工作系列重要指示要求，努力实现国家“双碳”目标的战略举措，5月24日，公司与国家电投广西公司签订50MW/100MWh电源侧共享储能项目租赁协议，标志着双方在新能源领域创 新合作上迈上新台阶。公司总会计师王永斌、国家电投广西公司副总经理沈才山出席签约仪式并致辞。自治区发改委、南方能监局广西办有关领导参加仪式。

此次签约是双方发挥各自优势、加强全方位合作、形成优势互补，共促广西经济发展的重要举措，体现了两家能源央企凝心聚力建设新时代中国特色社会主义壮美 广西的责任担当。

“十四五”期间是贯彻落实国家“双碳”目标的战略关键期，是我国能源清洁低碳转型、高质量发展的重要窗口期，也是储能技术和产业发展的难得机遇期。广西电网 公司武鸣电源侧共享储能电站项目将按照南方电网公司打造成国家级示范标杆项目的目标要求建设，项目建成后容量租赁给国家电投公司，并会进一步提升南宁市新能 源消纳能力，增强电网调峰调频能力，提高电网安全稳定运行水平，为当地经济快速发展提供安全可靠的电力能源。

图 4－17 多列布局样式

任务4.4 CSS3 属性——弹性盒子(flex)

flex 弹性盒子布局，可以解决元素居中问题、自动弹性伸缩问题，响应式地解决各种页面布局，为盒子模型提供了更大的灵活性。目前几乎所有的浏览器都支持。flex 是一种一维的布局，一次只能处理一个维度上的元素布局，一行或者一列。

在 flex 布局中设置父元素的 display 属性为 flex，即指定该布局为 flex 布局，该父元素被称作容器，全部子元素自动成为项目。其属性分为容器属性(添加在容器上)和项目属性(添加在项目上)。

容器默认存在两根轴：水平的主轴(main axis)和垂直的交叉轴(cross axis)。主轴的开始位置(与左边框的交叉点)叫作 main start，结束位置叫作 main end；交叉轴的开始位置(与上边框的交叉点)叫作 cross start，结束位置叫作 cross end。项目默认沿主轴排列。

1) 容器属性

容器属性作用于容器上，控制项目的整体排布。其属性及其说明如表 4－24 所示。

表 4-24 容器属性及其说明

属性	说明
flex-direction	控制项目的排列方向
flex-wrap	控制项目是否换行
flex-flow	为 flex-deriction 与 flex-wrap 属性的简写，默认属性为 row nowrap，即横向排列，且不换行
justify-content	控制项目在主轴上的对齐和分布方式
align-items	控制项目在交叉轴上的对齐方式
align-content	控制多行项目的对齐方式，如果项目只有一行则不会起作用

(1) flex-direction

flex-direction 属性控制项目的排列方向，其值如下：

① row：默认值，表示沿水平方向，由左到右；

② row-reverse：表示沿水平方向，由右到左；

③ column：表示垂直方向，由上到下；

④ column-reverse：表示垂直方向，由下到上。

flex-direction 属性的效果如图 4-18 所示。

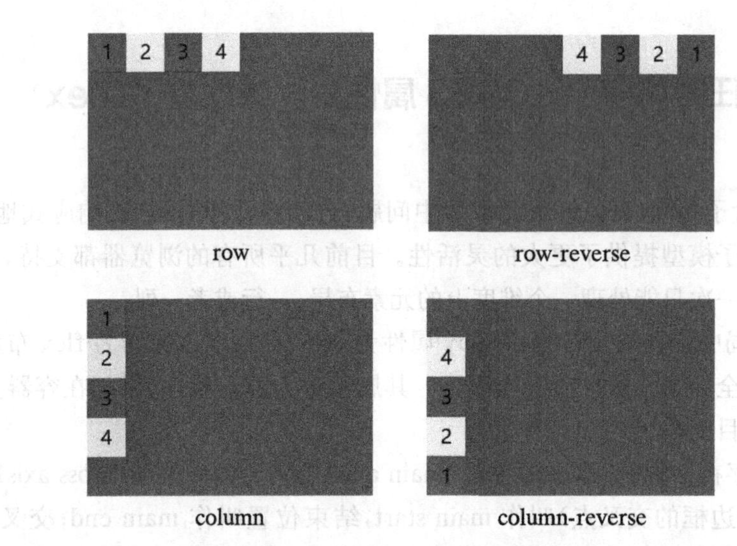

图 4-18 flex-direction 属性值效果图

(2) flex-wrap

flex-wrap 属性控制项目是否换行，其值如下：

① nowrap：默认值，不换行。此时设置给项目的宽度就会失效，项目会强行等分容器宽度，强行在一行显示；

② wrap：换行，第一行在上方，项目根据自身宽度或设置的宽度进行排列，超出的排在第二行；

③ wrap-reverse：换行，第一行在下方。

flex-wrap 属性的效果如图 4－19 所示。

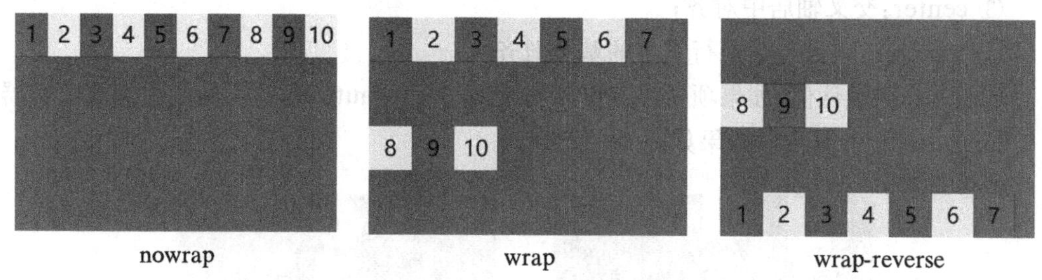

图 4－19　flex-wrap 属性值效果图

像图 4－19 中 wrap 换行后中间有很大的空隙，解决方法就是为容器设置 align-content：flex-start。

（3）justify-content

justify-content 属性控制项目在主轴上的对齐和分布方式，其值如下：

① flex-start：默认值，左对齐；

② flex-end：右对齐；

③ center：水平居中对齐；

④ space-between：左右两端对齐，项目之间间距相等；

⑤ space-around：项目之间间距为左右两侧项目到容器间距的 2 倍；

⑥ space-evenly：表示每个项目左右两侧间距完全相等。

justify-content 属性值效果如图 4－20 所示。

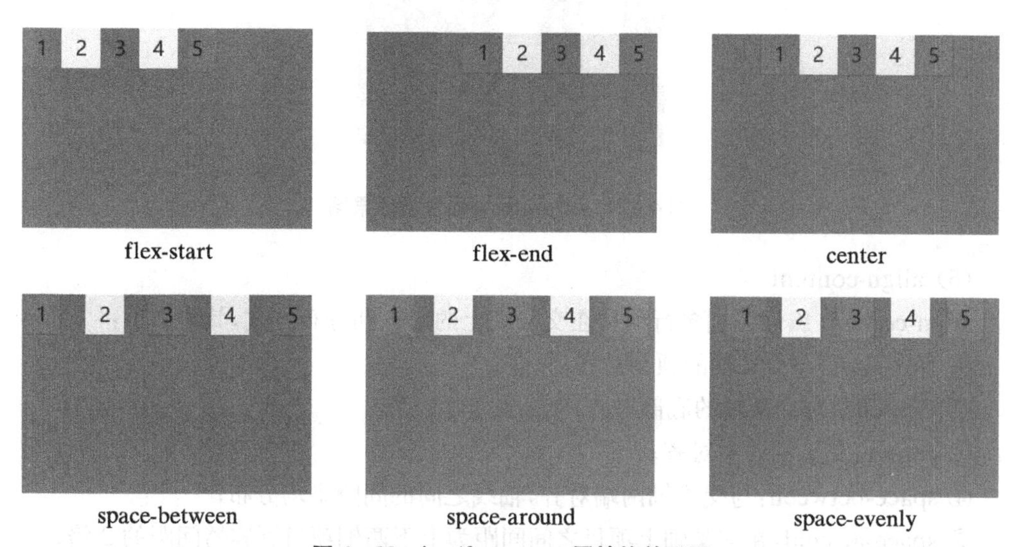

图 4－20　justify-content 属性值效果图

（4）align-items

align-items 属性控制项目在交叉轴上的对齐方式，其值如下：

① flex-start：与交叉轴的顶部对齐；

② flex-end：与交叉轴的底部对齐；

③ center：交叉轴居中对齐；

④ baseline：项目与第一行文字的基线对齐；

⑤ stretch：默认值，如果项目没有设置高度或高度为 auto，则在纵向上占满整个容器。

align-items 的属性值效果如图 4-21 所示。

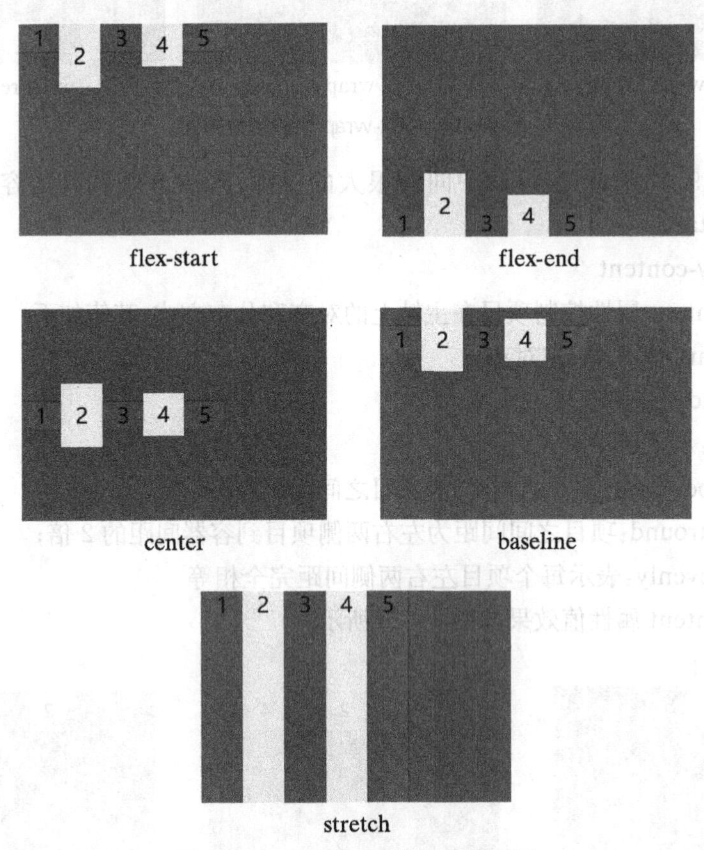

图 4-21　align-items 属性值效果图

（5）align-content

align-content 属性控制多行项目在交叉轴上的对齐和分布方式，其值如下：

① flex-start：与交叉轴的顶部对齐；

② flex-end：与交叉轴的底部对齐；

③ center：交叉轴居中对齐；

④ space-between：与交叉轴两端对齐，轴线之间的间隔平均分布；

⑤ space-around：在交叉轴上项目之间间距为上下两侧项目到容器间距的 2 倍；

⑥ space-evenly：在交叉轴上每个项目上下两侧间距完全相等。

⑦ stretch：默认值，如果项目没有设置高度或高度为 auto，则在纵向上填充整个容器。不设置项目的宽高，align-content 的七个属性值的显示方式如图 4－22 所示。

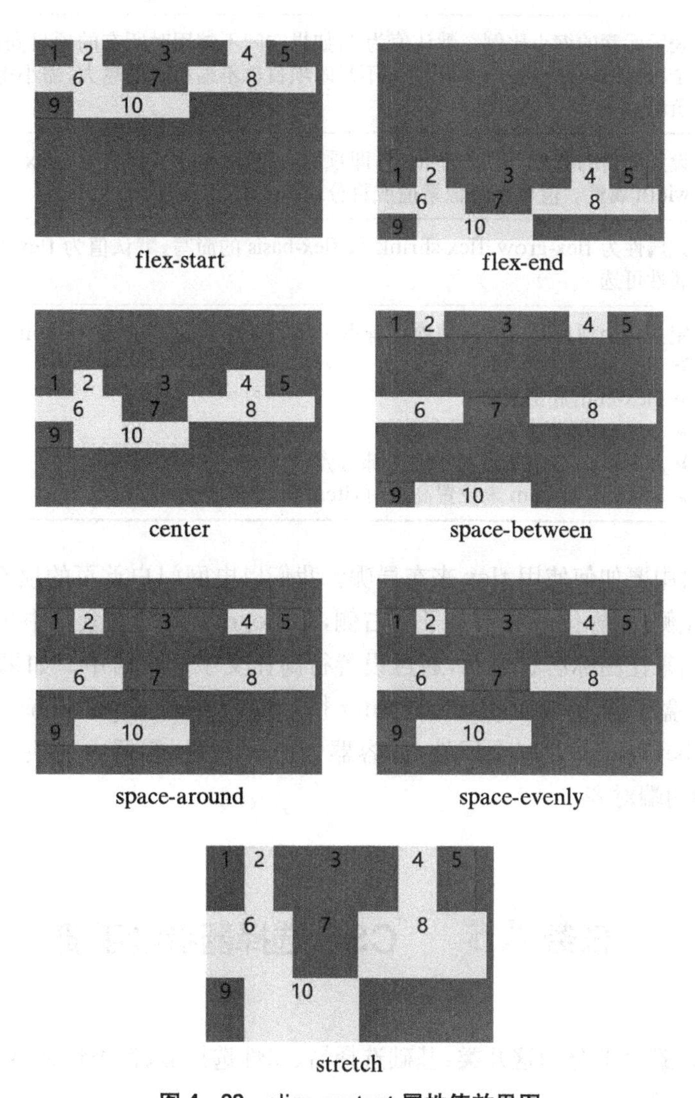

图 4－22　align-content 属性值效果图

2）项目属性

项目属性作用于每个子元素上，其属性及其说明如表 4－25 所示。

表 4－25　项目属性及其说明

属性	说明
order	设置项目排序的位置，默认值为 0，数值越小越靠前
flex-grow	用来控制当前项目是否放大显示。默认值为 0，表示即使容器有剩余空间也不放大显示。如果设置为 1 则平均分摊后放大显示。值越大，放大得越大，不允许为负值

续 表

属性	说明
flex-shrink	表示元素的缩小比例。默认值为 1,如果空间不够用时所有的项目同比缩小。如果一个项目的属性设置为 0,则空间不足时项目也不缩小。值越大,缩小得越大,不允许为负值
flex-basis	设置项目的宽度,默认为 auto,即项目的本来大小。设置了 flex-basis 后权重会高 width 属性。值可以是像素值或百分比
flex	该属性为 flex-grow、flex-shrink 和 flex-basis 的简写,默认值为 flex:0 1 auto;后两个属性可选
align-self	定义某个项目可以与其他项目有不一样的对齐方式,可覆盖 align-items 属性 ➢ flex-start:顶端对齐 ➢ flex-end:底部对齐 ➢ center:竖直方向上居中对齐 ➢ baseline:与第一行文字的底部对齐 ➢ stretch:当 item 未设置高度时,item 将和容器等高对齐

那么在项目中要如何使用 flex 来布局呢?我们以电网门户首页的顶部为例,Logo 位于居中盒子的左侧,图标位于居中盒子的右侧,且 Logo 和图标在盒子中垂直居中。之前我们是通过浮动来让图标居右显示,通过设置行高让文字垂直居中。如果使用 flex 布局则只用为居中盒子设置 #topBar .center{display: flex; align-items: center; justify-content:space-between;}这三个属性,即容器为 flex 布局,容器中的项目在垂直方向居中,在水平方向两端对齐。

任务4.5 CSS 选择器参考手册

我们将 CSS 选择器分为这几类:基础选择器、属性选择器、伪类选择器。

1) 基础选择器

基础选择器主要包含 class、id、元素、子元素选择器等,其选择器使用和说明如表 4-26 所示。

表 4-26 基础选择器说明

选择器	说明	CSS
.class	类(或 class)选择器	1
#id	ID 选择器	1
element	元素(或标签)选择器	1

续 表

选择器	说明	CSS
*	通用选择器，选择页面上的所有 html 元素	2
element，element	群组选择器。比如 div，p，span 选择文档中所有〈div〉、〈p〉和〈span〉元素	1
element element	后代选择器。比如 div span，选择〈div〉元素中的所有〈span〉元素，包含子孙后代	1
element〉element	子元素选择器。比如 div〉span，选择父元素为〈div〉的所有〈span〉元素	2
element＋element	相邻兄弟选择器。比如 div＋span，选择紧跟在〈div〉元素之后的兄弟元素〈span〉，只有一个	2
element～element	通用兄弟选择器。比如 div～span，选择在〈div〉元素之后的所有兄弟元素〈span〉，选择的是多个	3

2）属性选择器

属性选择器选择的是具有特定属性或含有某个属性和对应属性值的元素，其选择器使用和说明如表 4－27 所示。

表 4－27 属性选择器说明

选择器	说明	CSS
[attribute]	根据属性名选择。比如[src]，选择所有带有 src 属性的元素	2
[attribute＝value]	根据完整属性值选择器。比如[target＝myIframe]，选择所有 target＝"myIframe"的元素	2
[attribute～＝value]	根据部分属性值选择。比如[title～＝panda]，选择 title 属性包含单词"panda"的所有元素	2
[attribute|＝value]	根据指定属性值开头选择，该值是整个单词，比如[class|＝text]，“text”或连接符“text-”都可以	2
[attribute^＝value]	根据指定属性值开头选择，比如[class^＝text]，选择 class 值以 text 开头的所有元素	3
[attribute $＝value]	根据指定属性值结尾选择，比如[class $＝main]，选择 class 值以 main 结尾的所有元素	3
[attribute *＝value]	包含指定属性值，比如[class *＝text]，选择 class 值包含 text 的所有元素	3

属性选择器在属性前可以添加其他的选择器，比如.myClass[src]选择的是 class 值为 myClass，并且带有属性 src 的所有元素。

下面我们通过具体的实例帮助大家理解这些选择器的意思。如【代码 4－24】所示 html 文档。

【代码 4-24】属性选择器

```
<body>
    <img src="../img/panda.png" title="this is a panda" width="400px"/>
    <img src="../img/pandas.png" title="pandas" width="600 px"/>
    <img src="../img/bear.jpg" title="panda and bear"/>
    <iframe src="circle.html" name="myIframe"></iframe>
    <a href="circle.html" target="myIframe">超链接 1 </a>
    <a href="rect.html" target="_blank">超链接 2 </a>
    <span class="text">花生</span>
    <span class="text-p">瓜子</span>
    <span class="textP">八宝粥</span>
    <span class="text main">啤酒</span>
    <span class="mainText">饮料</span>
    <span class="mytextarea">矿泉水</span>
</body>
```

① img[src]:选择的是 3 个 img 元素;

② a[target=myIframe]:选择的是内容为“超链接 1”的元素;

③ [title~=panda]:选择的是第一个和第三个 img 元素;

④ [class|=text]:选择的是内容为“花生”“瓜子”的元素;

⑤ [class^=text]:选择的是内容为“花生”“瓜子”“八宝粥”“啤酒”的元素;

⑥ [class$=main]:选择的是内容为“啤酒”的元素;

⑦ [class*=text]:选择的是内容为“花生”“瓜子”“八宝粥”“啤酒”“矿泉水”的元素。

3) 伪类选择器

伪类选择器又可以分为:UI 元素状态(如可用、不可用、选中)、伪元素(并不是一个真正的元素,通过 CSS 来操作,如在元素前或元素后插入内容)、结构性伪类(利用文档的结构来实现元素的筛选)。

(1) UI 元素状态伪类

UI 元素状态伪类选择器及其说明如表 4-28 所示。

表 4-28 UI 元素状态伪类选择器说明

选择器	说 明	CSS
:focus	选择具有焦点的输入元素	2
:checked	选择每个被选中的元素,用于单选按钮或复选按钮	3
:disabled	选择每一个禁用的输入元素	3
:enabled	选择每一个已启用的输入元素	3

续　表

选择器	说　明	CSS
:required	选择设置了 required 属性的元素	3
:read-only	选择设置了 readonly 属性的元素	3

UI 元素状态伪类的应用如【代码 4－25】所示。

【代码 4－25】UI 元素状态伪类应用

```
〈!DOCTYPE html〉
〈html〉
    〈head〉
        〈meta charset="UTF-8"〉
        〈title〉〈/title〉
        〈style type="text/css"〉
            input:focus{
                outline:2px solid red;
            }
            input:required{
                background-color:yellow;
            }
            input:disabled{
                background-color:gray;
            }
            input:enabled{
                color:green;
            }
            input:checked{
                width:30px;
                height:30px;
            }
        〈/style〉
    〈/head〉
    〈body〉
        〈input type="text" /〉〈br /〉
        〈input type="text" required="required" placeholder="必填"/〉
〈br /〉
```

```
        <input type="text" disabled="disabled" placeholder="不可用"/>
<br />
        <input type="checkbox" checked="checked"/>花生
        <input type="checkbox" />瓜子
        <input type="checkbox" checked="checked"/>八宝粥
    </body>
</html>
```

运行效果如图 4-23 所示。

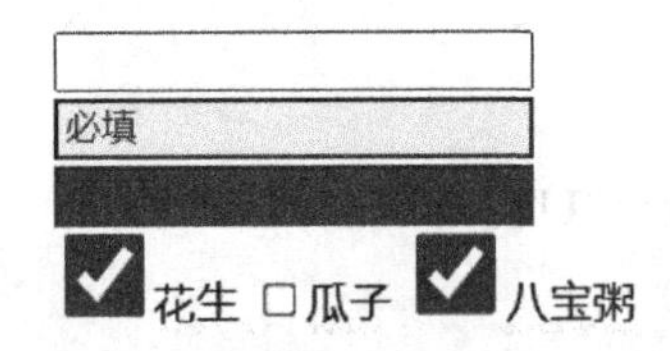

图 4-23 UI 元素状态伪类运行效果

① input:focus 选择获得焦点的文本框元素，当获得焦点时文本框的外轮廓为红色；

② input:required 选择设置了 required 属性的文本框元素，所以获取的是第二个 input 框；

③ input:disabled 选择设置了 disabled 属性的文本框元素，所以获取的是第三个 input 框；

④ input:enabled 选择处于启用状态的文本框元素，由于第三个框可不用，所以获取的是第一、第二个 input 框；

⑤ input:checked 选择处于选中状态的元素，所以获取的是“花生”“八宝粥”的复选框。

(2) 伪元素

伪元素选择器及其说明如表 4-29 所示。

表 4-29 伪元素选择器说明

选择器	说 明	CSS
:link	选择所有未被访问的链接	1
:visited	选择所有已被访问的链接	1
:active	选择活动链接	1
:hover	选择鼠标在链接上面时	1
:first-letter	用于指定元素第一个字母或第一个文字的样式	1
:first-line	用于指定元素第一行的样式	1

续　表

选择器	说　明	CSS
:before	用于在指定元素前插入内容	2
:after	用于在指定元素后插入内容	2

伪元素选择器的应用如【代码 4－26】所示。

【代码 4－26】伪元素选择器应用

```
〈!DOCTYPE html〉
〈html〉
    〈head〉
        〈meta charset="UTF-8"〉
        〈title〉〈/title〉
        〈style type="text/css"〉
            p:first-letter{
                font-size:30px;
            }
            p:first-line{
                color:red;
            }
            p:after{
                content:url(../img/gbsz.JPG);
                display:block;
            }
            p:before{
                content:"古北水镇";
                display:block;
            }
        〈/style〉
    〈/head〉
    〈body〉
        〈p〉古北水镇,位于北京市密云区古北口镇司马台村,因位于古北口附
近又有江南水乡乌镇风格而得名。总面积 9 平方千米,于 2010 年新建打造。〈/p〉
    〈/body〉
〈/html〉
```

运行效果如图 4－24 所示。

古北水镇
古北水镇，位于北京市密云区古北口镇司马台村，因位于古北口附近又有江南水乡乌镇风格而得名。总面积9平方千米，于2010年新建打造。

图 4-24 伪元素选择器运行效果

:before 和:after 会在元素之前或之后插入内容，content 属性指定要插入的内容，可以是文本，也可以是图片。display 属性指定插入元素的类型，block 块元素，所以会换行显示。

:first-letter 设置元素第一个字母或汉字的样式，由于使用 p:before 插入了文本“古北水镇”，所以 p:first-letter 选中的就是第一个汉字“古”。p:first-line 选择的是第一行，即“古北水镇”。

（3）结构性伪类

结构性伪类是根据文档中元素的上下级关系来选择的，其选择器及说明如表 4-30 所示。

表 4-30 结构性伪类选择器说明

选择器	说 明	CSS
:first-child	选择父元素的第一个子元素	2
:first-of-type	选择父元素中指定类型的第一个元素	3
:last-child	选择父元素的最后一个子元素	3
:last-of-type	选择父元素中指定类型的最后一个元素	3
:only-child	选择父元素的唯一子元素，独子	3
:only-of-type	选择父元素唯一类型的子元素	3
:nth-child(n)	选择父元素的第 n 个子元素，元素类型没有限制	3
:nth-of-type(n)	选择父元素同类型的第 n 个同级兄弟元素	3

续 表

选择器	说 明	CSS
:nth-last-child(n)	选择父元素的倒数第 n 个子元素,不论元素的类型	3
:nth-last-of-type(n)	选择父元素同类型的倒数第 n 个同级兄弟元素	3
:root	选择文档的根元素,始终为〈html〉元素	3
:empty	选择没有子元素的元素(包括文本节点)	3
:not(selector)	选择非指定选择器的每个元素	3

比如有这样的一个文档如【代码 4-27】所示。

【代码 4-27】结构性伪类示例

```
<body>
    <div>
        <p>花生</p>
        <span>瓜子</span>
        <span>八宝粥</span>
        <p>啤酒</p>
        <h3>饮料</h3>
    </div>
    <div>
        <p>矿泉水</p>
    </div>
</body>
```

① p:first-child 选择的是内容为“花生”“矿泉水”的 p 元素。因为 p 的父元素是 div,div 的第一个子元素是 p。如果是 span:first-child 则匹配不到任何元素;

② span:first-of-type 选择的是内容为“瓜子”的 span 元素。因为 span 的父元素是第一个 div,div 中类型为 span 的第一个子元素就是“瓜子”;

③ h3:last-child 选择的是内容为“饮料”的 h3 元素。因为 h3 的父元素是第一个 div,div 最后一个子元素刚好是 h3;

④ span:last-of-type 选择的是内容为“八宝粥”的 span 元素。因为 span 的父元素是第一个 div,div 中类型为 span 的最后一个元素是“八宝粥”;

⑤ p:only-child 选择的是内容为“矿泉水”的 p 元素。因为 p 的父元素是 div,而只有第二个 div 中的 p 是独生子女;

⑥ h3:only-of-type 选择的是内容为“饮料”的 h3 元素。因为 h3 的父元素是第一个 div,且 h3 同类型中只有一个;

⑦ span:nth-child(2)选择的是内容为“瓜子”的span元素。因为span的父元素是第一个div,而“瓜子”所在的span刚好是div的第二个子元素;

⑧ span:nth-of-type(1)选择的是内容为“瓜子”的span元素。因为span的父元素是第一个div,div中类型为span的第一个元素刚好是“瓜子”;

⑨ span:nth-last-child(4)选择的是内容为“瓜子”的span元素。因为span的父元素是第一个div,而“瓜子”所在的span刚好是div的倒数第四个子元素;

⑩ span:nth-last-of-type(2)选择的是内容为“瓜子”的span元素。因为span的父元素是第一个div,div中类型为span的倒数第二个元素刚好是“瓜子”。

项目总结

本项目共分为5个任务。

任务一主要介绍HTML标签,包含基础标签、格式标签、表单标签、图像和多媒体标签、列表标签、表格标签等。重点介绍了如何定义热点图像和canvas绘制图形的方法。

任务二主要介绍CSS属性,包含文本、背景、边框、列表、尺寸、定位、2D/3D转换、animation动画、过渡等。重点介绍了背景属性的background-origin和background-clip,如何使用边框属性制作不规则图形,以及CSS3的transition过渡属性。

任务三主要介绍多列布局,包含如何定义列宽、列数、列边框样式等属性。

任务四主要介绍flex布局,flex布局需要指定父容器的display属性为flex,包含了容器属性和项目属性,容器属性可以控制子项目在横轴和纵轴上的排布方式,项目属性则控制单个项目的排布。

任务五主要介绍CSS选择器,包含了基础选择器、属性选择器、伪类选择器。由于属性选择器和结构性伪类选择器在前面的项目中几乎没用到,所以这里需要大家认真理解并掌握。

综合练习

1. (单选)下面的css样式中,代表后代选择器的是(　　)。

A. p ～.txt{font-size:12px;}

B. div .txt{color:red;}

C. div〉.txt,li{color:red;}

D. P+＃end{font-size:14px;}

2. (多选)下面关于flex布局的说法正确的有(　　)。

A. flex是一种一维的布局,一次只能处理一个维度上的元素布局。

B. 在flex布局中为父元素设置display:flex,则该容器的布局为flex布局。

C. 如果要控制多行项目的对齐方式需要用到align-content属性。

D. 如果要设置某一个项目排列在最前面,可为该子项目设置order属性。

3. 填空题

(1) 定义一条水平分割线使用____________标签,要使文本换行可使用____________

标签，预定义文本使用____________标签。

(2) 在 canvas 中绘图，需要返回一个用于在画布上绘图的环境，那么需要调用画布对象的____________方法。

4. 简答题

(1) CSS 常用选择器有哪些？请举例说明(至少写出 6 种)。

(2) 请简述 display 和 visibility 属性设置元素隐藏的方法及其区别。

参考文献

[1] 陆凌牛. HTML5 与 CSS3 权威指南[M]. 北京:机械工业出版社,2011.

[2] 刘宾. Web 前端开发入门与实践[M]. 北京:中国水利水电出版社,2020.

[3] 李东博. HTML5+CSS3 从入门到精通[M]. 北京:清华大学出版社,2013.

[4] 弗兰纳根(Flanagan D)·淘宝前端团队,译. JavaScript 权威指南第 6 版[M]. 北京:机械工业出版社,2012.

[5] 阮一峰. ECMAScript6 入门[M]. 北京:电子工业出版社,2017.

[6] 阮一峰. Flex 布局教程:语法篇[E](2015 年 7 月 10 日). https://www.ruanyifeng.com/blog/2015/07/flex-grammar.html